创新设计思维与方法
丛书主编 何晓佑

无意识设计
符号学视角的产品设计

张 剑 著

江苏凤凰美术出版社

图书在版编目（CIP）数据

无意识设计：符号学视角的产品设计 / 张剑著.
南京：江苏凤凰美术出版社, 2025.6. -- (创新设计思维与方法 / 何晓佑主编). -- ISBN 978-7-5741-3235-1

Ⅰ. TB472

中国国家版本馆CIP数据核字第2025EZ5978号

责任编辑　孙剑博
编务协助　张云鹏
责任校对　唐　凡
责任监印　唐　虎
责任设计编辑　赵　秘

丛 书 名	创新设计思维与方法
主　　编	何晓佑
书　　名	无意识设计：符号学视角的产品设计
著　　者	张　剑
出版发行	江苏凤凰美术出版社（南京市湖南路1号　邮编：210009）
制　　版	南京新华丰制版有限公司
印　　刷	南京新世纪联盟印务有限公司
开　　本	718 mm × 1000 mm　1/16
印　　张	23
版　　次	2025年6月第1版
印　　次	2025年6月第1次印刷
标准书号	ISBN 978-7-5741-3235-1
定　　价	85.00元

营销部电话　025-68155675　营销部地址　南京市湖南路1号
江苏凤凰美术出版社图书凡印装错误可向承印厂调换

前言

无意识设计系统方法的研究是基于产品设计感知有效传递的思考。无意识设计是在20世纪末，随着第三次科技革命带来的生产力高速发展，产品的功能需求逐渐转向情感需求的背景下提出的。深泽直人提出的无意识设计因感知传递的有效性，被日本设计界所广泛运用，并在其原有基础上继续发展。无意识设计首次通过使用者所处的三类环境，以使用者对产品"知觉—经验—符号感知"的完整认知过程，贯穿起其生物属性与文化感知。无意识设计是典型的结构主义文本编写方式，其设计活动围绕直接知觉的符号化、集体无意识的符号化、文化符号、产品文本自携元语言四种符号规约展开。四种符号规约的"先验"与"既有"特征保证了文本表意的精准与有效传递，符号规约在产品文本编写系统内编写时必须符合使用群集体无意识规约的判定，这两点是无意识文本表意有效性的基础，也是其设计活动的思维逻辑。

莫里斯将符号学活动分为符义学、符形学、符用学三类。以符义学为基础发展的产品语义学侧重于符号对象与产品文本间意义解释的理据关系；产品符形学则关注在符义学讨论的理据性修辞基础上，分析产品文本与符号解释过程中文本自身的组织结构、文本生成与转变方式等。由于产品语义研究系统方法的局限性，本课题在国内首次以符形学为路径，对无意识设计方法进行系统化的研究，使之成为有效的系统化方法工具。

深泽直人按照使用者在环境中与产品的知觉—符号关系，将无意识设计分为"客观写生"与"寻找关联（重层性）"两大基础类型：前者围绕产品系统内新生成符号规约的意义传递进行文本编写；后者则是文化符号与产品文本之间相互的修辞解释。由于深泽直人对无意识设计方法的分类过于笼统，本课题按照四种符号规约的来源，以及它们在产品文本中的编写方式、表意目的，对已有两大类型进行补充，并对类型进行设计方法的再细分。最终分为无意识设计三大类型、六种设计方法，并对六种设计方法进行系统化的文本编写流程、符形特征图式分析。

　　本课题运用多学科理论整合的研究方法，以符形学为路径，对无意识设计方法进行系统化的研究。通过无意识设计活动横跨使用者与产品的知觉、经验、符号感知全过程中形成的四种符号规约，对无意识设计的类型进行补充与方法细分。在寻找关联类的修辞研究中，创新地提出符号在产品文本内"联接—内化—消隐"的三种编写方式。设计师可以通过对始源域指称的晃动，达成三种编写方式的依次渐进，从而获得相对应的不同修辞格，使得设计师具有主动改造修辞格的能力。

　　无意识设计系统方法须放置在设计实践中，与使用者的解读方式做对应的讨论，才能验证其作为系统工具的实用价值。另外，无意识设计系统方法仅适用于结构主义文本表意活动。为获得结构主义文本意义的有效传递，无意识设计活动会放弃文本意义开放式的任意解读。

目录

第 1 章　绪论 ────────────────── 001

　　001　1.1 研究背景
　　006　1.2 研究现状
　　011　1.3 课题框架中的研究对象与研究内容
　　017　1.4 研究方法
　　023　1.5 理论研究的创新点
　　027　1.6 课题研究的理论与实践价值

第 2 章　文献综述 ────────────────── 030

　　030　2.1 各学科理论文献对课题的支撑及相互关联
　　034　2.2 符形学：课题的研究路径
　　044　2.3 符号学基础理论：课题研究中概念的解释
　　053　2.4 普遍修辞理论：符号间的修辞解释
　　057　2.5 生态心理学知觉研究：直接知觉与间接知觉
　　075　2.6 精神分析学：集体无意识概念

**第 3 章　直接知觉与间接知觉
　　　　　 在无意识设计活动中的运用** ────────── 082

　　082　3.1 直接知觉理论对无意识设计的影响
　　085　3.2 使用者积累产品经验的两种途径：直接知觉与间接知觉
　　097　3.3 无意识设计对直接知觉与间接知觉的整合研究
　　107　3.4 生态心理学知觉理论对产品设计的反思与价值
　　113　3.5 本章小结

**第 4 章　集体无意识为基础的产品设计系统
　　　　　 与文本编写系统构建** ────────── 114

　　114　4.1 集体无意识在无意识设计活动中的两大作用
　　118　4.2 集体无意识对产品设计系统内各类元语言的构建方式
　　130　4.3 结构主义产品文本编写系统的符形分析
　　141　4.4 产品文本编写系统的特征总结
　　145　4.5 本章小结

第5章　无意识设计寻找关联类的修辞方式 —————— 146

146　5.1　修辞两造指称关系作为产品修辞研究的基础
161　5.2　符号指称的三种编写方式是寻找关联类修辞的研究路径
172　5.3　寻找关联中"联接"编写方式的修辞符形学分析
186　5.4　寻找关联中"内化"编写方式的修辞符形学分析
199　5.5　寻找关联中"消隐"编写方式的符形分析
204　5.6　以案例验证"联接—内化—消隐"的渐进与修辞格的转化
210　5.7　本章小结

第6章　无意识设计方法细分
　　　　及其文本编写流程与符形分析 —————— 212

212　6.1　深泽直人对无意识设计的分类
219　6.2　无意识设计类型及方法细分的质化研究
236　6.3　客观写生类文本编写流程与符形分析
254　6.4　寻找关联类文本编写流程与符形分析
266　6.5　两种跨越类文本编写流程与符形分析
279　6.6　本章小结

第7章　无意识设计系统方法在设计实践中的
　　　　两种对应关系 —————— 280

280　7.1　设计师文本编写与使用者文本解读的对应关系
293　7.2　产品的三种表意类型与系统方法的对应关系
300　7.3　系统方法在设计实践中的两点补充
307　7.4　本章小结

第 8 章　对无意识设计系统方法的案例验证 ——— 308

- 308　8.1 设计实践对系统方法的有效性验证
- 313　8.2 客观写生类的验证
- 321　8.3 寻找关联类的验证
- 330　8.4 两种跨越类的验证
- 340　8.5 本章小结

第 9 章　结论 ——— 339

- 341　9.1 系统方法研究的多样性及课题的系统化构建
- 344　9.2 系统方法为产品设计提供表意有效性的文本编写工具
- 345　9.3 从三类环境的贯穿对系统方法的总结
- 348　9.4 系统方法对产品设计研究实践的启发及适用范围

参考文献 ——— 350

第1章 绪论

1.1 研究背景

1.1.1 产品功能消费转向情感消费的时代背景

随着20世纪中叶人类第三次科技革命的到来、生产力的高速发展,人类的生活方式及生活品质得到显著提升,产品逐步由功能需求转向情感化需求。人与产品间情感化的交流,以及产品自身情感化的表达,导致后现代主义产品风格的兴起。但在众多以情感交流为目的的设计方法指导下的产品设计中,无不透露出设计师主观情绪和个体意志的过度表达,甚至是情感化的宣泄,以至于使用者被迫去接受设计师主观意识的情感交流。

1998年,深泽直人组织了一场名为"无意识设计"的工作坊,希望通过无意识设计来达到去除过多设计师主观表达的设计思考。深泽直人在其访谈类著作《设计的生态学:新设计教科书》一书中认为,当今的设计过多地强调视觉与其他各种感官的刺激,对于使用者而言,这些刺激并非好事,当今设计作品带来的刺激实质,是让使用者有意识地去被迫关注那些信息,使用者为此逐渐丧失了自我的主观体验(后藤武、佐佐木正人、深泽直人,2016)。他希望通过使用者与产品之间所建立起的"无意识感知",达到主客观之间和谐的关系,并认为无意识设计是使用者对作品不假思索的使用过程,其途径是将直接知觉与集体无意识引发的行为或心理转化为可见之物。

英国著名设计师贾斯珀·莫里森认为,深泽直人的无意识设计方法是从挖掘深层次的人类感知角度展开设计的,这些称为经验的无意识都是其在日常环境中的获取,加之各类系统中的符号,经由深泽直人的思考,那些具有人文素养的符号经过推翻、重建、模仿等方式,成为无意识的设计作品(后藤武等,2016)。无意识作为一种心理因素的先验存在,在所有的产品设计领域都会被运用到,这是因为,人性化的角度考量使用者的潜在内心需求,符合使用者原有的心理感受和行为习惯(Tom Kelley & Jonathan Littman,2003)。深泽直人提出的无意识设计方法已被众多设计师学习效仿,并由日本当代设计师继续向前推进并拓展。

1.1.2 方法研究与风格讨论间的选择

国内设计界普遍将无意识设计定义为一种简约风格而非方法,这种归类方式是"以貌取向"的误判。一些设计院校的教材和课件中，常将无意识设计作为日本现代设计的风格，并与欧美设计风格进行比较；国内一些时尚杂志将无意识设计当作一种与日本传统文化一并组合讨论的文化时尚在宣传，他们一度认为，日本的传统文化思想是形成深泽直人无意识设计风格的直接原因。导致这种现象的原因有两点：1. 在当代国际设计领域，只有日本设计界正式提出以人类的无意识作为设计活动出发点的"无意识设计"概念，并形成了一种特有的设计范式；2. 深泽直人无意识设计思想与理念对日本设计界、设计教育界产生普遍的影响，这使得"无意识设计"成为日本当代设计的代名词。

黑格尔认为，"方法"是工具，是人类认识世界并改造世界的工具，这种工具是主观的改造手段，人类通过这一工具使得主观与客观产生关系，并探索出方式、规律和程序等。"设计方法"是指在某一类型的设计活动中，设计师通过分析、演绎、归纳等逻辑思维方式总结，或提出某种有效的理论依据，或理论模型作为设计实践的指导方略。作为设计方法，其贯穿并指导整个设计活动（张剑，2017）。

黑格尔认为，"风格"是文艺作品中可以体现作者表现方式与人格特征的那些特点。设计风格是设计作品内容与形式获得统一后的呈现方式，它是设计师个性特征在社会、时代环境下形成的作品语言。设计师个体的生活经历、个体无意识情结、审美倾向等是形成设计风格的主观因素；客观因素是时代、环境对设计师个体的影响，以及指导设计师设计活动中的设计方法。

设计方法与设计风格是不同的概念，但两者又不可能割裂来进行讨论：1. 设计师将设计方法作为设计作品风格的实施手段，设计方法的理论依据是设计风格的指导，设计方法决定风格的趋向；2. 方法是人类认识客观世界后对其的改造方式，随着时代进步发展以及设计师个体认知对设计方法的不断改造，设计风格也不断呈现新的面貌；3. 不同设计师个体，对相同设计方法的不同解释与运用，呈现多元化的处理手段，形成不同的设计风格。

1.1.3 无意识设计的发展呈现方法的多样化

深泽直人早期作品偏向于通过直接知觉的符号化，以及对集体无意识的体验与验证，准确而有效地传递功能与指示的符号意义，其文本编写具有极强的结构主义特征（张剑，2017）。深泽直人提出了无意识设计的两大基础类型——"客观写生"与"寻找关联"。

日本当代一些设计师对无意识设计方法做过不同方式的创新。例如，英年早逝的著名设计师仓俣史朗，就曾在深泽直人正式提出无意识设计概念前的10~20年间，通过产品的视错觉、设置心理悬念等，来尝试改变使用者原有的无意识感知，并试图控制他们的心理情绪，他的作品对之后无意识设计的心理控制与视错觉设置带来启发。又如，佐藤大的作品则更自如地将无意识的概念融入产品的造型及感受的各个层面，其作品以修辞的方式向使用者传递设计师的个体感知（张剑，2017）。再如，铃木康广的作品则以产品为载体，服务并解释社会文化现象或事物，他强调个体无意识被放大后引发集体无意识的共鸣，作品文本多以多重符号编写的方式进行意义表达，作品具有极强的叙事特征。

设计方法是设计活动的工具，每一位设计师在设计方法面前都具有较强的主观能动性，他们不断对已有的方法进行改造加工，以自己的理解方式对方法再次解释，使之成为更适合自身特质的有效设计工具，从而形成不同风格的设计作品（张剑，2017）。正如布封（Georges-Louisde Buffon, 2005）所说，风格即其人。设计风格是设计师个体主观力量的呈现，设计方法是其施展这股力量的工具和手段。

本课题对深泽直人无意识设计方法的研究，一方面要避免其现有设计类型的限定，另一方面也要抛开日本众多设计师个体多元化的感知而形成的风格化干扰。寻找并探讨利用使用群无意识进行设计活动的手段，并对其按照使用者认知世界的普遍知觉—符号途径和对社会文化符号的普遍解释方式进行有效的分类，使之成为可以被设计师操作实施的有效工具。

1.1.4 典型的结构主义特征与其他设计类型的割裂

设计界将无意识产品设计与其他类型的产品设计有意地进行区分，形成这样割裂的原因是，这两种设计类型在设计活动的目的内容、思维方法与实施路径上存在不同，而这样的不同直接导致两类设计活动所呈现的主体差异（见图1-1）。具体表现为以下三点。

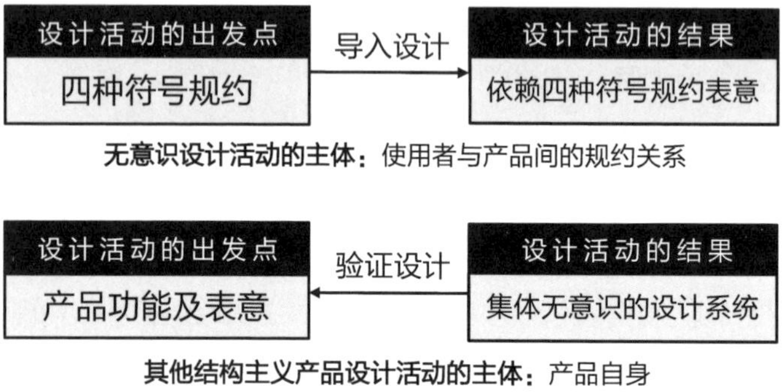

图 1-1　集体无意识系统规约在两类设计活动中的不同作用
资料来源：笔者绘制。

（1）以四种符号规约为设计活动核心的无意识设计具有典型的结构主义特征。无意识设计的主体不是产品本身，也不是其自身的功能，而是使用者与产品之间生物属性与社会文化属性的四种符号规约：直接知觉符号化的符号规约、集体无意识符号化的符号规约、社会文化的符号规约、产品文本自携元语言符号规约。一方面，这四种符号规约具有的"先验"与"既有"的特征，保证了无意识设计文本表意的精准与有效传递；另一方面，四种符号规约在产品文本内进行编写时，必须符合使用群集体无意识原型经验的实践判定。这两点是无意识设计文本表意有效性的基础保证，也是其设计活动的思维逻辑。

（2）其他类型的结构主义产品设计，大多以产品功能或感知表达为设计活动的出发点。它们虽然在设计之初进行了相关的用户调研，但多数是针对使用者生活方式的现象及行为的数据采集，而非现象与行为背后的无意识心理分析。对使用者心理行为的考量，也是在确定产品功能和使用操作之后的验证阶段，往往是对一个伪命题的自圆其说。其思维逻辑与设计活动流程是"集体无意识为基础构建的设计系统（设计验证）→产品功能及表意"。产品设计活动的主体是产品本身，即产品自身的功能与使用操作，以及由此引发的各种体验与情感的表达。

（3）无意识产品设计与其他类型的结构主义产品设计，在思维逻辑与设计活动流程中呈现截然相反的样式，这是导致两者割裂状态的主要原因。也正因为这样相反的操作模式，形成了两类设计活动中主体性的差异：前者以使用者的生物属性与文化属性符号规约作为设计活动的主体，后者以产品自身或产品的功能性作为设计主体。对于产品设计活动而言，两者都属于结构主义的文本编写方式，不应该相互割裂，应该能够产生交流与互补的可能，但必须限定在结构主义的视域里讨论。

结构主义者雷蒙·布东（Raymond Boudon）认为，对结构主义文本的讨论内容主要关注这两点：1. 在结构主义的文本编写系统中，相互作用形成结构整体的各个组成；2. 这些组成之间相互作用的关系和规则（斯文·埃里克·拉森、约尔根·迪耐斯·约翰森，2018）。这两点可以暂时搁置无意识设计与其他类型的结构主义产品设计，在思维逻辑与工作过程中呈现相反的模式与隔阂，从而转向讨论两者结构关系的组成因素和结构内的各种规约问题。而产品设计系统内所有的规约都是建立在使用群集体无意识的基础上的。

因此，本课题对无意识设计系统方法的研究，是基于产品设计活动中设计师感知向使用者进行有效传递的思考。

1.2 研究现状

1.2.1 相关理论的研究

（1）国内相关论文选题分布情况

笔者通过"中国知网"的检索（截至 2019 年 12 月），对近二十年本课题所涉及的研究领域的论文梳理为列表 1-1，并做简要分析：

表 1-1 2000 年至 2019 年相关论文主题词、关键词检索

名称	2000—2009 年检索统计（篇）		2010—2019 年检索统计（篇）	
	主题词检索	关键词检索	主题词检索	关键词检索
符号	24623	5602	49214	8613
符号学	1401	935	4333	2762
结构主义	2201	1000	3068	1422
后结构主义	204	189	272	282
符号语意	15	3	30	10
设计符号学	13	12	92	85
产品语义	51	19	206	78
产品语意	80	28	193	79
无意识	1493	356	2152	438
无意识设计	1	2	72	66
深泽直人	9	9	127	128

资料来源：中国知网（2019）。

第一，符号学研究相关的领域主要分布在语言符号学研究、符号学形式论研究、应用符号学研究三大类。尤以应用符号学论文数量最多，这也是由符号学是人文社科研究领域四大哲学支柱之一所决定的；涉及结构主义与后结构主义两个领域的研究最为广泛，表现为文学、

艺术理论研究与符号学历史及相关研究，对结构主义的研究远远多于后结构的研究也证明后结构没有固定的形式与内容；结构主义研究多以与后结构相比较进行讨论；设计符号学研究数量较少，因为它是产品系统理论与符号学本体的解释，系统庞大，很少能以几千字的论文概括，但国内多有专著涉及。

第二，设计界对"产品语义"与"产品语意"通常不做明显的区分，研究的论文数量近20年大抵相当，但笔者希望依据莫里斯的符号学活动三分类理论，以"产品语义"为准。产品语义因已有完善的系统书籍，论文大多以产品语义运用为主，以理论验证设计实践为目的；无意识研究，涉及精神分析学、认知心理学、无意识的具体运用的论文居多，涉及设计领域的论文数量较少；对"无意识设计"与"深泽直人"的检索发现，讨论深泽直人的多于讨论无意识设计。他们主要从无意识概念、时尚文化、情感化设计入手研究，没有一篇文章是从符号学的研究路径对其进行理学研究。

第三，国内与无意识设计有关联的研究专著仅有一本，2019年由华中科技大学出版社出版的《微设计：造物认知论》，作者高凤麟是中国美术学院教师。他以深泽直人提及的吉布森视知觉部分理论为基础，结合自身多年的设计实践，提出了设计的5E法则（高凤麟，2019）。此书是借助深泽直人无意识设计方法的部分理论，提出作者新的设计方法理念，而非对无意识设计方法的理学研究。

除此之外，无意识设计作品集有两部，分别为：邹其昌与武塑杰主编的《深泽直人：具象》，由浙江人民出版社2019年出版；深泽直人著、路意翻译的《深泽直人》，由浙江人民出版社2015年出版。

（2）境外相关论文对无意识设计的研究现状

《设计的生态学：新设计教科书》与《深泽直人》作品集由日本出版社出版后，再经国内出版社翻译后在国内发行的。境外对无意识设计研究的相关论文，笔者检索后发现共计36篇，其中绝大部分不是对深泽直人无意识设计方法的讨论，而是以无意识设计作为理论工具，在各设计领域的指导运用，尤其以讨论交互领域的无意识设计最为广泛。讨论无意识产品设计的，以我国台湾地区学者林恒毅、陈建雄发表于2009年11月第121期《工业设计》杂志上的论文为代表，其论文题目为《深泽直人Naoto Fukasawa的设计风格探讨》，通过无意识设计所依赖的吉布森直接知觉理论，讨论男性与女性在3C家电产品风格意象上的差异性问题。

1.2.2 国内研究现状与笔者的瓶颈问题

（1）国内学者对无意识设计方法理论的研究方式

第一，直接用弗洛伊德的无意识概念去解释无意识设计，这种解释只能做到基础概念层面的解说，无法从设计方法的高度对无意识设计的操作机制与结构特征进行阐述。这是因为，深泽直人的无意识设计是建立在詹姆斯·吉布森生态心理学直接知觉理论基础上的，而非直接来源于弗洛伊德的精神分析学。使用群的集体无意识是系统方法中的符号规约来源，但不是方法的理论来源。

第二，用文化时尚解读无意识设计，将无意识设计与日本文化捆绑在一起，认为无意识设计是日本传统文化的产物。虽然日本传统文化的诸多因素促使了无意识设计的生根与发展，但如果说日本文化导致了无意识设计的产生就显得荒诞了。

第三，一些学者从"情感化"的角度对无意识设计进行研究讨论，希望在诺曼《情感化设计》一系列丛书中，找到阐述无意识设计方法的理学路径。首先，只要是传递感知的产品都是情感化设计，"情感化"是感知传递的必然结果；从情感化讨论无意识设计不仅空洞，且无法建构系统的方法。其次，诺曼的很多设计理论概念，已经是对生态心理学以及符号学基础理论再次衍义后的创造性解释，如果再在其基础上进行无意识设计方法的理论推演，难免会在符号衍义过程中出现安伯托·艾柯（Umberto Eco）所警告的"封闭漂流"现象：符号不断衍义的解释是不可追溯的，从符号A衍义至符号C的过程中，A与B是可以相互解释的，B与C也是可以相互解释的，但A与C之间没有任何意义解释的关联（胡易容、赵毅衡，2012）。

第四，国内对无意识设计理论的研究，更多的是以实证主义的量化研究方式，去针对某一项具体的设计任务，展开数据采集与量化分析，最终以设计报告形式呈现。这些服务于设计项目的实证报告，很少将无意识设计的理论与方法研究向前推进半步，仅仅作为穿靴戴帽式的理学点缀，这已成为国内研究生毕业论文写作习以为常的怪现象。

（2）笔者在实践与研究中遇到的瓶颈问题

无意识设计方法作为感知传递表达的有效工具，已在国内一些院校的产品设计专业课程中加以尝试。笔者结合大量相关资料，通过近六年的无意识设计教学实践，有效归纳总结出无意识设计的方法类型，并在设计教学中得以有效实践。笔者与国内其他设计实践者所遇到的问题相同：对无意识的设计实践停留在设计方法的效仿阶段。方法的效仿是任何学习活动的第一步，但仅停留在方法层面驻足不前，对于不断发展的日本无意识设计而言，我们的角色始终是无法超越的跟随者，更无法谈及用无意识设计方法开拓具有中国本土风格的设计。因此，急需从理学的高度对无意识设计方法进行系统化讨论，探究其理学原理，只有这样才能与当代日本设计师站在同一认知高度去思考问题，才有可能从原理层面对无意识设计方法有所创新。

1.2.3 产品语义讨论无意识设计方法的局限性

莫里斯根据符号活动的内容，将符号学分为三部分：符形学（syntactics）、符义学（semantics）、符用学（pragmatics）。这种三分类方式一直沿用至今（饶广祥，2014）。

符义学讨论的是符号与符号所适用的对象之间的关系，即皮尔斯符号学中一个符号的再现体与另一个符号的解释项之间的理据性关系问题（保罗·科布利，2013）。同时，还讨论意义是如何产生的，以及意思被接收者接收后称为意义的实现方式：感知、接收、解释（胡易容、赵毅衡，2012）。符义学在设计学中称为"产品语义学"，产品语义学讨论产品设计文本与对象之间意义解释的关系，研究设计修辞的理据性问题。产品语义学研究在国内外已形成完整的理论体系，并在国内诸多高校中作为课程开设，成为目前设计修辞表意的主要工具,其理论研究也非常丰富与深入。

　　符形学讨论的范围是符号与符号之间的规则与关系,以及由规则关系形成的结构组成形式。对于媒介、渠道、载体的研究,关于伴随文本和双轴关系等的理论,都是符形问题。赵毅衡认为,符形学着重讨论三个方面的问题:1.符形学讨论和研究的是遵循符号学本体理论的符形规则,即使是跨学科的其他领域或是实际的研究课题;2.符形学研究讨论的是各级符号如何成为系统符号联合体的问题,即个别符号的形式与结构现象与普遍适用性形式与结构规律之间的问题;3.符形学研究讨论的是从一个符号被解释为另一个符号的逻辑结构关系(胡易容、赵毅衡,2012)。

　　产品设计符形学研究产品文本的结构组成、结构规约的形成与转变,讨论产品设计中符号与文本之间在解释时的结构关系,因此,无意识设计方法的文本编写与符形分析必须通过符形学的方式加以讨论。产品符形学研究在国内的设计领域之所以缺失,原因是:符义学的研究以研究者对经验的感知解释能力为基础,这是大多数设计理论学者可以驾驭的;符形学的研究不仅需要符义学的感知解释作为基础,同时需要具备训练有素的设计实践经验,设计实践经验是符形学研究中关于设计文本组织结构搭建的基础能力,没有熟练的设计实践操作能力,光凭对设计文本的意义解释,难以踏足产品符形学的研究。

　　笔者从事产品设计实践的教学工作26年,有能力也有责任以符形学为研究路径,对无意识设计进行系统的理学分析与研究,使之成为设计教学以及业界实践有效的系统方法工具,这是笔者选择此课题研究的优势与初衷。

1.3 课题框架中的研究对象与研究内容

1.3.1 课题的研究框架

本课题共设 9 章（见图 1-2）：第 1 章为绪论部分，论述研究的背景及选题的依据、课题的研究现状、研究的对象和主要内容、质化的研究方法及创新点、研究的目的与价值；第

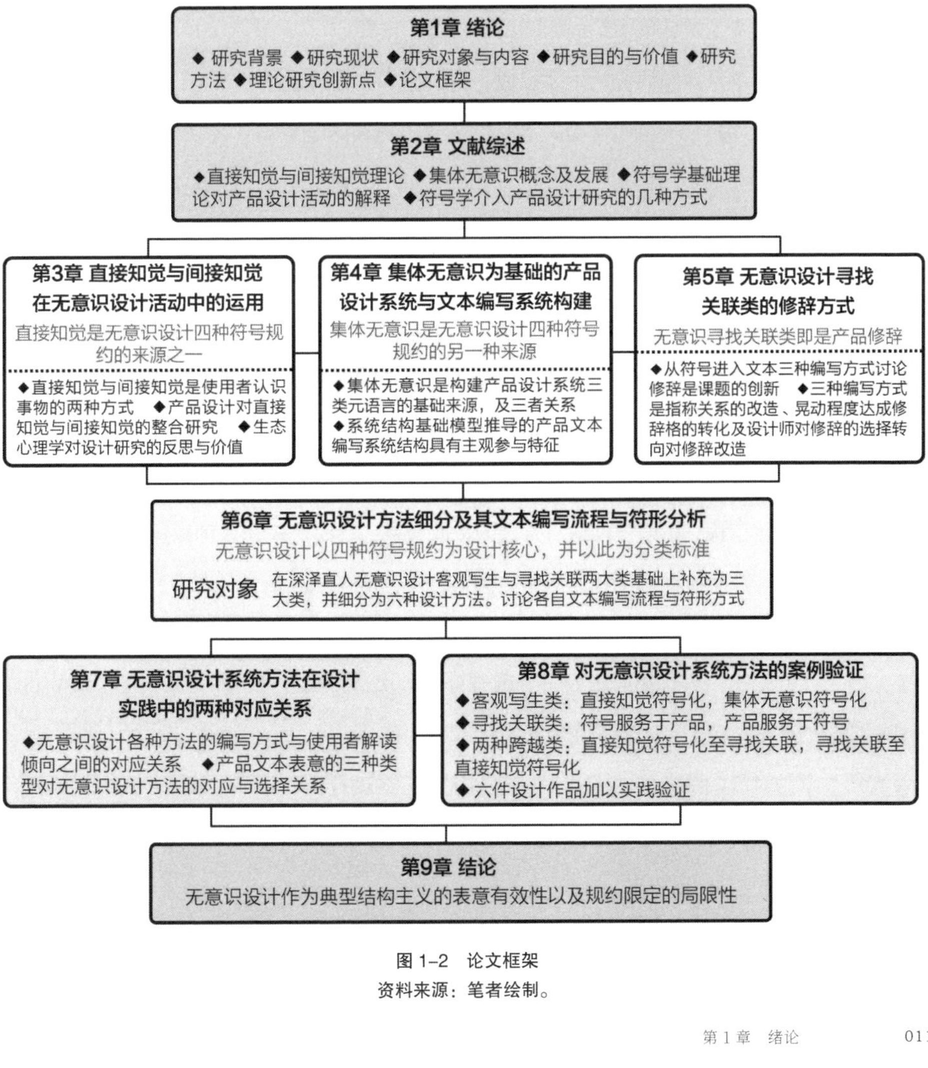

第1章 绪论
◆ 研究背景 ◆ 研究现状 ◆ 研究对象与内容 ◆ 研究目的与价值 ◆ 研究方法 ◆ 理论研究创新点 ◆ 论文框架

第2章 文献综述
◆ 直接知觉与间接知觉理论 ◆ 集体无意识概念及发展 ◆ 符号学基础理论对产品设计活动的解释 ◆ 符号学介入产品设计研究的几种方式

第3章 直接知觉与间接知觉在无意识设计活动中的运用
直接知觉是无意识设计四种符号规约的来源之一
◆ 直接知觉与间接知觉是使用者认识事物的两种方式 ◆ 产品设计对直接知觉与间接知觉的整合研究 ◆ 生态心理学对设计研究的反思与价值

第4章 集体无意识为基础的产品设计系统与文本编写系统构建
集体无意识是无意识设计四种符号规约的另一种来源
◆ 集体无意识是构建产品设计系统三类元语言的基础来源，及三者关系
◆ 系统结构基础模型推导的产品文本编写系统结构具有主观参与特征

第5章 无意识设计寻找关联类的修辞方式
无意识寻找关联类即是产品修辞
◆ 从符号进入文本三种编写方式讨论修辞是课题的创新 ◆ 三种编写方式是指称关系的改造、晃动程度达成修辞格的转化及设计师对修辞的选择转向对修辞改造

第6章 无意识设计方法细分及其文本编写流程与符形分析
无意识设计以四种符号规约为设计核心，并以此为分类标准
研究对象 在深泽直人无意识设计客观写生与寻找关联两大类基础上补充为三大类，并细分为六种设计方法。讨论各自文本编写流程与符形方式

第7章 无意识设计系统方法在设计实践中的两种对应关系
◆ 无意识设计各种方法的编写方式与使用者解读倾向之间的对应关系 ◆ 产品文本表意的三种类型对无意识设计方法的对应与选择关系

第8章 对无意识设计系统方法的案例验证
◆ 客观写生类：直接知觉符号化，集体无意识符号化
◆ 寻找关联类：符号服务于产品，产品服务于符号
◆ 两种跨越类：直接知觉符号化至寻找关联，寻找关联至直接知觉符号化
◆ 六件设计作品加以实践验证

第9章 结论
无意识设计作为典型结构主义的表意有效性以及规约限定的局限性

图 1-2 论文框架
资料来源：笔者绘制。

2章为文献综述，涉及本课题各研究领域的基础理论分析，为各章节的分析论述提供有效的理学支撑，并指明无意识设计系统方法研究的分析途径与具体方式。

深泽直人从使用者与产品间的认知视角，以人文主义的质化研究方式，将无意识分为"客观写生"与"寻找关联"两大基础类型。这两大基础类型在不同的三类环境中，涵盖了使用者与产品间知觉—经验—符号感知的全部认知过程及内容；其结构主义的典型性表现在，所有的设计文本都围绕三类环境中形成的四种符号规约展开。

第3章至第7章是课题研究的主要组成，它们之间的论述逻辑关系为：

①第3章讨论的直接与间接知觉，既是深泽直人提出的无意识"客观写生"类型中的规约来源之一，也是形成使用群对产品生活经验的来源。同时，日积月累的生活经验构建了使用群关于产品的集体无意识原型基础。

②第4章讨论的使用群集体无意识，它是"客观写生"类型中的另一种符号规约来源。同时，以集体无意识为基础构建形成产品设计系统内三类元语言规约。所有以表意有效性为主体的结构主义产品设计，都依赖于系统内的三类元语言进行文本的编写与意义的解读。

③第5章是对深泽直人提出的"寻找关联"类设计方法的研究讨论。寻找关联即符号与产品间的修辞。本课题创新地以符号进入产品文本内的联接—内化—消隐的三种编写方式，并通过晃动始源域指称，获得三种编写方式的依次渐进，从而达成与各种修辞格的对应关系。其目的在于，设计师从被动地选择修辞格转向对修辞格的主动改造。

④第6章是课题的研究对象：无意识设计系统方法的研究、以文本编写符形分析的方式、形成系统方法的输出内容。第6章的研究内容分别依次通过第3章、第4章、第5章的讨论结果总结归纳获得，它们是本课题研究对象的基础内容。

⑤第7章是对已归纳总结的无意识设计系统方法在设计实践中存在的两种对应关系进行的讨论：设计师编写方式与解读者解读方式的对应；产品文本表意的三种类型与无意识设计各种方法的对应。

第8章是本课题的毕业设计，采用实证主义方式，以六件毕业设计作品依次展开对无意识设计三大类型、六种方法有效性的验证，并对三大类型进行总结分析。

第 9 章是课题的总结，表明无意识设计系统方法文本表意的有效性以及作为系统方法适用的范围。

1.3.2 研究对象

深泽直人将无意识设计分为两大类：客观写生与寻找关联［深泽直人称为"重层性"（found object）］。他的这种分类方式明显涉及与符号学相关的两个重要问题：第一，符号的意指规约是如何产生的；第二，符号的意义是如何传递的。

与这两个问题相对应的无意识设计两大基础类型中，客观写生讨论符号规约的产生：1. 使用者的直接知觉如何在生物属性的环境中，经过生活经验的分析判断，并在文化符号环境获得解释为一个符号；2. 集体无意识的原型经验如何在环境的设置中被唤醒，通过原型经验实践的方式，被设计师进行意义的解释，成为一个符号。

寻找关联讨论产品与文化符号间的修辞关系：1. 设计师创造性地用产品系统外的符号对产品文本进行解释；2. 设计师依赖产品文本自携元语言约定俗成的文化规约去解释一个社会现象或事物。由于深泽直人对两类无意识设计表述过于笼统，本课题的目的是从符号规约的生成方式、符号规约在文本中的编写方式，对其做类型的补充与设计方法的细分。

无意识设计活动贯穿使用者知觉至符号感知的整个过程，以四种符号规约作为设计活动与文本编写的内容，这也是其具有典型结构主义文本特征的基础。产品文本编写是普遍的修辞，无意识设计从修辞的始源域的符号规约来源可分为四种，它们涵盖了产品系统的内部与外部、使用者生物属性与文化属性、产品自身文化规约与社会文化规约。无意识设计的符号规约来源，不但有效地覆盖了使用者生物属性与文化属性，同时也涵盖了产品的自身系统与外部的文化环境。

从符号规约的来源以及生成表意与修辞解释两大任务进行无意识设计客观写生与寻找关联的类型对应和两大类型的方法的细分，是研究无意识设计文本编写流程与符形分析的有效途径。同时，在此两大类型的基础上，存在基于两者的贯穿运用，笔者称为第三类——"两种跨越"类。

1.3.3 研究内容

课题的研究对象是无意识设计方法系统化的细分及其文本编写流程与符形分析，作为研究内容的章节均围绕这一核心对象展开讨论（见图1-3）：

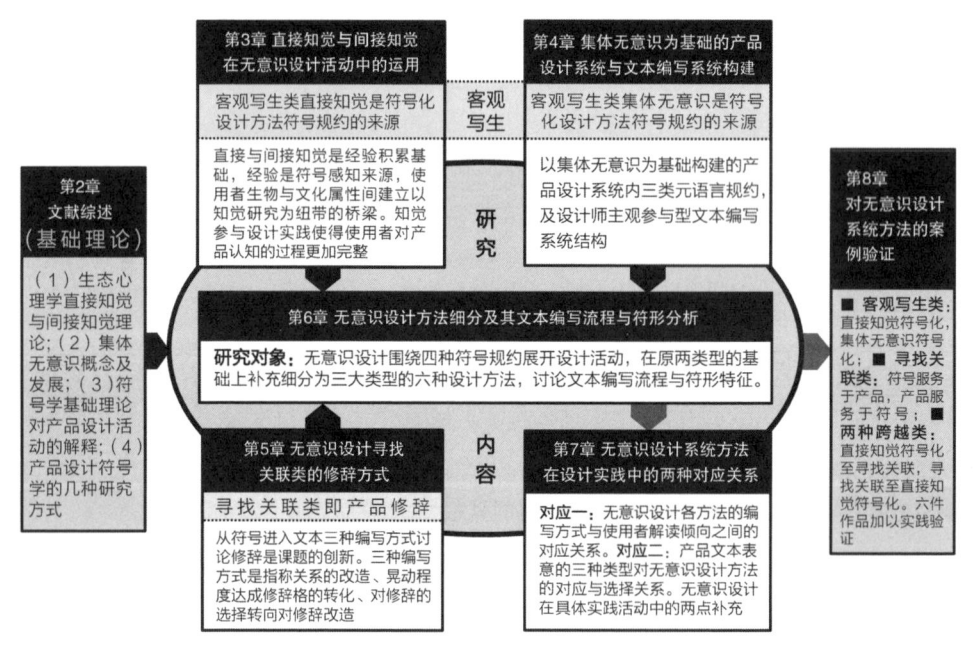

图 1-3　课题研究对象与研究内容的关系
资料来源：笔者绘制。

（1）直接知觉与间接知觉在无意识设计中的运用（第3章）

使用者个体生物属性的直接知觉，为客观写生类的直接知觉符号化设计方法提供系统内部的符号规约来源。具体步骤为：1. 直接知觉与间接知觉是构成使用者产品经验的两种来源途径；2. 生活经验的积累与沉淀是形成集体无意识产品原型的基础；3. 产品设计活动是设计师个体意识在使用群集体无意识原型经验实践过程中，被意义解释成一个携带感知的符号；

4. 这个符号的感知对产品文本内相关符号的品质进行修辞解释。以上是一个完整的产品设计过程。

无意识设计首次将知觉运用在设计实践中，并对直接知觉与间接知觉进行整合研究，提出了使用者的"生物属性—文化属性"、产品的"纯然物—文化符号"的两种双联体研究新范式。

直接知觉为无意识设计客观写生提供符号规约，作为一种独立的设计方法，在设计界首次将使用者的知觉研究引入具体的符号表意的实践之中；无意识设计横跨了使用者生物属性的直接知觉、生活经验的间接知觉直至符号的感知表意。它将使用者生物属性的知觉与文化属性的感知进行贯穿，对产品设计活动具有重要的启示作用，因此，"直接知觉与间接知觉在无意识设计中的运用"需要单列一章进行论述。

（2）集体无意识为基础的产品设计系统与文本编写系统构建（第4章）

无意识设计中的"无意识"，是特指使用群的集体无意识，它不但为客观写生类的集体无意识符号化设计方法提供产品系统内部新的符号规约的来源，同时产品设计系统内语境元语言、产品文本自携元语言、设计师/使用群能力元语言三类（四种）元语言，都是在使用群集体无意识规约基础上建构而成的。产品设计是设计师主观意识与系统内三类元语言间的协调统一。协调统一的不同方式，形成设计师设计方法与使用者解读方式的差异。因此，讨论系统元语言间的相互关系，以及结构主义产品文本编写系统的工作机制，是讨论无意识六种设计方法文本编写流程及符形分析的前提基础。

产品设计活动可以视为一个外部符号进入产品文本系统结构内，与相关的符号进行意义解释的过程。产品文本编写系统是产品设计系统的下一层级。欧文·拉兹洛的系统结构基础模型对无意识文本编写系统研究具有积极的借鉴价值，与拉兹洛"自主控制"的基础系统结构模型不同的是，所有产品设计活动的文本编写系统都是"主观参与"型。这也表明，产品设计是设计师主观参与的人文活动，而非自主控制的工程技术行为。

（3）无意识设计寻找关联类的修辞方式（第5章）

无意识设计类型的寻找关联即符号与产品间的修辞。寻找关联与客观写生不同的是，客观写生强调由产品系统内部生成新的符号规约，并对其进行意义的传递；寻找关联则强调产品的文化属性，通过系统外部的文化符号与产品间的修辞，以获得更多文化属性的符号感知，以此增强产品与社会文化间的广泛交流。

讨论寻找关联类设计方法的途径，是以符形学视角讨论修辞中的一个外部符号进入产品文本编写的不同方式，这也是本课题研究的创新点之一。本课题创新地从修辞的始源域符号指称进入产品文本的"联接、内化、消隐"三种编写方式展开讨论，以此还原到符号与产品文本通过两造指称关系进行解释的基础"动力"层级，继而对两造指称关系的设置、指称物的还原度，以及各自系统规约的独立性展开操作方式的分类讨论。

符号进入文本编写的实质是两造指称关系的加工与改造方式，其手段是对指称关系的"晃动"达到联接、内化直至消隐的三种编写方式，并形成对应的修辞格。晃动的程度会带来三种编写方式的渐进关系，从而导致修辞格的转向。将其作为设计修辞实践的有效操作工具，可以实现设计师被动地选择修辞格向转化修辞格的主动性转变，这是笔者结合符号学在产品设计领域的首次尝试，也是本课题研究无意识设计中寻找关联类的路径。

（4）无意识设计系统方法在设计实践中的两种对应关系（第7章）

无意识设计系统方法需要积极地参与设计实践，通过两种对应关系进行讨论：第一种对应关系，是将无意识设计方法的编写放置在文本意义传递的完整过程中，与使用者的解读方式相对应进行讨论，这种对应关系的实质又必须回到第四章的设计师能力元语言介入产品设计系统内，与各类元语言的交集关系进行讨论；第二种对应关系，是无意识设计作为有效的系统表意工具，其三大类型、六种设计方法与产品设计活动中的产品操作指示类、产品情感表达类、产品修辞事物类三类表意类型进行对应选择。以上两种对应关系是设计方法作为工具参与设计实践的讨论途径。

1.4 研究方法

研究方法取决于课题的研究内容与方式。本课题研究的主要方式是以符形学介入无意识设计的类型研究。笔者对无意识设计的类型做了较为完整的归纳梳理，研究了无意识设计类型的符形学结构特征、各类型的方法细分，以及无意识设计各方法在文本编写与解读上的差异性比较，最终尝试总结有效可行的无意识设计系统方法工具。

1.4.1 人文主义质化研究为主体的研究方式

（1）人文主义的质化方式与课题内容的对应关系

符号学即意义学（赵毅衡，2016）。当无意识设计系统方法依赖于符号学理论进行构建时，就已经明确地表明了课题只能以人文主义的质化方式为主体进行研究。这不但是由符号学关注设计师与使用群之间文本意义互动交流的结构主义主体性所决定的，同时也是由使用群在产品使用环境内的众多文化意义规约，以及它们所搭建的产品设计系统、系统内部的相互关系所决定的。

首先，北京大学谢立中教授提出了人文社科的四种研究范式：实证主义的量化研究、实证主义的质化研究；人文主义的量化研究、人文主义的质化研究。他将人文主义的研究范式归纳为：1. 以行动者的行为及其主观意义世界，作为研究者的研究对象；2. 以行动者的主观意向作为研究过程中概念的界定依据；3. 用对行动的主观意义解释，以及行动后的社会事实进行陈述；4. 采用意义分析、精神分析、话语分析进行推理模式研究。

其次，中国人民大学陈阳副教授认为，如果将量化研究视为一门技术，可以通过反复练习提高研究者的技能，那么质化研究更像一门艺术，它不可能被复制，也没有严格的程序，需要研究者对研究对象具有丰富的经验，具备研究的基本素质，更需要研究者凭借对研究对象的敏锐洞察去发掘研究素材的价值，才能顺利展开质化研究。

结合北京大学陈向明教授归纳的质化研究的五点特征，对无意识设计系统方法采用质化方式研究的必要性做以下表述：

第一，环境下的探索模式。质化研究必须在特定的环境下，对生活世界中群体组织的日常行为习惯进行研究。质化研究观点认为，使用者的思想与行为是与他们所处的社会文化环境分不开的；质化的研究成果也仅适用于特定的环境与条件，不可能抛开研究类型所设定的环境范围（陈向明，2000）。

此特点在课题研究中表现为：1. 无意识设计活动涵盖使用者与产品间在三类环境下的知觉、经验、符号感知。直接知觉与间接知觉是形成使用者对产品经验的来源——经验的日积月累构成使用群对产品的集体无意识原型——使用者对产品的符号感知，是使用群的集体无意识原型通过经验实践后的意义解释。以上是使用者与产品间认知的完整内容及过程。2. 无论生态心理学对两种知觉的研究、精神分析学对集体无意识经验原型的形成方式讨论，以及符号学对符号意义解释中语境论的强调，都离不开各自研究所匹配的环境。3. 在知觉的研究中，环境提供给使用者直接知觉"刺激完形"、间接知觉"经验完形"的各种信息；使用群依赖于特定生活环境中日积月累的生活经验形成产品原型概念，并通过原型的经验实践，获得符号的意义解释；在产品符号文本的意义解释过程中，环境中的语境元语言提供给使用者文本意义解读的规约内容及解读方向。

第二，对意义的解释性理解。质化研究认为，被研究者应该以群体或集合的方式进行考察，那些以个体方式出现的意义不值得研究（陈阳，2015）。质化的研究目的一方面是对被研究者的经验和意义构建"解释性"或"领会"，另一方面研究者通过自己的亲身体验对被研究者的生活故事和意义构建做出解释（陈向明，2000）。

此特点在课题研究中表现为：1. 无意识设计系统方法的研究是基于结构主义产品文本表意有效性上的讨论，其文本表意有效性，一方面源自所有文本编写皆围绕四种符号规约展开，另一方面是对由使用群集体无意识所构建的产品设计系统规约的遵循；2. 设计师每一次介入产品设计系统中进行文本编写，都是在与系统内三类元语言的"磋商"或"协调"过程，即设计师与使用者达成编写与解读的不同模式；3. 产品设计活动是一个符号与产品文本间的修辞解释，第五章所讨论的"寻找关联"类设计方法，即产品的修辞。设计师将外部文化符号在产品文本内的"联接—内化—消隐"三种编写方式，对应形成产品文本的不同修辞格及解释方式。因此，三种编写方式的研究，是设计师从文本编写者角度与使用者从文本解读者角度，依赖于不同修辞格原有解读方式达成的意义磋商与协调统一。

第三，演化发展的研究过程。质化研究是对多重现实（或同一现实的不同呈现）的探索和构建过程。这是一个动态的研究过程，收集资料与分析资料的方法是多样化的，构建研究结果的理论方式也是多样性的（陈向明，2000）。

此特点在课题研究中表现为：1. 本课题的质化研究面临对多重现实环境的探索与构建，使用者与产品往往会同时呈现出三种截然不同的考察状态：非经验化环境下的直接知觉、经验化环境下的间接知觉、文化符号环境下的感知符号。三种考察状态具有不稳定的动态特征，这也是无法依赖于量化方式进行取舍与精确界定的原因。2. 为搭建统一的研究与归纳范式，课题只能采用质化的陈述方式，进行无意识系统方法类型的界定，以及各类方法文本编写的符形分析。这种陈述方式也称为逻辑推理模式（谢立中，2019）。3. 对无意识设计系统方法的质化构建，所运用的是多学科、多样化的整合理论。

第四，研究过程使用归纳法。通过对被研究者行为、心理进行"深描"的方式，归纳出被研究者的文化传统、价值观念、心理动机等各种本质的内核，它是对原始资料分析后自下而上的归纳过程。质化研究的理论构建也是采用归纳法，从资料中产生理论假设，再不断以检验和比较进行充实，最终获得系统化理论（陈向明，2000）。

此特点在课题研究中表现为："深描"是美国人类学家格尔茨提出的概念，具有深度描写、揭示性描述的意思。他将"浅描"与"深描"做对比，前者仅描述现象，而没有描述现象在所处环境下的意义及内涵，是素材的流水账堆砌；后者则将社会现象置于其所产生的情境和背景之中进行描述，拒绝用简单的因果关系来解释社会现象（陈阳，2015）。无意识设计系统方法中类型的界定，以及设计方法的细分，都是在大量资料收集分析的基础上，分别以对资料深描的方式，通过线性模式、互动模式的分析归类，做出类型的补充及方法的细分。

第五，重视研究关系。首先，质化研究强调研究者与被研究者之间的关系，双方存在互动的意义解释及理解（陈向明，2000）。正是因为存在研究者与被研究者之间的意义互动交流，质化研究体现出对生活世界的贴切观察以及研究成果的真实科学性。其次，质化研究以现象学、诠释学、符号学互动理论为哲学基础，探究依赖于研究者个体经验搭建起的人类意义活动的系统关系（梁丽萍，2004）。

此特点在课题研究中表现为：1. 结构主义不但强调系统内的组成，更注重讨论组成之间的关系，关系即相互间意义解释的规约。产品设计系统内的关系由三类元语言规约组成：语境元语言、产品文本自携元语言、使用群能力元语言。2. 任何以产品文本表意有效性为编写目的的产品设计，都必须在系统内的元语言控制下进行编写，设计师介入产品设计系统内的编写活动，即与使用者通过三类元语言，在解读方式上进行关系的协商与沟通。

（2）人文主义质化研究为主的多种研究方式的综合运用

谢立中不但反对将质化研究等同于人文主义的研究范式，同时反对将量化研究等同于实证主义的研究范式。他认为人文主义中既有质化的研究方式，也时常利用量化方式进行研究，同样，实证主义既有量化的研究方式，也存在质化的研究方式。

在人文社科研究领域，量化方法突出数据研究的比例、幅度等结构内部的精准性问题；质化研究则强调"人的经验和意义"问题。量化与质化的选择，需要根据解决怎样的具体问题而定。本课题对研究方法的综合运用，可表现为：

第一，以人文主义的质化研究方式为主体。本课题从符号学讨论无意识设计系统方法，质化研究方式则已确定。对于无意识系统方法的工具化构建，则倾向于人文主义的质化研究方式，因为它需要依赖于研究者的主观经验，通过对使用群感知经验的交流互动，对无意识设计活动所围绕的四种符号规约进行编写方式及表意目的的设计类型及方法划分，但对于课题所讨论出来的无意识设计系统方法的工具化设计实践活动而言，则是实证主义的质化运用。

第二，通常一个研究课题会以某种研究方式为主，配合以其他的研究方式，正如无意识设计关于两种知觉的研究方式，呈现出实证主义的量化研究至质化研究的转向。量化的目的是以自然科学的研究方式，对使用者在环境内与产品的知觉关系进行有效的数据统计与实景观察；质化的转向是为了在以符号学的意义解释为讨论基础的系统设计方法研究过程中获得一致性的统一。

1.4.2 多学科理论的整合研究

理论界常将质化研究比作"一把大伞",是因为质化研究不可能仅仅依赖于某一种哲学观点、一种学术理论、一种研究方法来完成系统化的研究任务。质化研究受到不同思潮、理论以及方法的影响,其讨论问题的方式起源于不同的学科(陈向明,2000)。

本课题采用多学科理论整合式研究的依据是:无意识设计活动贯穿于使用者生物属性的直接知觉、生活经验的间接知觉、文化符号的意义感知这三个领域,它们是使用者认知的完整过程,针对三者的发展与转换方式,选择对应的学科理论进行整合讨论;无意识设计是典型的结构主义文本编写方式,文本编写表意如何做到有效性传递是课题讨论的核心。以符形学为路径展开结构主义产品设计系统的组成及系统内规约的图式研究,以及无意识设计各类型的编写流程与符形分析,是其成为系统设计方法的必经之路。

本课题所涉及的主要理论研究领域包括:1. 符号学。符号学基础理论对无意识设计诸多概念的解释,以及其结构与后结构相整合的研究方式。2. 生态心理学。直接知觉与间接知觉在无意识设计中的运用,以及无意识设计通过知觉—经验—符号感知贯穿于使用者生物与文化属性的方式。3. 精神分析学。无意识设计的"无意识"是特指精神分析学中荣格提出的"集体无意识"概念,它不但为集体无意识符号化设计方法提供符号规约的来源,也是建构产品设计系统内元语言的基础。4. 皮尔斯逻辑-修辞符号学。皮尔斯符号学的普遍修辞理论是对无意识设计中寻找关联类的最有效的研究途径,本课题在符形学基础上,创新地按照符号进入文本内的联接、内化、消隐的三种编写方式,及它们所对应的修辞格,进行寻找关联类的修辞研究。5. 钱钟书的修辞学理论。它是讨论产品设计修辞格具体操作方式的主要理学依据。6. 完形心理学。完形组织法则是知觉与感知形成过程中的心理机制,它无不渗透在本课题各章节个体知觉、经验、符号感知的形成过程中。7. 系统结构模型理论。无意识设计是典型的结构主义产品设计,结构主义产品文本编写系统的组成,是使用群集体无意识为基础构建的各类元语言规约。拉兹洛结构系统基础模型与产品设计文本编写系统模型不同的是,前者是自主控制型,后者是设计师主观参与型,这也表明,产品设计活动的服务对象是使用者,而设计活动的主导是设计师本人，设计师主观意识的参与方式影响着文本的编写方式与使用者的解读方式。

1.4.3 对各设计方法进行的理学比较研究

比较研究的目的是分析相互间的差异性与关联，并在此基础上探究其理学原因。本课题的比较研究主要落实在以下几个方面：1. 典型的结构主义无意识设计与利用无意识进行设计活动的其他设计类型间的比较分析；2. 生态心理学直接知觉与间接知觉在形成方式以及在生活经验环境中的选择性方面的比较，无意识设计对知觉的利用与其他设计类型依赖于生活经验进行设计活动的比较；3. 集体无意识原型经验所形成的产品设计系统内部的三类元语言的比较，以及作为设计活动的主体——设计师介入产品设计系统与三类元语言形成的不同交集，而导致的不同文本编写方式间的比较；4. 拉兹洛系统结构基础模型与产品文本编写系统模型间的对应关系与比较；5. 对寻找关联的修辞研究中，始源域符号进入文本的联接、内化、消隐三种编写方式间的比较，以及晃动其指称所形成的渐进关系，从而导致修辞格转换的比较分析；6. 无意识设计三大类型六种设计方法中四种符号规约的来源与特征比较，六种设计方法的文本编写与符形特征比较分析；7. 从产品文本表意的三种类型与无意识设计六种方法的对应关系出发，比较无意识各设计方法的文本编写与文本解释倾向间的关系，以及结构主义产品文本表意三种类型的标出性比较分析。

1.5 理论研究的创新点

1.5.1 国内首次以符形学介入无意识设计方法研究

符形学讨论的范围主要为以下几方面：第一，符号与符号之间的关系，这种关系以结构规则的组成形式呈现；第二，跨学科的其他领域或是实际的研究课题中，遵循符号学本体理论的系统规则，并进行有效的图式化解释；第三，符形学讨论各级符号规约如何成为系统结构整体性的问题，即个别符号的形式与系统结构间的适切性和系统结构的内在规律性问题；第四，讨论一个符号被解释为另一个符号的逻辑结构关系问题（胡易容、赵毅衡，2012）。

以符形学讨论本课题内容的必要性主要为：1. 只有依赖于符形学才能完整系统地构建无意识设计系统方法的研究体系，无意识设计是典型的结构主义文本编写方式，以符形方式进行讨论，才能准确地分析文本编写系统的结构组成与工作原理；2. 设计师能力元语言以不同的方式介入文本编写系统内，与三类元语言形成不同的交集导致文本编写与解读方式的差异，必须依赖于符形图式进行表述；3. 无意识设计的寻找关联类即修辞，修辞是符号与产品文本内相关符号指称间联接、内化、消隐的三种编写方式，三种方式的渐进形成不同的修辞格，这些必须依赖于符形图式加以表述；4. 无意识设计三大类型的六种设计方法，以符形图式讨论设计方法的文本编写流程、符号间指称相互修辞的关系是最为恰当的；5. 无意识设计系统方法的课题成果进入产品符用学领域，符形的图式作为实际课题项目有效的理论指导工具，可以有效地落实到文本编写的细节。

符形学是针对无意识设计类型分析讨论最为直接有效的模式，这也是国内首次以符形学介入无意识设计方法的研究。笔者希望本次研究不但能建构完整的符形学无意识设计类型的系统方法，同时也作为抛砖引玉，带动并启发国内更多的设计实践者，踏入理论研究的行列，以符形学的视角介入其他产品设计类型的研究，并以此为蔓延，建构更多且完善的产品设计类型系统符形学结构体系。

1.5.2 贯穿于使用者生物属性直接知觉至文化属性符号感知的研究方式

课题研究对使用者生物属性的直接知觉、生活经验、文化属性符号这三个认知领域的贯穿，但并非笔者的创新，而是无意识设计三大类型六种方法对三类领域在操作时的贯穿，这也是无意识设计区别于其他类型设计的主要创新特征。

（1）从个体的两类知觉直至产品与符号间表意的完整贯穿过程，可以做以下表述：第一步，当代心理学认为，知觉由生物属性的直接知觉与生活经验的间接知觉两部分组成，直接知觉通常都会进入经验化环境进行分析判断筛选，成为间接知觉。第二步，两种知觉是构成人类社会文化生活经验的基础，生活经验的积累又是形成使用群集体无意识原型经验的来源。第三步，所有符号的意义感知全部来源于对生活经验的解释；同时，产品设计系统由使用群集体无意识为基础的三类元语言组成。第四步，一方面，皮尔斯普遍修辞理论表明，所有的产品设计活动是一个符号与产品文本内相关符号间的修辞解释；另一方面，结构主义的产品设计是设计师的个体意识（设计师能力元语言）与产品文本编写系统内三类元语言的协调统一。

（2）无意识设计活动围绕的四种符号规约，分别来源于非经验化环境、经验化环境、文化符号环境三类，它们横跨使用者知觉、经验、符号感知的完整认知过程，覆盖了个体生物属性、社会文化属性的全部范畴。无意识设计活动为产品设计研究提供了两种双联体的新研究范式：产品的纯然物—文化符号的双联体；使用者生物属性—文化属性的双联体。

（3）与上述四种符号规约相对应的无意识设计方法分为：

客观写生类：深泽直人无意识设计方法受到吉布森直接知觉理论的启发，其客观写生类的直接知觉符号化设计方法，即引发对直接知觉可供性之物进行修正，使之成为可以与原有产品进行解释的指示符。生物属性的直接知觉为无意识设计提供第一种产品系统内生成的符号规约。

设计师通过提供环境内的使用者信息，唤醒其集体无意识原型，在对经验实践的完形基础上，对其进行意义解释，使之成为携带感知的符号，这个符号再与原产品文本解释。集体无意识原型的经验实践为无意识设计提供第二种产品系统内生成的符号规约。

寻找关联类：其中两种设计方法的符号规约分别为一个社会文化符号服务于产品系统；产品系统内文本自携元语言符号规约服务于社会文化现象或事物。

两种跨越类：这一类的两种设计方法是对使用者生物属性的知觉至文化属性的符号感知的直接贯穿。直接知觉符号化至寻找关联设计方法是生物属性的直接知觉可供性之物成为指示符，与产品解释后成为一个文本，设计师再去寻找一个社会文化符号对这个文本进行合理性的解释；寻找关联至直接知觉符号化设计方法，则是设计师对一个以物理相似与产品解释的符号，晃动其指称关系，直至文化符号消隐为生物属性的直接知觉可供性，再对其修正后成为一个新的指示符。

1.5.3 从始源域符号指称三种编写方式讨论产品修辞

从始源域符号指称进入目标域产品文本内的三种编写方式，以及两造指称关系的改造讨论产品修辞，是针对深泽直人无意识设计方法寻找关联类的研究方式，也是本课题对产品修辞关系研究的首次创新。

（1）就皮尔斯逻辑-修辞符号学而言，任何产品设计都是一个外部符号与产品文本内相关符号之间的解释，新文本是在原文本上通过修辞后的获意。皮尔斯将符号分为对象、再现体、解释项三部分，其中对象与再现体组成一组指称关系，解释项是指称关系的意义解释，符号感知只能通过指称关系的意义解释获得。要判断文本表达是否使用了修辞，可以通过文本中是否同时出现了喻体（始源域）和本体（目标域）、两者是否具有包容性的意义、文本是否能够分出至少两种互相作用的意义来判断（束定芳，1997）。深泽直人提出的无意识设计方法类型中的寻找关联（found object——重层性）正是表达了同样的意思（后藤武等，2016），修辞两造指称关系共存是判断修辞的唯一标准。产品修辞两造指称关系的共存所呈现的重层特征，是修辞为获得意义解释的必然途径和最终结果。

（2）产品修辞文本最后呈现的指称关系状态，可以视为修辞两造间指称关系相互关联作用之后所呈现的协调统一的共存。任何修辞文本都会保留两造的指称关系，在产品修辞文本的编写中，始源域符号进入产品文本内编写，与目标域符号共存的编写方式为联接、内化、消隐三种方式，这也形成与之对应的各类修辞格类型。在产品修辞文本的编写过程中，通过晃动方式对两造符号指称关系的改造，各类修辞可以形成渐进的关系。与联接、内化、消隐三种编写方式对应的修辞格类型为：联接—明喻与联接—转喻→内化—隐喻→消隐—直接知觉。这三种方式不但存在着可以渐进的关系，同时涵盖了结构主义产品文本修辞的所有类型，更将无意识的所有设计方法种类得以贯穿。

（3）将所有修辞格还原到符号与产品文本通过两造指称关系进行解释的基础"动力"层级，继而对两造指称关系的设置展开操作方式的分类讨论，最终获得联接、内化、消隐三种编写方式所形成的修辞类型，以及三种编写方式之间的渐进关系，以此作为设计实践的有效操作方法。这是本课题寻找关联类的研究路径，也是产品设计领域的首次尝试。其目的在于：以修辞两造指称关系的改造为路径，通过符号在产品文本内的三种编写方式进行无意识设计寻找关联类的修辞讨论，不但是系统化研究无意识设计方法的有效工具，同时也是以整体化方式讨论产品各修辞格间互动的一次尝试。这种尝试使得设计师真正做到从被修辞控制转向控制修辞的主动局面。

1.6 课题研究的理论与实践价值

1.6.1 理论价值

课题以符形学为路径的多学科整合,对无意识设计方法进行系统性的拓展研究。

(1)国内缺乏对无意识设计的系统方法研究,目前仅停留在基础类型的效仿与实践操作的实施层面。然而,系统方法涉及哲学层面的诸多问题,它不仅是具体设计实践的指导工具,同时涉及无意识设计类型的发展趋向,以及它们的组织构架等系统结构关系。另外,深泽直人提出的无意识设计两大基础类型过于笼统,且没有再次进行方法的细分与原理的讨论,需要在其基础上进行必要的补充及方法细分。

(2)无意识设计活动贯穿于使用者生物属性的直接知觉、生活经验的间接知觉、文化符号的意义感知三个领域,它们构成使用者对产品的完整认知,认知领域的学科整合是研究使用者对产品完整认知的必要选择;产品设计活动是文本编写的过程,结构主义对产品文本编写方式的讨论、皮尔斯普遍修辞理论及修辞学对符号与产品相互解释方式的讨论,以及在文本编写与解读时普遍存在的各类完形心理机制等,无不需要多学科的整合。

(3)符形学从无意识设计文本的结构出发,贯穿于整个课题研究全过程,指导无意识设计方法的类型补充、方法细分,分析符号与文本编写的三种方式及渐进关系所形成的修辞格转换。符形学介入无意识设计方法类型的讨论,从深度上可以探讨每一种无意识设计方法的编写流程、文本编写结构内规约关系等,从广度上可以构建无意识设计类型的整体系统方法。

1.6.2 实践价值

无意识设计系统方法研究是基于产品设计感知有效传递的思考,课题为产品设计实践的感知有效表达提供系统方法工具。

(1)无意识设计活动比其他产品设计类型更具文本表意的有效性在于(见图1-4):无意识设计是典型的结构主义,其传递意义的精准与有效性,一方面来自如同所有结构主义产品文本编写对产品设计系统内各类元语言的依赖与遵循,更为主要的另一方面是所有设计

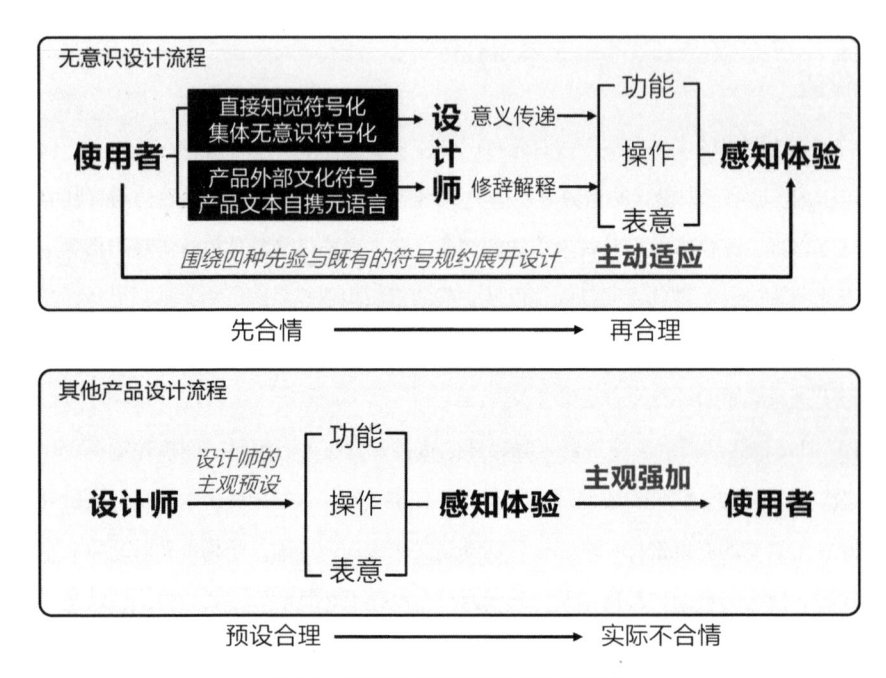

图 1-4　无意识设计与其他产品设计流程比较
资料来源：笔者绘制。

活动全部围绕使用者直接知觉的符号化、集体无意识的符号化、产品系统外部的文化符号、产品文本自携元语言四种符号规约为核心而展开。

（2）在其他产品设计流程中，设计师主观意识在产品功能、操作、表意等环节事先做出预设，设置出希望使用者解读到的文本意义。它们脱离了使用群原有的生活经验，这样明显具有主观强加的意愿。虽然在此过程中会有用户调研等前期考察活动，但更多的还是以此验证设计师"主观强加"的恰当程度，因此往往出现一些自圆其说的设计伪命题。所谓的伪命题，不单单是指产品功能设置的不成立,更多的是在功能合理的情况下,不符合使用者的感知与使用群集体无意识的生活经验。可概括为:无意识设计是从具有"先验"与"既有"特征的四种符号规约展开设计活动;而大多数其他产品设计活动则是依赖于使用群的生活经验对设计做出可行性的验证。

(3)建构符形学为基础的无意识设计系统方法,为国内设计教育与业界的无意识设计实践做有效的理论指导,并在此理论系统下对无意识设计方法类型进行继续衍生,出现更多、更丰富的以无意识为设计出发点的设计类型。另外,无意识设计系统方法的产出,对其他设计领域,诸如平面设计、多媒体设计、环境设计等,达到感知表达合理的目标做必要的借鉴与指导。

本课题对无意识设计系统方法研究的理论与实践价值,为当前国内创新驱动发展战略中的设计创新发展,提供了一条有价值的产品创新设计方法和路径。

第 2 章　文献综述

2.1 各学科理论文献对课题的支撑及相互关联

无意识设计如果只依赖于设计学有限的理论进行分析讨论，势必会在一个封闭的系统中自我解释，并陷入狭隘的实践应用，无法在理论上有所突破。无意识设计方法如果要成为行之有效的设计实践的理论工具，必须依据无意识设计活动所涉及的各学科领域，展开理学的分析讨论；同时，各学科领域的理学讨论并非孤立的，而是以相互间交叉、支撑、融合的方式展开。这种讨论方式，一方面是建立无意识设计系统方法完整性的需求，另一方面也验证了无意识设计活动涵盖了个体知觉—经验—符号感知的认知全域。只有通过理学解释与分析，零散的设计方法才能系统化，才能从应用的层面上升到思维的层面。

2.1.1 符号学（符形学为课题的研究路径）

符号学是本课题对无意识设计系统方法进行研究的主轴，符形学是课题的研究路径（见图2-1）。1. 无意识设计与符号学关注两个同样的问题：第一，符号的意义是如何产生的；第二，一个符号的品质，是如何被另一个符号的感知进行解释的。与这两个问题相对应的是无意识设计的两大类型：客观写生讨论符号意义在产品系统内的产生；寻找关联讨论产品内的符号被外部文化符号理据性解释。2. 无意识设计具有典型的结构主义特征，课题的研究被限定在结构主义的视域中进行。莫里斯符号活动三分类中的符形学是讨论设计方法文本编写流程、

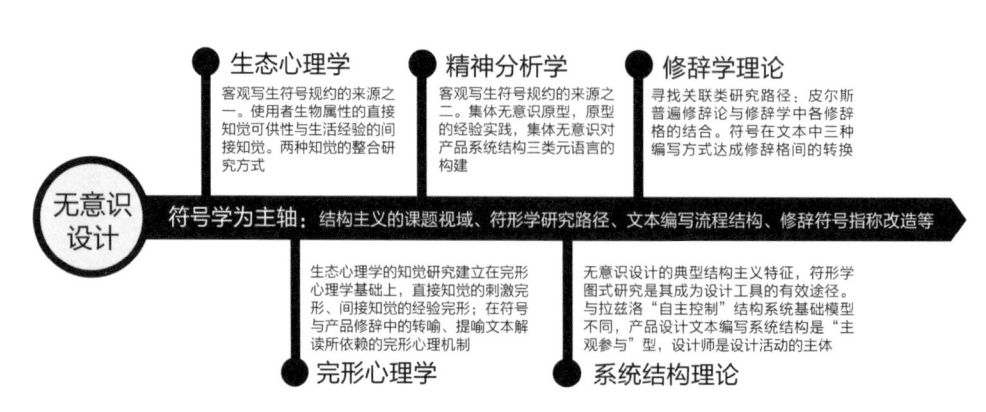

图 2-1　跨学科的理论分布及其整合研究
资料来源：笔者绘制。

符形特征的有效路径。3. 课题以大量符形学的图式，对文本编写的流程及其符形特征进行表述，这是无意识设计能够成为有效的系统设计方法工具的保证。4. 符号学作为理学研究的主轴，为课题提供系统结构理论，符号指称表意倾向，以及为普遍修辞理论参与符号在产品文本中三种编写方式讨论，提供符号基础结构的理论依据。

2.1.2 生态心理学（直接知觉与间接知觉）

无意识设计不单单是字面所理解的"利用无意识的设计"，它的整个设计活动围绕产品系统内部新生成的直接知觉的符号化和集体无意识的符号化、使用者所在文化环境中的文化符号和产品文本自携元语言四种不同来源的符号规约展开。无意识设计活动贯穿使用者生物属性的直接知觉、生活经验的间接知觉，以及符号的意义感知。

生态心理学的直接知觉与间接知觉理论，在无意识设计活动中的表现为：一方面，无意识设计客观写生类的直接知觉符号化设计方法，首次以设计实践的方式，涉足生态心理学的个体生物属性的知觉领域，它依赖于对产品系统内使用者直接知觉的可供性之物的修正，使之成为指示符，并与产品进行解释，直接知觉是无意识设计活动符号规约的来源之一；另一方面，直接知觉通常都会进入个体的经验化环境进行分析、判断、筛选，成为间接知觉。两种知觉是构成个体生活经验的基础，生活经验的积累沉淀又是形成集体无意识原型的基础。

2.1.3 精神分析学（集体无意识）

无意识设计中的"无意识"特指荣格在精神分析学中提出的集体无意识概念，它在无意识设计活动中主要发挥两大作用：1. 为无意识设计客观写生类的集体无意识符号化设计方法提供产品设计系统内部新生成的符号规约来源。2. 一方面，无意识设计是典型的结构主义设计，结构主义产品设计系统内的三类元语言规约（语境元语言、产品文本自携元语言、设计师/使用群能力元语言），都是建立在使用群集体无意识基础之上；另一方面，所有的结构主义产品设计活动，都可以看作设计师主观意识的能力元语言与产品设计系统内三类元语言协调统一的结果。

2.1.4 皮尔斯普遍修辞学

深泽直人无意识设计方法的寻找关联类即符号与产品间的修辞（见第 5 章）。根据皮尔斯的普遍修辞理论，始源域符号与产品文本编写的方式，可以从其指称关系的晃动程度，讨论出"联接、内化、消隐"三种方式。同时，符号指称的晃动程度，带来三种编写方式的依次渐进关系，并因此导致不同修辞格间的转换。钱钟书的修辞学理论是讨论产品设计修辞格文本编写的主要理学依据。笔者以创新的方式，从始源域符号指称在目标域产品文本内的三种编写方式，进行无意识设计的寻找关联类设计方法的讨论，以及产品各类修辞格之间的转换与比较分析。

2.1.5 完形心理学

完形心理学又称格式塔心理学，其完形组织法则（gestalt laws of organization）是研究个体在知觉与感知形成过程中对各种信息与符号规约的组织方式，注重经验与行为的整体性研究（于仙，2018）。因此，"完形"作为一种认知与感知在形成过程中的心理机制，融入并渗透在各章节的讨论过程中：1. 在生态心理学知觉形成的讨论中，直接知觉的形成源自环境内可供性信息的"刺激完形"，间接知觉的形成则是依赖于生活经验的"经验完形"；2. 转喻与提喻在文本的解读心理机制上，依赖于完形的方式获得文本指称在环境内的整体判定；3. 客观写生类的集体无意识符号化设计方法中，产品系统环境内集体无意识原型中那些隐藏的经验，通过设计师提供的必要信息被唤醒后，以完形的方式进行经验实践，设计师对其进行意义的解释，成为系统内新生成的符号规约。

完形心理学的"完形"心理机制，作为认知过程中普遍存在的组织法则，以不同的完形方式及目的分布在各个章节，因此本章不再单独做文献分析。

2.1.6 系统结构模型理论

无意识设计是典型的结构主义产品设计。结构主义的产品文本编写是在系统结构内进行的，系统组成间的关系是以集体无意识为基础建构的三类元语言规约。在第 4 章中，拉兹洛系统结构基础模型对产品设计文本编写系统的搭建有着积极的借鉴作用，但与其自主控制型不同的是，结构主义产品文本编写系统具有主观参与的特征；设计师主观参与的不同方式，形成文本编写与解读的不同倾向，这在第 7 章中做了详细论述。拉兹洛系统结构基础模型在论述中与产品文本编写系统模型做对照，以此具有较好的参照效果，因此不在本章作为文献综述提及。

2.2 符形学：课题的研究路径

2.2.1 莫里斯对符号活动三分类与产品设计符号学的研究模式

（1）莫里斯在皮尔斯符号学基础上对符号活动的三分类

在符号学与传播学的历史发展进程中，美国符号学家、哲学家查尔斯·威廉·莫里斯（Charles William Morris）继承了皮尔斯符号学，在其1938年出版的《符号理论基础》一书中，开拓性地把符号、行为与环境结合起来，以经验主义、实用主义、逻辑主义为基础，首次提出人的活动与符号学涉及三个基本方面：符号体系（signs）、使用者集（users）、世界（world）。这三个方面构成一个三角形体系1（见图2-2黑色三角形），将其60度旋转后成为另一个三角形体系2（见图2-2红色三角形）。这样，原有体系1与旋转后体系2的各自组成，相互之间就构成6个可以被讨论的新领域（见图2-2）。

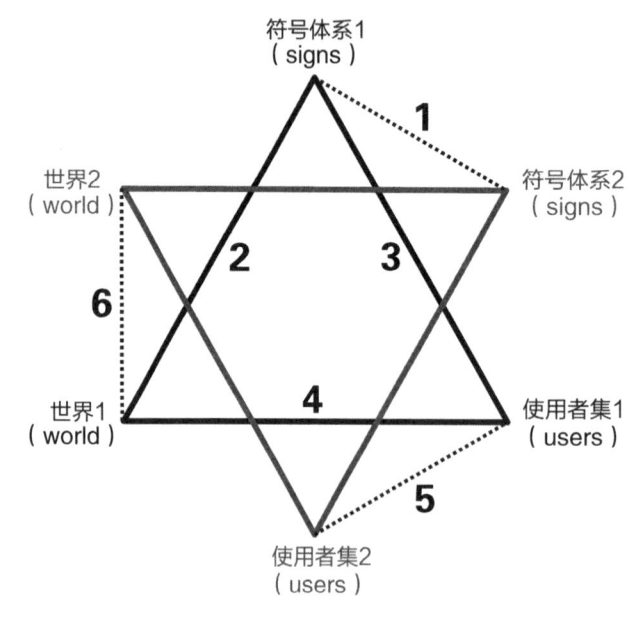

图2-2 莫里斯对人类文化活动的六种分类
资料来源：笔者绘制。

1. 符号体系 1—符号体系 2：构成符形学 (syntactics)
2. 符号体系 1—世界 1：构成符义学 (semantics)
3. 使用者集 1—符号体系 1：构成符用学 (pragmatics)
4. 使用者集 1—世界 1：构成实践学 (praxeology)
5. 使用者集 1—使用者集 2：构成社会学 (sociology)
6. 世界 1—世界 2：构成物理学 (physics)

莫里斯对符号学活动内容的三分类（符形学、符义学、符用学）得到符号学界的一致认可，一直沿用至今。符形学：符号与符号之间组成结构以及解释关系的研究；符义学：符号与对象事物之间的意义解释的研究；符用学：符号与解释者之间的应用关系及实践研究（张良林，2012）。三者在产品设计活动中关注的具体内容在绪论中已有表述，不再赘述。

（2）产品设计符号学研究的两种模式与五个方向

目前，符号学与产品设计结合的研究方式主要有两种模式、五个方向（见图 2-3）。第一种模式是符号学基础理论与产品设计整体系统的结合，实质是两个研究领域超大文本间的意义相互解释，可分为两个方向：

方向 1：产品符号学系统理论。这是符号学基础理论超大文本对产品设计整体系统文本的解释结果，形成较为完整且成体系的产品符号学系统理论。它不但作为完整的系统理论独立存在，同时为产品设计的符形学、符义学、符用学提供理论基础。

方向 2：产品符号学方法理论。符号学基础理论超大文本对产品设计整体系统内部组成较为实用主义的解释，可以形成指导符形学、符义学、符用学研究的方法基础。

第二种模式是根据莫里斯的符号学活动理论进行三种分类，即符义学、符形学、符用学，并结合产品设计活动内容讨论出有效理论及实践运用。因此，出现以下三个方向的研究与实践：

方向 3：产品语义学。讨论产品设计符号文本与对象之间的关系，以及设计修辞的理据性问题。产品语义学在国内外已有完整的理论体系，但国内的产品语义设计实践滞后产品语

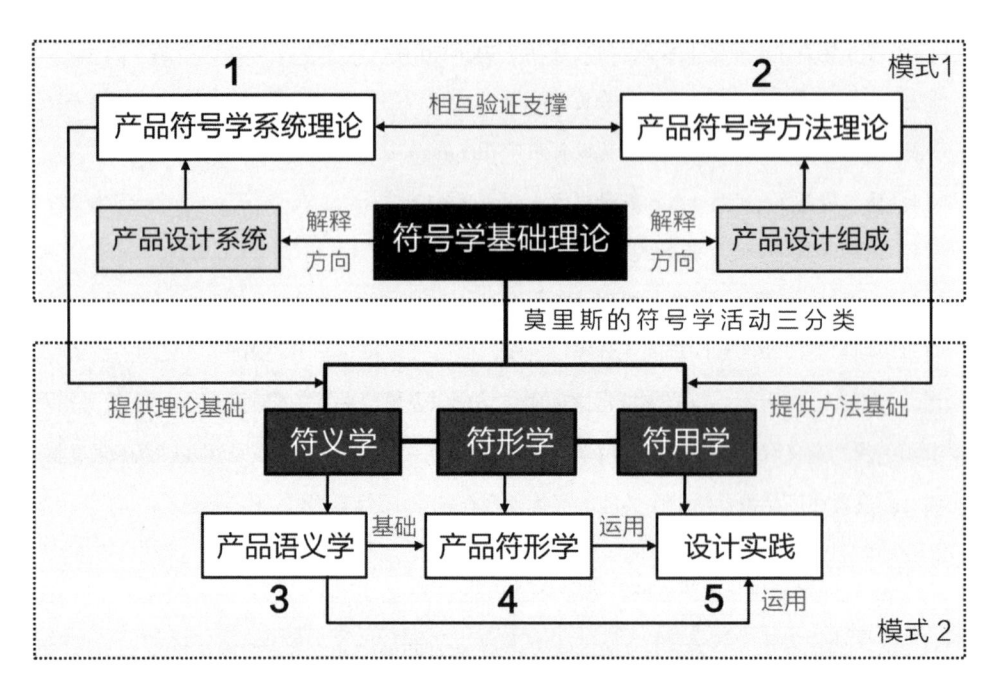

图 2-3　符号学与产品设计结合的五个方向
资料来源：笔者绘制。

义的理论研究：一是源于国内设计院校教学水平及教师能力参差不齐；二是大众文化对设计语义的文本表意对象的接受程度，始终处于直接对象表意及明喻的修辞方式层面，后者是最为主要的因素。

方向 4：产品符形学。在符义学讨论的符号间意义理据性修辞解释的基础上，分析产品设计中一个文化符号与产品文本之间在修辞上的组织结构关系，以及在系统结构规则下的文本生成与修辞转变。国内目前对此的理论研究较为缺失，更缺乏有效的课题实践。

方向 5：产品符用学（符号学的设计实践）。产品设计符用学的领域非常广泛，但凡涉及符号学的实践运用及课题项目都会放置在这个领域，尤其在本科及硕士的毕业论文中，很多设计课题从符号学入手展开讨论；但遗憾的是，大多数的课题研究仅仅是将符号学作为穿靴戴帽式的点缀，并无任何深入研究或推进。

2.2.2 模式1：产品符号学系统理论与产品符号学方法理论

塔尔图-莫斯科符号学派的超大符号文本观，把人类创造的各种文化看作各有功能、多种语言的综合，符号学被看作确定人与世界之间各种关系的体系，他们把所有可能成为符号的、携带意义的感知都看成文本（管月娥，2011）。任何人文社科研究领域都可以在"大局面"符号表意的文本内构建各自研究层级的结构模型。符号学基础理论可以被视为一个文本，当产品设计系统与符号学进行讨论时，其实质是借助符号学这个超大文本，对其做出新的解释，并形成两类产品设计符号学的不同研究方向及内容。

（1）符号学基础理论对产品设计系统的解释——产品符号学系统理论

最为代表性的是西安交通大学出版社2015年出版的李乐山教授的《符号学与设计》一书，此书较为系统地从符号学基础理论视角对产品设计系统做了较为详细的解释。在符号学基础理论对产品设计系统的解释过程中，李乐山（2015）避开了索绪尔语言符号学与皮尔斯逻辑-修辞符号学之间各类流派的理学之争，而是将两种不同认知与模式的符号学体系一为符号学世界的整体理论，以此对产品设计系统的各类问题加以解释。这样对于设计领域的读者来讲有很大的益处，没必要沉迷于符号学基础理论内部的历史纠葛，而是借助符号学理论的整合与统一，构建可以被设计界理解的设计符号学体系。

（2）符号学基础理论对产品设计领域组成的解释——产品符号学方法理论

这样的解释方向具有实用主义的特征，用符号学的基础理论对产品设计系统中各类组成的解释，获得较为全面且实用的产品系统方法，并为符形学、符义学、符用学提供设计方法的研究基础。最为典型的研究成果是中国建筑工业出版社2011年出版的江南大学张凌浩教授的《符号学产品设计方法》一书,此书的书名就已明确标明了研究成果的趋向——符号学的产品设计方法论。此书将产品作为携带功能与表意的符号对象,与使用者、环境产生种种关联,获得可以被解释的意义,以此开展产品设计活动(张凌浩,2011)。

从符号学基础理论介入产品系统的两种方向有着共同的特点:系统性与通识性。因此,这类研究大多成为高等院校设计类的产品符号学系统教材,在教学与实践中发挥产品符号学系统设计的有效指导作用。

2.2.3 模式 2:产品符义学、产品符形学、产品符用学

为细分产品设计领域符号学研究范畴,以及进一步的深入讨论,设计学界已普遍对应莫里斯符号活动的符义学、符形学、符用学三分类展开第二种模式的研究,即产品的符义学(产品语义学)、产品的符形学、产品符用学(符号学的设计实践)。

2.2.3.1 产品符义学:符号与产品文本间理据性的修辞

(1)符义学的研究任务

在莫里斯的符号活动理论中,符义学涉及的问题是符号与符号所适用的对象之间在修辞解释时的关系,即皮尔斯符号学中一个符号的再现体与另一个符号的解释项之间修辞的理据性关系问题(保罗·科布利,2013)。符义学首要讨论的是意义是如何产生的,以及意思被接收者接收后称为意义的实现方式:感知、接收、解释(胡易容、赵毅衡,2012)。

产品语义学是在符号消费兴起的时代背景下发展起来的一种设计方法理论。国内产品设计领域常有将"语义"与"语意"混为一谈的现象,如果作为设计作品所要表达的意义和思想的最终结果,应当选用"语意"一词;如讨论产品的对象与产品文本意义间的意指关系,以及文化符号与产品文本间解释的理据性问题,则是符义学的研究范畴,应当选用"语义"一词。这是因为:产品语义学作为一种有效的系统方法,不可能仅仅讨论文本表意的最终意图,而是更多探讨产品对象与意义间的关系、修辞两造意义解释的理据性,以此进行产品整体性的意指关系的系统研究。

（2）国内日渐成熟的产品语义学研究体系

产品语义学属于设计符号学的重要组成部分，自 20 世纪 50 年代提出，经历了近 70 年的发展历史，无论在国际还是国内已成为较为完善的产品语义学理论。产品语义学于 20 世纪 90 年代进入国内的设计教育已有 30 多年，现已成为众多设计院校的课程内容，产品语义研究图书与论文陆续出版发表。截至 2019 年，国内以"产品语义"或"产品语意"为题的著作与教材共计 31 本。中国知网检索的数据表明：1999—2019 年间，以"产品语义"或"产品语意"为题目的论文共计 530 篇，以"产品语义""产品语意"为关键词的论文共计 204 篇。

目前，在没有新的理论产出的情况下，国内产品语义学的理论研究暂告一段落，其主要任务由理论研究转为指导具体的设计实践，并以教材的形式在国内设计院校普及推广，国内设计院校普遍开设产品语义或与之相关的课程。国内日渐成熟、完善的产品语义学理论研究，逐步由其符义学的理论身份向符用学的方法工具转变。

2.2.3.2 产品符形学：本课题的研究路径

（1）符形学的研究任务

在莫里斯的符号活动理论中，符形学讨论的是一个符号体系与另一个符号体系之间的修辞关系。这种关系讨论最多的是，符号与符号在修辞解释的过程中系统结构规则的组成形式，以及修辞过程中两个系统间符号指称的改造与协调；普遍修辞活动中，对修辞文本媒介、渠道、载体的研究；关于伴随文本和双轴关系等讨论，都属于符形学研究范畴。

赵毅衡认为，符形学着重讨论三个方面的问题：1. 符形学讨论和研究的是遵循符号学基础理论的符形规则，即使是跨学科的其他领域或是实际的研究课题；2. 符形学研究讨论的是各级符号如何成为系统符号联合体的问题，即个别符号的形式、结构现象，与普遍适用性形式、结构规律之间的问题；3. 符形学研究讨论的是从一个符号被解释为另一个符号的逻辑结构关系（胡易容、赵毅衡，2012）。随着结构主义符号学对研究领域的逐步拓展，对符形的定义转为各种符号的形式与结构，符形学的研究领域很广泛，不单单指符号学基础理论的符形研究，也包括跨学科的感知符号、艺术符号、具体使用符号的研究。

（2）国内产品符形学研究的缺失

符义学在产品符号学中也被称为"产品语义学"。对无意识设计的研究如果仅依赖于符义学，停留在文本修辞表意的解释以及修辞表意的有效性讨论上，则无法从结构层面分析其符号间编写的各种方式。

设计符形学研究在国内一直是缺失的，因为其理论研究必须以丰富的设计实践作为归纳与讨论的基础。国内设计理论与设计实践严重脱节，势必造成设计符形学研究的缺失。产品符义学的研究，以研究者对经验的感知解释能力为基础，这是大多数设计理论学者可以驾驭的；产品符形学的研究不仅需要产品符义学的感知解释作为基础，同时需要具备训练有素的设计实践经验。以符形学为路径对无意识设计方法进行系统研究，也是本次课题理论研究的创新点。

（3）依赖于符义学作为基础的符形学研究模式

以符形学为路径的无意识设计方法系统研究，是无意识设计方法成为有效系统方法工具的必然选择；但同时，产品符形学的研究必须依赖于符义学对产品修辞两造的理据性解释作为内容与基础。课题以符形学为研究路径，并非抛弃符义学对符号与产品间的理据性意义解释；相反，皮尔斯的普遍修辞理论已明确表明，任何产品设计的文本编写都是符号与产品文本间的修辞，讨论任何产品文本的编写活动都必须依赖于符义学讨论的符号间意义解释为基本内容而展开。因此可以说，本课题以符形学为路径的研究方式，是建立在符义学对符号间意义解释为基础的结构描述。通过这样的描述，可寻找出符号间意义解释的普遍适用性规律与机构形式，以此总结出无意识设计系统化的方法工具。

2.2.3.3 产品符用学：普遍具体的设计实践课题

（1）符用学的运用范围

莫里斯认为，符号学的主要目的是研究符号与使用者之间的关系，凡是探讨这一关系的研究都称为符用学（保罗·科布利，2013b）。莫里斯在符号活动分类中认为，但凡涉及符号的发送者与接收者、符号的发送意图与接收者的解释意义、符号发送时的语境元语言、接收者解释符号后所发生的行为以及功效，都将纳入符用学的范畴（胡易容、赵毅衡，2012）。由于符用学所涉及的范畴较为广泛，也极易成为其他研究领域的理论操作工具，以至于很多学者认为，符用学已成为当代符号学应用领域的一个超级"后备箱"，所有符形学、符义学无法解决的问题都会放置其中（保罗·科布利，2013a）。

（2）广泛的设计实践及研究现状

当代产品设计趋势已由消费产品功能转向消费产品的符号意义，就不能不求助于符号学的参与。因此，产品符用学的范围扩大到，凡是可以与消费者产生意义解释的设计领域，凡是可以与消费者具有共时性的文化讨论，凡是消费者对设计的认知评价及功效，都属于产品符用学的领域。用符号学理论作为产品设计的理学支撑已经成为众多学术论文的写作模式，大多数的毕业论文，以及数量不少的产品符用学期刊论文，都存在穿靴戴帽的形式主义现象，或用符号学为具体的设计项目寻找其成立的理由，导致产品符用学的广泛实践并没有为产品符号学领域带来新思考和新内容。

2.2.4 符形学图式作为无意识设计研究的表达手段

（1）图式对认知及结构主义转换规律的研究作用

康德最早提出图式（schema）的概念，他认为图式是隐藏在内心的一种逻辑形式、事物之间的认知结构，以此作为人们处理事物的技能。皮亚杰以实验的方式，确定了图式的新定义，并得到学界的一致认可：图式是人类在相同、相似环境中，因重复活动而概括出来的行为动作的组织结构，它的特点是能从一个情景转移到另一处情景加以普遍运用、分析比较。图式强调的是人类对于某类型活动建构的相对稳定的行为模式与认知结构，因此它是行为模式、认识结构的呈现方式（石向实，1993）。皮亚杰（2010）甚至认为自己的有机论结构主义就是由众多整体性的转换规律构成的图式体系。

作为现代认知领域的图式，在系统方法研究中的作用与价值为以下四点：1. 发生、发展于主体和客体之间相互作用的组织活动，图式是它的认知"形式"或"结构"。图式不是物质形式，而以动态结构的有机方式存在。2. 图式是主体内部的心理活动，或一种动态的、可变的认知组织结构，它是人类认知活动的起点以及活动的核心依据，人类依赖于图式有目的、有选择地对客观刺激做出反应。3. 图式是思想成为方法的有效途径，图式组成认知结构，大脑对客观信息选择处理等一系列活动就是认知图式。图式有组织、可重复的行为模式及心理结构在当今系统论的各领域研究中运用极为广泛（蒋永福、刘敬茹，1999）。4. 图式不但具有相当的稳定性，一旦形成就不会改变；图式还具有程序般的激发性，一旦认可被启动，就会以方法工具的方式被持续执行。所有新的认识都是在某一图式基础上获得的，因为图式为新的信息加工提供基础加工模式，在原图式的结构基础上，新信息被添加更新，形成新认识。

（2）符形学图式是系统方法抽象思维的具象表达

理论界认为皮亚杰的有机论结构主义本身就是在用图式对结构的组成与关系进行描述，结构主义产品设计系统方法依赖于图式进行讨论，具有直观有效的表达效果。无意识设计是典型的结构主义文本编写方式，其系统方法的符形学研究应该放置在结构主义的系统结构内进行图式讨论。

只有依赖于符形学的图式，才能完整系统地构建并表述无意识设计系统方法。无意识设计系统方法依赖于符形学图式，具有以下四点必要性：

第一，无意识设计具有典型的结构主义特征，以系统结构为基础的符形学图式讨论，才能准确地分析文本编写系统的结构组成与工作原理。符形学的图式作为表述工具，可以有效地落实到文本编写操作的细节。产品设计的表意所牵涉的符号学内容丰富繁杂，产品与符号间有多少表意的方式与类型，就会有多少符形学可以进行图式研究的方向。图式对类型的研究与聚焦的方向选择，成为研究结构主义产品设计系统整体性、系统化的关键。

第二，图式不是针对具体某一项设计活动的方法讨论，而是将各类方法建构成为图式的关系，并以人文主义的质化研究方式，凭借实践经验对它们进行有效的分类，成为类型分类、方法细分的依据。这些方法细分、符形分析的图式可以作为所有此类设计活动的指导。无意识设计三大类型的六种设计方法，以符形图式讨论设计方法的文本编写流程、符号间指称相互修辞的关系是最为恰当的。

第三，无意识设计文本编写系统的图式是使用群集体无意识为基础的规约搭建模式，它以抽象思维具象化的表达形式呈现出思维活动的流程。设计师的能力元语言以不同的方式介入产品设计系统，与三类元语言形成不同的交集，形成文本编写与解读方式的各种差异。这些编写与解读的不同对应关系，需要依赖于符形学进行图式化表述。

第四，无意识设计的寻找关联类即产品的修辞。修辞从文本编写方式而言，是外部符号在产品文本内以联接、内化、消隐三种编写方式进行的指称关系的改造，以及与系统规约不同的协调统一方式。对符号指称的三种编写方式的依次渐进，形成不同的产品修辞格，这些也必须依赖于符形学加以图式化表述。

符形学图式是对产品符号活动中结构规则、编写规律等一系列抽象思维活动的可视化总结。以符形学为路径，以图式作为表述方式，是无意识设计方法成为系统工具的必然选择。

2.3 符号学基础理论：课题研究中概念的解释

2.3.1 产品设计活动的文本观

（1）文本观对产品设计活动的再定义

符号作为意义表达的时候都会与其他符号一起，组成整体合一性质的表意单元或是组合，这个组合单元称为文本。赵毅衡认为，文本具有两大特征：1. 文本中有被组合在一起的符号；2. 文本内符号的组合可以被符号的接收者进行合一性解释，并具有合一的时间和意义向度。文本观是当代人文探索理论的主导思想之一，莫斯科 - 塔尔图学派把文本看作符号与文化联系的最主要的方式（赵毅衡，2013）。

任何一件产品都具有传递与表达设计师意图的目的，都可视为一个符号文本。产品设计是一个表意过程，无论以功能还是情感为目的的产品设计，都是设计师向使用者表达意图的方式。产品是一个携带意义的符号文本载体，这个表意载体的组织形式就是产品文本。设计师要传递的设计意图，就是产品符号文本所要表达的意义。任何产品都是传递意义的符号文本，都具有文本结构的特征，且不可能以单一的符号而存在。

皮尔斯的逻辑 - 修辞符号学认为，任何一个符号的意义都需要通过另一个符号来得以解释，这是一个普遍的修辞过程。产品设计的表意也必须遵循这样的原则，即产品设计活动如要传递一个意义，必须寻找产品文本自身以外的一个符号，与其相互解释后完成表意的目的。

由此，笔者从皮尔斯符号学视角、以文本观重新对产品设计做以下的定义分析：1. 产品设计是产品文本外的一个符号与产品文本内相关符号间的相互解释过程；2. 这个符号与产品文本间不同的解释方式、编写方式，造成产品修辞格的不同；3. 产品的修辞从文本编写及操作角度而言，是那个外部符号的指称关系与产品内相关符号指称关系间相互改造与协调统一的过程，改造与调节的过程具有系统性的特征；4. 符号与产品文本间解释的方向不同，会形成两种设计倾向：符号服务于产品系统、产品服务于事物或现象的感知。

（2）产品设计活动中作品与文本的区别

罗兰·巴尔特（1988）在《从作品到文本》一书中提出"作品"与"文本"的四点区别：1. 作者创造出了作品，作者是作品的源头。作品强调与作者的联系。展现作者的手稿、弄清作者意图，是作品的核心问题。2. 文本是作品意义体现的载体，但不是作者表达作品的初衷，在文本中我们仅能看到作品表达的意图，而不会看到作者为什么要表达这样的意图。这是因为，读者不可能解读到文本外的作者（除非有伴随文本参与解读）。文本揭示的是其内部众多符号合一的意义表达。3. 结构主义的文本意图传递，是以文本编写与解读者双方共同达成的系统规约为基础的，具有意义内容的有效指向；当文本的解释者摆脱了系统规约的束缚，符号活动的主体性由文本意义的传递转为文本意义的解读，文本的指称关系成为解读者自由任意解读的可能，形成后结构主义文本意义表达的多样和无法估量局面。4. 在一般情况下，解读者无法参与作品的生产，对作品也无法进行重写；而文本的解读是一种可以反复的再制造过程，因为阅读者与符号指称之间已经不存在距离，指称的任意滑动实际导致了文本被阅读者重构的局面。最后，巴尔特认为，文本一是强调解读时的语言自主性，二是强调解读语境决定意义（汪民安，2011）。

在产品设计中讨论设计活动的设计初衷、加工过程以及预期结果等这些与设计师相关要素时，产品可视为作品。虽然它们是设计师感知传递的载体，但当产品呈现在使用者面前时，因设计师的离场，那些与设计师个体相关的内容无法传递给使用者，作品以文本的方式，通过使用群能力元语言的解释进行解读。因此，在讨论设计师与使用者之间的符号意义传递关系时，产品应强调的是"文本"，而非"作品"。

（3）文本编写中系统结构的层级关系

皮亚杰（2010）认为，不存在没有构造过程的结构，无论是抽象的构造过程还是发生学的构造过程，所有的结构在构造的过程中都存在上下层级的关系，即结构在建造过程中存在具有相对性的层级关系，结构的规模及范畴存在大小的概念。捷克数学家、逻辑学家库尔特·哥德尔（Kurt Gödel）在讨论数理逻辑中，将结构及其内容区分为多与少、强与弱的概念，而且最强的结构都是在初级弱结构的基础上建立起来的，形成系统的结构，并在每一次的实践中不断构造，永不完结（李醒民，1995）。皮亚杰认为，这个不会完结的整体结构构造的过程必定会受到形式化规则的限定，于是在结构的构造过程中，出现不同的形式层级与文本内容的层级。皮亚杰基于不同层级的结构形式与不同层级文本内容之间的研究方式，总结出这样的规律：一个结构层级的内容是下一个结构层级的形式；一个结构层级的形式是上一个结构层级的内容（皮亚杰，2010）。

在产品设计活动中，产品文本作为产品系统结构层级的编写内容与输出结果，同样具有系统结构的层级关系。可以理解为：一个较宽的文本作为它所在层级的编写内容，是它下一个较窄文本所在层级的文本编写形式；同样，一个较窄文本所在层级的文本编写形式，是它上一个较宽文本所在层级的编写内容。一个大的文本具有多个层级关系，层级之间可以相互解释讨论，但不能跨越层级进行解释讨论，否则依旧存在"封闭漂流"的危险。最后，可以得出这样的文本层级关系的结论：文本是系统结构的讨论内容与输出结果，文本间的层级关系是由文本所在结构系统中结构与结构间所存在的层级关系决定的。

2.3.2 结构主义与后结构主义在研究中的交叉运用

2.3.2.1 索绪尔语言符号学与皮尔斯逻辑—修辞符号学的差异

赵毅衡（2011）认为，现代符号学的发展，从最早的索绪尔语言符号学的二元模式与皮尔斯逻辑-修辞符号学的三元模式为理论及思维基础（见图2-4），分别发展为结构主义符号学与后结构主义符号学，之后又派生出众多的符号学流派。但讨论符号学的基础原理，最终还是要回到索绪尔语言符号学与皮尔斯逻辑-修辞符号学两种模式。

模式一：由索绪尔语言符号学模式发展的结构主义

索绪尔语言符号学在20世纪初逐步成熟，并为结构主义的兴起提供了坚实的理论基础（卜燕敏，2012）。索绪尔语言符号学以先验规约作为发送方与接收方进行符号意义传递的

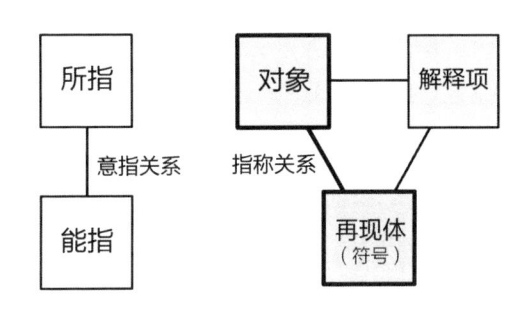

索绪尔的符号二元方式　　皮尔斯的符号三元方式

图 2-4　索绪尔符号二元方式与皮尔斯符号三元方式
资料来源：赵毅衡（2016）。

前提，这些先验规约形成的文本意义有效传递是结构主义符号学的理论基础。

索绪尔将符号分为所指、能指两部分（见图 2-4 左），他形象地将其比作纸张的两个面，一面是所指（signifier，概念），另一面是能指（signifiant，声音语言），无论纸张如何分割都有正反两面，一个符号再如何分割，总有"所指"与"能指"。索绪尔强调符号是一个"所指"概念和一个"能指"声音形象的结合物。能指的"声音形象"不是指单词、词语的发音，而是被大众认可的抽象化心理标志；所指的"概念"则是携带意义的感知（郭鸿，2008）。能指与所指都不是客观的物理化实体，也不存在于个体心理中，符号是社会化的集体概念。能指与所指之间联结的关系为"意指"，也就是符码规约（赵毅衡，2016）。

雅柯布森（2012）认为，符号文本的意图编写与意义解读都取决于符号的符码，若双方的符码一致，则编写意图与解读意义一致。索绪尔语言符号学认为，符号意义的传递必须建立在双方共用的规约基础上，因此也被称为"二元传播观"。二元传播观关注发送者与接收者之间的传递关系，即符号意义的有效传递，意义的有效传递是结构主义的主体性（赵星植，2017）。

皮亚杰（2010）认为，结构主义的结构是一个整体、一个系统、一个集合。一个结构的界限，要由组成这个结构的那些转换规律来确定。他指出结构有三个要素：1. 结构具有整体性；2. 结构具有转换规律和法则；3. 结构可以自身调节。皮亚杰将结构定义为：由具有整体性的若干转换规律组成的一个自身有调节功能的图式体系。

索绪尔符号学具有四大特征：1. 生物体之间研究社会属性的人本主义；2. 符号规约的先验主义；3. 文本意义有效性传递的社会心理交流；4. 集体概念建构的结构系统特征（郭鸿，2008）。索绪尔符号学属于社会心理学的范畴，侧重于符号的社会功能探索，其结构主义符号学强调在已确立的社会性的基础上探讨符号结构的构成关系与结构规则，在探讨共时性的社会人文科学领域，以及具有整体与封闭的整体性架构特征的众多实用符号学课题中具有运用价值。

模式二：由皮尔斯逻辑—修辞符号学模式发展的后结构主义

与索绪尔同一时代的美国学者、实用主义的创始人皮尔斯对符号学提出了另一种全新的理解。皮尔斯认为认知、思维以及人本身，其实质都是符号（郭鸿，2008）。他以逻辑－修辞模式讨论符号的所有类型，这促使符号学向非语言式乃至非人类符号扩展（赵毅衡，2011）。

皮尔斯把一个符号结构分为三个部分（见图 2-4 右），即对象、再现体、解释项：1. "再现体"是符号可感知的品质部分，皮尔斯也将其称为"符号"，等同于索绪尔符号结构的"能指"。索绪尔的"所指"在皮尔斯符号学中被分为"对象"与"解释项"两部分，解释项是符号的感知。2. 为了强调意义解释可以在事物间有交换的潜力，皮尔斯的三分式比索绪尔的二分式多出了"对象"。他将事物自身的某一存在（对象）与事物中那个"存在"的品质进行了有效的分离。3. "对象—再现体"组成符号的指称关系，解释项的意义感知必须通过指称关系的解释获得（赵毅衡，2016）。

解释项的提出、解释项与对象的分离，是皮尔斯对符号学的最大贡献。一方面，皮尔斯将对象与解释项分离后，符号文本的对象对于不同的接收者是相对固定的，不同的解读人群面对相同的指称关系（"对象"与"再现体"组成的指称关系），按照各自文化规约获得广泛性的解释项意义解释（赵毅衡，2016）；另一方面，对象与解释项的分离，打破了系统结构规约预设的格局，对象必须依赖不同系统环境提供的经验信息获得意义解释，这种意义解释的完形机制是认知心理学感知研究的基础。

皮尔斯的符号学建立在逻辑－修辞的基础上，任何一个符号的意义都必须通过另一个符号的解释而获得。在图5-1中，"符号2"必须通过"符号1"加以解释："符号1"结构中解释项的感知，去解释"符号2"结构中再现体的品质，这是符号间修辞的过程。"符号2"再以此方式可以继续修辞解释"符号3"，这样不断衍义解释下去的结果是，人类文化世界中的符号与符号之间，始终处于相互解释的互动之中，符号间意义的"无限衍义"为揭示符号学构成人类文化的语意场提供了理论依据。

皮尔斯侧重于符号自身逻辑结构的研究，他将符号学视为逻辑学的代名词（翟丽霞，2002）。皮尔斯符号学具有科学的倾向，强调信息的交流，符号的意义解释跳出结构之外。他将符号的解释者作为符号传递的核心，对规约限定、结构较封闭的形而上学结构主义提出反思，为后结构主义者瓦解结构主义奠定了明确且有效的理论途径。皮尔斯逻辑－修辞符号学适用于心理学在内的自然科学和社会科学，具有广泛的运用范围，符号学界称其为泛符号论。

2.3.2.2 李幼蒸提出的"符号学1"与"符号学2"的研究模式

随着20世纪70年代后结构主义替代结构主义成为符号学领域的研究主流，国内许多研究符号学的论著一致以皮尔斯理论而不是索绪尔理论作为基础理论，这导致了抛弃结构而去谈论后结构的普遍现象，实则暴露了缺乏主体性可以被转向的存在基础。

郭鸿认为，符号学的研究有两条途径：一条途径是索绪尔语言符号学，它从生物体之间的角度研究社会的属性，侧重符号文本在人群中意义的传递与交流；另一条途径是皮尔斯逻辑－修辞符号学，它从生物体内部的角度，研究人类心理和生理活动，侧重于符号文本在人类认知、思维中的功能。

李幼蒸（2015）认为，皮尔斯的"逻辑哲学"符号学与索绪尔的"结构语言学"符号学，无论在认识论还是方法论层面，都存在本质的差异，这种差异带来的分歧远远大于二者的一致性。为此，李幼蒸（2015）提出"符号学1"与"符号学2"的概念，用来划分各自合理分工的研究界限，摆脱无休止的相互否定与纠缠，其目的为：1. 并非符号学研究的分裂主义，而是在当代符号学应用研究中的任务分工。有效地划分两者的分工，不是刻意将它们分裂，而是避免在整体性研究的过程中出现不必要的纠缠与相互批判。2. 跨学科与跨文化的符号学研究转向背景下，对索绪尔与皮尔斯符号学命名为"符号学1"与"符号学2"的目的是将两者放在同一个研究平台与工作层面，作为两种有效的、平等的方法论工具。两者交替运用已成为不可避免的现实。3. 符号学已超越了工具概念成为一种观点，介于符号学对人类文化的整体性作用以及带来的影响，对符号学领域的划分不应当是符号学内部的分割，而应从符号学与文化整体的关系着手，从符号学研究的内容、研究的途径与目的进行有效的划分（张良林，2012）。

2.3.2.3 以结构与后结构对产品进行分类研究的误区

如果用结构主义与后结构主义简单粗暴地将产品设计活动分为"结构主义产品设计"与"后结构主义产品设计"的研究范式，不免显得笼统且不负责任。产品设计是倾向结构主义的，因其以意义有效传递为目的，尤以商业化产品设计更为突出，但当设计师主观情感参与设计活动后，产品倾向艺术化表意，文本意义的多元、开放解释导致后结构主义的倾向开始抬头。但如果艺术家利用观者的集体无意识进行艺术作品的情感意义有效传递时，则又具有结构主义的倾向。

以上说明两点：1. 用结构主义与后结构主义区分产品与艺术是不准确的，两者都有利用规约传递意义的一面，也有排斥规约表达多元意义的一面；2. 从文本的意义表达方面对产品与艺术进行强行分类也是没有必要的，正如杜威认为艺术与日常生活经验具有连续性一样，设计与艺术之间也存在由经验搭建的连续性。有学者简单地认为产品设计是结构主义的，后结构主义是艺术的领域，对此可以认为，结构与后结构划分的依据是文本传递过程中主体性的差异，而不是文本类型所在领域的差异。

为此，笔者总结为：结构主义不是产品设计的特权，而是文本的意义希望被有效传递的特权；同样，后结构主义也不是艺术家的特权，而是所有个人主观意识需要表达的特权。

2.3.3 两种符号学在课题研究中的分工

索绪尔语言符号学与皮尔斯逻辑－修辞符号学是符号学理论体系的两大基础，两者较为全面地涵盖了符号学的整体：符号学的认知、思维与符号学的表达、传递（郭鸿，2008，页12）。因此，但凡涉及符号文本意义的认知、思维表达，以及这些文本意义的表达可以进行有效传递的人文社科领域，索绪尔符号学与皮尔斯符号学都具有共同讨论与具体分工的可能与必要。对两者的综合运用与交叉的任务分工可做以下分析：

（1）索绪尔符号学在符号学的人文实践活动中，从生物体之间的社会文化属性出发，讨论文化规约所形成的共时性环境系统。在产品设计领域，这些系统结构内的规约不但构成产品文本内符号能指－所指的意指关系，同时也是设计师编写产品文本、使用者解读产品文本的元语言基础。产品设计活动是设计师表述设计意图的过程，为达到设计意图的有效表述与传递，必须建立设计师与使用者共通的社会文化规约的系统结构。因此，结构主义的产品设计活动中，那些所有涉及系统、结构、规约及意义传递有效性的问题，都必须回到索绪尔符号学的讨论范围内。

（2）无意识设计不但是结构主义产品设计，同时更具结构的典型性。它不但像其他结构主义产品设计类型一样，依赖于产品设计系统内的三类元语言规约（语境元语言、产品文本自携元语言、设计师／使用群能力元语言）进行文本的编写与意义的有效传递，更表现在其三大类型及六种设计方法全部围绕四种符号规约展开。一方面，就符号的属性特征而言，四种符号规约分别具有使用者生物属性的"先验"特征（直接知觉符号化、集体无意识符号化），以及使用群社会文化的"既有"特征（使用群社会文化符号、产品文本自携元语言）；另一方面，就无意识设计活动的内容而言，分别以产品系统内两种新符号规约的生成表意、系统规约控制下的两种文化符号修辞解释为设计内容。这既是无意识设计典型结构主义特征的表现，同时也保证了文本意义传递的精准与有效性。

使用群的集体无意识是构成产品设计系统内各元语言规约的基础及来源。列维－斯特劳斯在索绪尔意指关系的先验性基础上得出，群体日积月累的生活经验所形成的集体无意识构成结构主义系统内的规约集合。无意识设计客观写生的集体无意识传递，实质传递的是系统结构内由集体无意识经过原型经验的实践后被解释的符码规约。

（3）皮尔斯符号学被认为是普遍的修辞学。皮尔斯认为，一个符号的意义需要另一个符号的解释才能获得，符号间意义的解释即普遍的修辞。人类文化符号以意义解释的编织方式进行相互间的纵向与横向衍义，构建成为人类文化的语意场，语意场内所有的符号意义解释都是外部世界与人类心智相互作用的产物。这是因为，符号之间可以相互解释的意义不是符号对象自身的意义，而是需要解释者进行理据性的解释而获得的，即在集体无意识原型的经验实践中获得，解释者主要依赖于符号间的修辞方式获得符号间意义的解释，其中隐喻与转喻是人类重新建构符号意义的主要手段（赵星植，2017）。德国诗人歌德甚至认为，一切事物都具有隐喻特征，也都是由隐喻构成的（万书元，2008）。

（4）在产品设计符号学的研究中，结构主义与后结构主义一直都是相随相伴、相互交织在一起的：产品设计可以视为设计师凭借自身的认知与思维对使用群原有产品符号感知与表意方式的重建，它是设计师对产品原有文本再次解释的过程，而解释的方式则是通过修辞获得符号与产品间意义的解释，以产品文本外的一个符号与产品文本内相关符号进行的理据性解释。产品设计文本编写的系统规约建立在以索绪尔语言符号学发展的结构主义符号学的基础上，力求设计师与使用者双方达成意义的编写与解释的一致性，但作为设计师的设计活动则回到皮尔斯符号学中，以逻辑－修辞的方式对产品文本的原有意义进行再次解释及重新构建。

2.4 普遍修辞理论：符号间的修辞解释

2.4.1 皮尔斯符号学的普遍修辞理论

皮尔斯对当代传播学最大的贡献之一是提出"普遍的修辞学"概念，他指明了符号在社会文化活动中传播的方式。皮尔斯对科学进行了三大分类（见图2-5）：探查的科学、复查的科学、实践的科学。探查的科学：是对新知识的探索，以及在原有真相的基础上探索新的真相的科学；复查的科学：既是理论科学，也是实用科学，是哲学理论的综合与实证，本课题以符号学及知觉心理学、精神分析学对无意识设计方法进行的研究即属于复查的科学；实践的科学：是社会文化中对已有知识及真相的运用，即现在所讲的应用科学（赵星植，2018）。

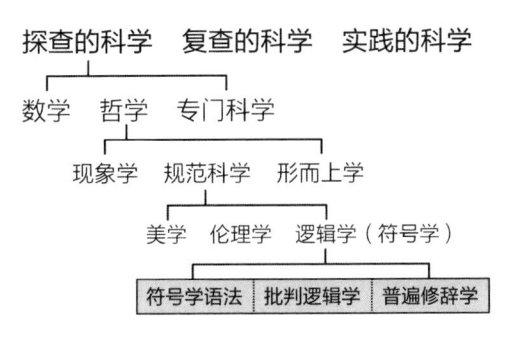

图2-5 皮尔斯符号学在其科学分类中的从属关系
资料来源：赵星植（2018）。

由图2-5可看到，皮尔斯将探查的科学又分为数学、哲学、专门科学三类，再将哲学分为现象学、规范科学、形而上学三类，又继续将规范科学分为美学、伦理学、逻辑学（符号学）三类。至此，皮尔斯符号学的层级归属为：探查的科学→哲学→规范科学→逻辑学（符号学）。

皮尔斯之所以将符号学等同于逻辑学，他认为所有的思想都依赖于符号得以表达，逻辑学关注人类思想如何得出正确的推论并指导行为，它可以视作关于符号传播普遍规律的科学，符号学被其打上"规范科学－逻辑学"的深深烙印，为在他之后的符号学继续分类与研究方向上搭建了特有的框架体系。

皮尔斯继续对其逻辑学的符号学进行划分，形成三个分支：

第一分支：符号语法学。它是皮尔斯符号学体系的基础，主要讨论符号具备意义所必需的形式条件。符号的形式条件指的是符号自身以及符号表意过程中的构成要件问题，一个完整的符号必须符合"再现体—对象—解释项"所组成的三元结构。

第二分支：批判逻辑学。它是皮尔斯在确定了"何为符号"的第一分支基础上，对"如何利用符号展开思考，建立良好的推理"的深入探究。皮尔斯提出"试推"的概念，他认为试推是人类原初性的论证，一切科学推理都开始于试推，它来源于人类的心灵与真相具有亲近的特性，而反复有限次数的猜测就会接近真相。

第三分支：普遍修辞学。在皮尔斯符号系统理论中，第三分支的作用是指导第一分支和第二分支的建构（赵星植，2018）。它通过符号从一个心灵，将符号意义传递到另一个心灵的必要条件，探明了一个符号产生另一个符号的方式，并以此可拓展为一种思想催生另一种思想的法则。皮尔斯认为，所有的思想都是一个符号的意义通过另一个符号的解释所获得，普遍修辞学是符号间解释的方式和途径。普遍修辞使得符号的传播方式具有动态开放的特征。皮尔斯认为，普遍修辞学是为科学探究服务的，是研究与发现有价值过程的基本原则（Charles S. Peirce，1992），这有别于以意义传递为目的的索绪尔符号学。皮尔斯又称自己的"普遍修辞学"为"方法学"（赵星植，2018）。

2.4.2 人类依赖修辞认识新事物，创建新的符号感知

修辞学是符号学公认的源头之一，修辞是广义的比喻。美国文学理论家乔纳森·卡勒认为，比喻是认知的一种基本方式，通过把这个事物看成那一个事物，从而认识这个事物（李天奇，2018）。美国文学批评家瑞恰慈这样描述比喻，我们对世界的感受是比喻性的，我们通过与先验的经验进行比较后获得新经验，比喻是人类通过经验的比较，认识世界新信息的一种途径（聂焱，2006）。

赵毅衡（2016）认为：1. 修辞学之所以被认为是广义的比喻学，因为其他各类修辞格都

是由比喻发展出的不同变体；2. 符号体系都是通过比喻积累而成，并依赖于比喻延伸，由此扩展了人类的认知世界；3. 社会文化活动中所有符号新的组合，都是依赖于广义的比喻对原有符号做出的新描述；4. 符号学的文化实践活动既要避开语言修辞的局限性，但又必须依赖于语言进行比喻的表述。

修辞对讨论产品设计的价值在于：皮尔斯逻辑－修辞符号学认为，任何一个新的符号都可以视为在旧符号上叠加的新比喻。因此，任何新的产品文本都可视为在原有文本上叠加的新比喻。

2.4.3 修辞对产品文化意义与指称类型的拓展

修辞学理论认为，组成修辞包含"喻体"(vehicle)与"本体"(tenor)两部分。在认知理论中，喻体被称为"始源域"（source domain），本体被称为"目标域"（target domain）。始源域，是指我们熟悉的文化生活经验、概念范畴，并对它们有着较为丰富且明确的心理感知；目标域，是指我们需要认识的事物，它是抽象的，且我们无法直接表述或理解的事物概念或其某些品质。本课题以符形学为研究路径，以使用者知觉—经验—符号感知的完整认知方式作为课题论述的逻辑框架。因此，对修辞的组成采用认知心理学的术语"始源域"与"目标域"，以此与课题中知觉、经验的研究术语保持一致。

符号学的比喻过程是，我们将始源域的符号指称，以图式结构的方式映射到目标域相应的位置，通过始源域符号的指称对目标域进行解读的过程中，获得目标域感知的清晰认识（邢丹丹，2016）。郭鸿将比喻概括为，我们依赖熟悉的符号感知，去理解我们不熟悉的符号特征。修辞从两个符号间的结构而言，是一个符号结构中的解释项感知，去解释另一个符号结构中的再现体品质（见图5-1）。

产品设计文本表意的修辞格主要有五种：1. 明喻，符号间的物理性相似关系；2. 隐喻，符号间的心理性相似关系；3. 转喻，符号间的邻近关系；4. 提喻，符号间的局部代替整体；5. 反讽，符号间的局部对整体的否定。转喻与提喻的相同特征较多，区分特征较少：虽然邻近关系符号间指称替代是转喻的核心（郭鸿，2008），产品系统内部的指称代表其整体指称是提喻的核心，但两者的解喻都依赖于格式塔心理学的完形机制，因此转喻与提喻在产品文本的表意活动中经常混合使用。

在跨语言的比喻修辞活动中，必定会出现始源域与目标域之间渠道以及媒介的差异，从而导致两个概念域之间有超越符号形式之上的映射关系，形成概念比喻。概念比喻是始源域与目标域跨媒介与渠道的概念联结，它的边界是文化，而不是始源域符号与目标域符号呈现的客观方式和表达途径（赵毅衡，2016）。赵毅衡指出，所有的符号修辞都是"概念修辞格"，产品设计修辞也不例外：在结构主义的产品设计修辞表意活动中，外部事物系统内的始源域符号、产品系统内的目标域符号，它们均脱离了传统修辞学的语言、文字束缚，都是以使用群集体无意识形成的各类规约为文化边界，不受其存在的媒介方式、传播渠道影响，并在跨不同领域的两个符号间获得系统间概念与感知意义的协调解释。产品修辞的概念比喻，不但体现了设计师的文本编写能力、事物与产品间创造性的解释能力，更是根本性的思想范畴的研究与实践方式。

设计师对产品文本的修辞解释是一切设计活动的本质内容，它增加了产品与社会文化间的交流，并拓展了产品新的感知与概念类型。符号与产品文本间的相互修辞可以分为两个方向。第一个方向：符号服务于产品。产品文本作为目标域，借助一个产品外的符号作为始源域加以解释描述，这是产品设计普遍使用的方式。第二个方向：产品服务于符号。产品文本以始源域的姿态，依赖于产品文本自携元语言符号规约去描述产品外的一个目标域符号，这种方式倾向文本意义的开放式解读。

最后要补充说明的是，钱钟书的修辞学理论也是本课题的理论支撑，尤其在第五章讨论无意识寻找关联类型的修辞研究中，钱钟书的修辞理论是各类产品修辞格进行文本编写时最为直接的指导工具。其理论内容将在第五章的具体段落中结合各类修辞格文本编写与符形分析的过程进行表述，在此不再赘述。

2.5 生态心理学知觉研究：直接知觉与间接知觉

首先，当代认知心理学认为，个体对事物的完整认知过程分为知觉、经验、符号感知，这是一个由低级向高级发展的认知过程。这个过程中三种认知方式之间的关系是：个体对事物的知觉由直接知觉与间接知觉组成；两种知觉是形成个体生活经验的两种途径；符号的感知是个体生活经验的意义解释。其次，由皮尔斯普遍修辞理论可看出，所有的产品设计活动，都是一个符号与产品文本内相关符号间的意义解释。因此，从两种知觉讨论产品设计，是从使用者对产品的认知源头对产品设计活动进行完整的补充。

生态心理学主要讨论个体认知过程中直接知觉与间接知觉这两种知觉的形成方式。深泽直人以吉布森的"直接知觉"为理论基础，首次提出"无意识设计"的设计方法类型，也第一次将使用者作为生物属性的个体，放置在产品使用环境中，讨论直接知觉的形成方式及符号化表达。它有效地建立了作为生物属性的使用者，与物化后的产品间可供性的行为方式，以此创新出使用者与产品间新的操作体验。

2.5.1 环境是生态心理学研究的基础条件

生态心理学是心理学的分支学科中环境心理学的重要组成部分，它尝试以生态学的研究方式，在环境内建立个体生物属性与社会属性之间的关联，讨论出知觉形成的两种方式：1. 直接知觉，个体用身体的感知器官从环境中获取知觉；2. 间接知觉，个体凭借环境内的经验对事物的分析获取知觉。

心理学认为，人的心理与行为需要两种基础：一是生物基础；二是环境基础（黄希庭，2007）。生物基础是人类作为生物体与生俱来的，但生物基础需要在环境的作用下才能发挥其功能。环境是与生物体产生联系的外部世界，与生物体没有产生联系的外部世界不能称为环境（黄希庭，2007）。精神分析学也认为，环境是唤醒无意识的原型经验进行实践的前提基础。符号学更是认为任何符号的意义都受控于环境。结构主义尤其认为，环境内的规约是提供文本意义编写与解释的来源。

2.5.1.1 生态心理学的定义

《生态心理学》一书的作者秦晓利（2006）认为，生态心理学是研究人类所生存的环境与他们心理及行为之间的相互作用。具体内容包括：人在环境中知觉的产生方式，以及生物属性的个体与环境之间具有动态方式的交互过程；讨论个体所处的环境中各个因素与人类行为之间的相互作用，以及它们展现出的具有功能趋向的心理及行为现象（林崇德、杨治良、黄希庭，2003）。

二十世纪四五十年代迅速发展起来的认知科学催生了认知心理学以及希望借助科学主义观念重新审视传统哲学弊端的各个流派。他们希望借助科学实验的方式彻底推翻自古希腊及笛卡尔以来的身心二元对立的局面，并用实验数据的方式验证心灵先天的错误。20 世纪 40 年代至 70 年代出现了两位生态心理学研究重要的代表人物：第一位代表人物是"生态知觉论"的研究者詹姆士·杰尔姆·吉布森 (James Jerome Gibson)，他通过对生态视知觉的研究，进而讨论生态知觉的形成方式，提出个体可以直接通过在环境中所获得的可供性刺激信息进行"刺激完形"，形成对事物的完整认识，吉布森称其为"直接知觉"；另一位代表人物是"行为－背景论"研究者美国堪萨斯大学的巴克 (R.G.Barker)，他和赖特 (H.Wright) 在 1947 年美国堪萨斯州的奥斯卡卢萨 (Oskaloosa) 镇，组建了中西部地区心理领域研究站 (The Midwest Psychological Field Station)。这个研究所通过对小镇居民"人的日常行为定位"进行多年的研究分析，讨论环境对人行为的影响，称为"行为背景研究"，他们首次提出"生态心理学"的观点（叶峻，2000）。之后的生态心理学理论研究与拓展，都是在吉布森与巴克的两种研究范式基础上展开的。

吉布森的"生态知觉论"与巴克的"行为背景理论"都以生态科学主义的实验手段进行人类个体的认知讨论。他们一改以往文化研究中感知"先天"存在的论断，因其具有科学性研究范式与更多创造性实践拓展等优势，被各类认知科学领域的学者广泛、自觉地应用到各自的课题研究中。

2.5.1.2 生态心理学的知觉研究对环境的再次分类

心理学界认为，环境是与生物体产生联系的外部世界，与生物体没有产生联系的外部世界不能称为环境。这个定义或许很笼统，于是心理学界按照不同的分类方法，又将环境进行两种不同的分类（见表2-1）：第一种分为自然环境 (natural environment) 与社会环境 (social environment)；第二种分为物理环境 (physical environment) 与心理环境 (psychological environment)。

表 2-1　环境的三种分类方式

分类	名称	环境所包含的因素
第一分类	自然环境	生物体与非生物体的组成因素：大气、水、动植物、土壤、沙漠、太阳辐射等
	社会环境	经济环境、政治环境、教育环境、伦理环境、文化环境等
第二分类	物理环境	除包括自然环境诸因素外，还包括人为的物理环境因素，如人际空间、建筑物等
	心理环境	人与人、人与物相互作用时所形成的环境
生态心理学的知觉研究	非经验化环境	自然事物与人造物去符号化的空间环境，身体与之产生关系，形成直接知觉
	经验化环境	个体生活经验构成的空间环境，个体的所有知觉都依赖于其生活经验假定与分析而获得，形成间接知觉

资料来源：笔者绘制。

生态心理学者以生态学的视角，讨论人类个体的生物属性与文化经验属性，在环境中获得知觉的方式。他们对环境的重视表现在：环境是实验研究的基础前提；环境是所有人类行为存在的背景。生态心理学对环境的分类不同于心理学界对环境的分类方式，其侧重于环境中的事物是否被个体经验判断，但又不是对自然物与人造物的简单分割，而是进行"没有被个体经验分析判定"与"需要个体经验分析与判定"间的区分。正如吉布森（1979）所说：以人工界和自然界为标准划分环境的类型是错误的，因为人造物都是自然物质制造而成；以人文环境和自然环境划分同样也是错误的，因为实物材料构成的世界与精神产物构成的世界存在于同一个环境空间中。对于动物、环境、世界三者的关系，吉布森补充认为，动物是处于世界中的存在，而环境是动物的世界（易芳，2004）。

生态心理学依据环境内事物是否需要或经过经验的分析与判定，将环境划分为"非经验化环境"（non-empirical environment）与"经验化环境"（experienced environment）。对于环境几种不同的分类及各种环境所包含的具体内容，表2-1对其做了详细说明。

从认知过程的知觉出发，对环境再次分类的目的在于：1. 现代认知心理学认为，人类的所有知觉都是人类对环境内所获得的刺激信息进行的分析或判定，使之产生模式和完整认识的加工过程（乐国安，2001）；2. 人类所有的知觉都来源于外部环境的事物与人类感受器官之间的相互作用，任何知觉都发生在人类所处的环境之中；3. 直接知觉与间接知觉是形成个体生活经验的两种途径，符号感知是生活经验的意义解释。

2.5.1.3 非经验化环境的直接知觉与经验化环境的间接知觉

生态心理学对环境与事物的两种分类，以及在两种分类的情况下个体因信息刺激完形与经验完形获得对事物认识的不同知觉，可以总结出以下四点（见图2-6）：

第一，生态心理学对知觉的研究，依据环境内事物是否需要或经过经验的分析，划分为"非经验化环境"与"经验化环境"。生态心理学中对环境的划分是任意的，这个任意性是考察者根据考察的个体知觉的形成方式与类型而确定的。例如，在拥挤的地铁中，如果要考察个体与周围乘客之间社会心理活动的各种相互关系，地铁则被视为经验化环境；如果要考察乘客的肢体与扶手、座椅、行驶中摇晃对站立的稳定影响等问题，地铁中的公共设施则被视为非经验化环境。

第二，非经验化环境内的"非经验化事物"与个体之间形成的知觉被称为"直接知觉"，它以个体生物属性对信息的刺激完形方式获得事物的整体认识；经验化环境中的"经验化事物"与个体之间形成的知觉被称为"间接知觉"，它以个体文化生活经验的经验完形方式获得事物的整体认识。

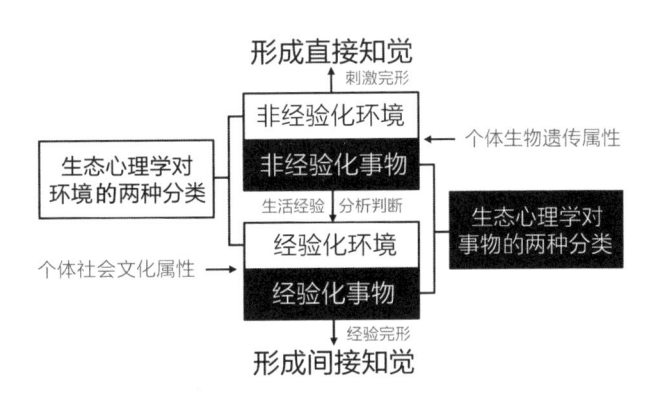

图 2-6　生态心理学对环境与事物的两种分类所形成的不同知觉
资料来源：笔者绘制。

第三，个体生物属性的直接知觉往往都会因为人的社会属性再次进入经验化环境，被个体文化生活经验分析、判断，成为间接知觉。

第四，个体的生物属性与社会文化属性对环境内事物具有倾向性的选择，这种选择的依据以环境内的事物是否需要个体的经验化判断作为标准。

2.5.2 生态心理学的研究基础与研究方法

（1）在赫尔姆霍茨环境刺激-反应知觉模式基础上的研究

传统知觉理论由19世纪末德国生物学家赫尔姆霍茨（Helmholtz）从无意识推论得出。他认为，那些许多在实验室里不能体验到的刺激，是由以往的生活经验以及文化附加于知觉的，它们是重复后的联想所形成的无意识推理（林崇德等，2003）。当代心理学认为，知觉是外部环境中的事物带给个体的刺激信息，被个体进行一系列组织与加工后形成对事物整体认识的过程（理查德·格里格、菲利普·津巴多，2003）。

感觉与知觉的差别在于：感觉是人类的感官接收到事物个别的属性后，大脑所做出的直接反应；知觉则是大脑对事物个别属性进行组织加工后形成的整体认识。赫尔姆霍茨对知觉的理解属于物理能量转换的知觉论，他从能量转换的角度认为知觉的作用是使感觉产生意义，即符号的感知。知觉是一个对环境内信息收集与加工的过程，加工的方式是连续变化没有顺序的信息输入，直至组织成为稳定有序的知觉。他进一步提出，知觉形成的整个能量转换过程是依赖无意识完成的，它是心理活动的产物（理查德·格里格、菲利普·津巴多，2003）。

对环境内信息的加工，直至形成稳定有序的知觉，这个过程分为三个阶段：第一阶段，收集信息的过程，分为环境下个体生物属性与文化生活属性的两类信息收集；第二阶段，信息的表征提供个体描述事物大小、形状、距离等整体有效的估计内容，这是知觉加工的基础素材；第三阶段，个体对信息加工完形为知觉的过程，它需要依赖个体的生活经验、记忆、价值取向等主观因素。

20世纪40年代，德裔美国格式塔心理学家库尔特·勒温（Kurt Lewin）率先对传统的行为主义"刺激－反应"的知觉形成模式进行积极的反思性补充。他没有否定赫尔姆霍茨的"刺激－反应"知觉模式，而是补充强调任何个体都处在一个场（field），个体的心理与行为都是在特定的场所与空间环境内发生的，要考察个体的行为与心理，首先要考察这个环境为它们的发生提供了怎样的条件（秦晓利，2006）。勒温将其理论称为"心理生态学"（psychological ecology），率先提出在生活世界中研究的"生态效度"、行为与生活世界的环境密不可分的研究方式，学界公认其为生态心理学的先驱。

（2）生态心理学理论的研究方法

第一，环境下的知觉研究方式。二十世纪五六十年代，第一阶段的认知心理学希望在实验室的环境下，通过对实验个体抽象化的数据采集，利用计算机的输入、分析、判断得出可以类比人类知觉的感知形成。同为科学主义的生态心理学者质疑这样的研究方式，他们认为，认知心理学实验室抽象数据的采集已脱离现实生活世界，是无效的数据，在实验室的研究中提高环境生态效度，是生态心理学一直提倡的态度（秦晓利、夏光，2004）。吉布森曾表明，在现实的生活环境中，像二维平面照片那样的真实物体是根本不存在的。个体在环境中看到的真实物体是视觉图像不断变化且连续的一种无限形式，这种视觉上的延续性才能表述出物体的固体形状（Winter, D. D., 1966）。吉布森认为，实验室的知觉研究对理解生活世界的知觉价值很小，他主张在自然情境中展开个体的知觉研究。巴克同样认为，心理学家应该走入现实的生活进行研究，为此他通过建立中西心理学场站，展开对个体、群体日常生活方式的心理研究（秦晓利，2006）。

第二，多层级系统化的自然观察与现场实验的研究方法。生态心理学并不反对实验室的研究方式，相反，他们把实验研究作为获得知觉的主要途径；他们反对的是将生活世界过度简单化、抽象化的研究方式（秦晓利，2006）。他们坚持认为环境与人是不可分割的整体，这是达到生态效度研究的基础。在实验材料、过程设置与实验场景的选取上，都以现实的生活世界为标准（秦晓利，2006）。另外，生活世界的构成不是"扁平化"的结构，而是分为不同的层级，呈现出系统化的立体结构。因此，只有进入真实的生活现场，深入具体的生活细节，才能避免实验室里的观察所导致的空间尺度失控与结构"扁平化"的局面。

第三，个体的生物属性与文化属性的整体统一。传统心理学研究个体生物属性与文化属性有两种不同的取向：一种以行为主义与精神分析学为代表，强调个体的生物属性；另一种以人本主义的心理学与社会学为代表，强调个体的文化属性。生态心理学对知觉的研究与以上两种均不同，它首先考虑个体的生物属性与文化属性在环境内的整体与统一，这是生态心理学研究的出发点。它为自然科学与人文科学架起了一座桥梁（秦晓利，2006）。同时，生态心理学将对个体的心理研究放置在环境中，利用自然科学的研究模式建立"环境—身体—大脑"协调的心理学感知"组织结构"，人类的心理孕育在自然环境、社会文化环境之中，人类认知活动由低级向高级的过程，本身就是人类对自然界的知觉转化为社会文化经验的过程（何文广、宋广文，2012）。

2.5.3 直接知觉：非经验化环境中的刺激信息完形

2.5.3.1 吉布森直接知觉理论中的可供性概念

第一，可供性是动物与环境之间产生关系与交互的方式手段。吉布森（1979，页127）在研究直接知觉理论的过程中，提出了"可供性"的重要概念。他根据"给予、提供"的英文单词"afford"进行名词化后自创的一个英文词汇，将可供性定义为"动物和环境之间的协调性关系"，它是生物个体与环境之间产生关系与交互的方式手段。吉布森（1979，页8）在其《方法》一书中认为"动物"与其"环境"是不可分的匹配关系，环境决定了动物的生存。可供性的概念源于格式塔心理学家考夫卡的思想。与考夫卡可供性关注个体与环境间主观状态的研究不同的是，吉布森从个体的生物属性与环境的关系展开讨论。

研究吉布森理论的学者克罗恩（Clune，2000）指出，吉布森提出的"可供性"具有先天的遗传特征，它形成于动物与环境长久共存的条件下，同时随着动物的进化与环境的改变而呈现多样化局面。因此，个体生物的行为与其环境之间存在相互关系，这种关系具有结构主义的特征。

第二，可供性存在对环境内可感知事物的尺度认定。对于环境的类型，吉布森（1979）认为，物理环境不能构成直接知觉形成的条件，他所认为的环境是特指动物可感、可嗅、可听、可尝及可看的生存环境。吉布森（1979）对在环境内可以提供给动物信息的物体，其大小尺度也做了明确的讨论，在大小与比例上足够接近动物身体尺度的那些事物才能构成动物可以提取信息的环境；另外也指出，因动物身体尺度的不同，构成其相应尺度事物的环境也有所不同。不同的动物种类，都生存在各自的"小生态环境"中，只有各自的"小生态环境"才能提供给它们"可供性"。可总结为，环境内事物的可供性，来自可以被个体的身体直接产生相互关系的那些事物，也正是那些事物组成了吉布森所认定的"环境"概念。

第三，可供性在实践活动中需要遵循三项原则。东北大学罗玲玲（罗玲玲、王义、王晓航，2015）教授认为，讨论吉布森的直接知觉，首先要遵循可供性概念的三点原则：1. 可供性是从吉布森将人作为生物属性的视角定义的，可供性与个体的相互作用在其生存的环境中具有先验的客观特征，并非抽象的个体经验；2. 可供性与个体的相互关系是一种生态信息，是生物个体智能的驱动力对环境内事物信息的获取，充分性的信息以刺激完形方式形成直接知觉；3. 可供性的生态信息提供的直接知觉，可以决定并引发个体的下一步行为，这个行为在实施中，使得个体获得现实价值，并进入个体的经验世界。

2.5.3.2 个体与环境匹配下的刺激完形

吉布森认为，格式塔"完形理论"中的完形方式是"刺激完形"。生物属性的人类个体具有智能的特征，环境中的个体主动地获取环境信息的刺激，环境可以提供给个体足够多且较为完整的刺激信息，环境提供给个体信息的关系即"可供性"。可供性所获得的众多信息不需要心像、图式或者表征等作为中介，个体凭借知觉的智能与主动的特性，直接地对环境作用于个体感官的刺激做出整体性的知觉总结，形成"环境—身体—大脑"三者相互作用的协调统一，吉布森称为"直接知觉"。

在直接知觉的理论中，"生物体"与"环境"两个词形成一个不可分离的组合，每一个术语都包含着另一个（J.J.Gibson，1979，页8）。吉布森认为直接知觉是这样形成的：在非经验化的环境中，作为生物属性的人类个体具有智能的属性，个体对环境具有适应性，并在环境中具有主动控制自身活动的能力（何文广、宋广文，2012）。个体在与环境的相互关系中获得事物所给予的刺激信息，吉布森把这种相互关系称为"可供性"。从环境中获得的刺激信息是丰富且完整的，它们被传递到大脑后进行完形加工，这种加工不需要再经过个体的生活与文化经验做分析、筛选、判断，它是通过刺激信息直接"刺激完形"的过程。大脑对"刺激完形"给出对环境内事物的知觉总结，并根据知觉的判断引发下一步的行为。直接知觉在形成知觉的路径中，各种信息是"自下而上"（bottom-up）具有数据化的加工方式，因此是"数据驱动加工"（data-driven processing）模式。直接知觉是环境、身体、大脑三者相互作用下协调统一的结果。

2.5.3.3 直接知觉具有生物特征与遗传属性

吉布森的"直接知觉"源于生态科学的实验方式，讨论环境内人类个体感知的形成。这种研究范式在研究过程中，刻意削弱甚至暂时搁置人类个体的社会文化属性，将个体在环境中所获得的知觉视为某一类生物体的"物种"本性。直接知觉是依赖于个体的生物属性与环境的相互关系所形成的知觉。任何一类的生物体，其自然规律下的生物属性都具有"先定性、普适性、凝固性"三点本质特征（彭运石、林崇德、车文博，2006）。

（1）先定性。包括三部分：1. 个体在环境中所表现出的智能属性；2. 个体对信息刺激的"刺激完形"能力；3. 直接知觉所涉及的具体内容。三者都是个体遗传的天性，不需要后天的训练与经验的积累，是一种与生俱来的生物本能属性。

（2）普适性。生物属性的人类个体在环境中所获得的直接知觉具有适用于同类个体与环境对象的普遍性。这是因为，个体在环境内通过信息刺激完形的直接知觉，具有生物体共同的遗传特征与规律。

（3）凝固性。首先，直接知觉"刺激完形"的形成方式固定不变；其次，由于先天的遗传特征，具有生物属性的个体在环境中所获得的直接知觉内容固定不变。直接知觉的"凝固性"属于生物体对环境获取信息刺激的方式与内容，因此"凝固性"只针对直接知觉而言，直接知觉的"凝固性"一旦进入个体"间接知觉"的经验分析、判断，即成为生活经验的完形方式。

直接知觉提取信息的能力，源于人类与环境在漫长的进化与共存中所具有的共生关系，这表明直接知觉具有先天的成分（秦晓利，2006）。吉布森的直接知觉先天遗传与笛卡尔的经验感知先天赋予不同在于，前者是科学主义唯物的研究范式，讨论直接知觉作为人类生物属性的遗传特征；后者以唯心主义强调自我的感知观念是天赋的，并涉及神学论的上帝赋予心灵。

2.5.3.4 直接知觉存在个体与历时性差异

讨论直接知觉不能忽视个体生物属性的差异：人的生物属性随年龄、性别、身体机能不同会有很大的差异，这些差异导致其与环境产生不同的关系，从而形成不同的直接知觉。相同的个体在不同的时期，其生物属性在同样的环境中所形成的直接知觉也会产生变化。因为历时性，个体的生物属性发生改变，其五感与环境内事物之间的相互关系也会产生改变。这些改变导致了个体与环境内事物之间的"可供性"改变。例如，婴幼儿与成年人，两者的身体尺度不同，构成他们身体相应尺度事物所组成的环境不尽相同，可供性也不尽相同。

2.5.4 间接知觉：经验化环境中的生活经验完形

2.5.4.1 研究环境的差异导致可供性概念的不同定义

直接知觉与间接知觉被当代心理学界公认为是人类在环境中认识事物形成知觉的两种方式。但也有其他研究领域的一些学者对吉布森直接知觉理论提出不同的观点：英国设计方法论学者盖弗（William W.Gaver, 1992）肯定吉布森可供性概念的同时，认为社会文化也会对可供性产生影响；美国南加利福尼亚大学的胡军（Jun Hu）从机械设计的应用方面提出了可供性的分类：人工物－人工物可供性、人工物－环境可供性、人工物－用户可供性；美国堪萨斯大学的张家杰与哥伦比亚大学的帕特尔（Zhang.J & Patel.V.L, 2006）提出了依据认知来源的可供性分类：外部环境的可供性与内部机体的可供性。

甚至有学者认为，可供性不应该对应于直接知觉与间接知觉的划分，希望打通两类知觉的分类障碍，进行个体知觉整合后的可供性概念讨论。与吉布森同时期的美国实用主义认知心理学家唐纳德·A·诺曼（Donald Arthur Norman）便是持这样观点的学者之一。诺曼（1998）在他的 Design of Everyday things 一书中首次将吉布森的可供性引入设计学科人机交互的研究领域，标志着可供性概念继续向实用主义的设计应用心理学转向。为增加个体经验感知的可供性部分，诺曼以"示能"一词替换吉布森自创的词汇"可供性"（唐纳德A·诺曼，

2015）。

2.5.4.2 吉布森的"可供性"与诺曼的"示能"区别

诺曼与吉布森曾有过面对面关于"可供性"定义的讨论经历，双方为此发生过争执。诺曼（2015）在《设计心理学1-日常的设计》一书中记录了那次讨论：诺曼认为他的"示能"概念与吉布森的"可供性"概念都是指人与外部世界之间的关系而非属性。但他继续表明，"示能"是物品的特性与决定物品预设用途的使用者能力之间的关系，示能由物品的品质与使用者主体的能力共同决定。但物品使用者必须依赖于其以往的生活经验与社会文化习惯才能准确解读物品的示能。很显然，诺曼的"示能"概念是在物品的"经验化环境"里提出的。吉布森反驳认为，个体接收到环境信息的刺激是完整的，非经验化环境可以提供给个体足够多的信息，无须再在大脑内用个体经验进一步分析判断，个体凭借知觉的智能与主动的特性，直接做出对环境内事物整体性的知觉总结，完成环境、身体、大脑三者协调的统一。

两者的争论可以明显地反映出一位"直接知觉论者"与另一位"间接知觉论者"，对知觉形成方式的分歧。对于他们的争论，笔者从以下三点进行阐述：

（1）诺曼的"示能"概念不是对吉布森"可供性"概念的简单替换，而是将吉布森直接知觉可供性与张家杰、帕特尔分类的"外在环境可供性"和"内在有机体可供性"进行整合后提出来的。诺曼的"示能"概念可以看作非经验化环境的"直接知觉的可供性"与经验化环境的"间接知觉的生活经验"的整合。诺曼是一位间接知觉论者，因为他并没有对物品进行"经验化"与"非经验化"的区分，这实质上也放弃了对直接知觉与间接知觉的区分，因此，其示能概念是在胡塞尔提出的生活世界中展开的讨论。

（2）诺曼的"示能"也并非指示性的符号，它虽然具有指示性，但其指示性并非通过意义的解释获得的感知。生活经验分为行为经验与心理经验，"示能"是行为经验对产品操作与使用的行为指向。诺曼（2015）认为，"示能"是人和物品之间的一种关系，但他所说的"物品"已完全不是非经验化的"纯然物"，而是泛指人造物的产品范畴，他所说的"人和物品之间关系"也不再是生物属性的身体和事物间的直接关系，而是个体依赖于自身的经验对直接知觉与间接知觉分析判断后的结果。诺曼的"示能"若理解为"生活世界中的人造物对个体的经验化指示性能力"应该更为贴切。

（3）直接知觉论者与间接知觉论者对"可供性"的差异源于对环境是否加以细分。间接知觉论者放弃细分的原因在于，他们更重视个体的社会文化属性，因而他们的"可供性"是个体在生活世界（非经验化环境和经验化环境）内的经验完形。最后，对间接知觉论者所指的"可供性"，可以用诺曼的"示能"概念一词替代。这样可以避免与吉布森直接知觉的"可供性"产生混淆。

2.5.4.3 经验完形中个体对社会文化经验的依赖

虽然个体的心理与行为具有生物机能的特性，但个体不仅仅作为生物体而存在，其心理与行为更多的是被社会文化环境所影响。心理学的研究要借用直接知觉科学化的研究方法与手段，但必须植根于社会文化之中，建立"环境—社会文化—心理行为"三者统一的研究体系，而非仅仅是直接知觉的"环境—身体—大脑"的动力系统（何文广、宋广文，2012）。

美国当代教育学家、认知心理学家杰罗姆·布鲁纳（Jerome Seymour Bruner）反对直接知觉理论把人当作信息的被动接受者，他认为知觉是个体对事物进行的再次构成的过程，这个具体的过程表现为：个体把他所感受到的事物信息资料与他已有的生活经验模式结合在一起，对这个外部事物做出一个假设和认定。布鲁纳主张人类个体具有主动选择信息、推导信息，使之形成主观知觉假设的能力。他认为知觉是一种积极的，按照自身的经验世界对信息筛选、评价后的构造过程。同时，布鲁纳补充指出，个体在环境中感受到的信息被已有的自身经验分析判断后，会叠加进自身的认知积累之中，成为对下一次环境内所获得信息的认定与假设的经验。这种并非直接从环境中形成，而是依赖于自身已有的经验对环境内所获得的信息进行假设与认定的知觉方式，心理学界称为"间接知觉"。因此，间接知觉依赖于生活经验对信息的综合分析后进行的判断，其形成路径是"自上而下"（up-bottom）的加工方式，属于"概念驱动加工"（conceptually-driven processing）模式（秦芳，2013）。

个体的生物属性与文化属性共存，是造就直接知觉与间接知觉在个体知觉系统共存交织的根本原因，而社会文化生活经验是间接知觉进行分析判断的主要依据和来源。

2.5.4.4 间接知觉在完形过程中的规律特征

间接知觉由经验完形获得，其完形过程具有以下五点规律特征：

（1）选择性规律：个体迅速地从背景中选择出知觉的对象进行经验分析，背景与对象可互相转换（吴玉斌，2003）。影响个体对知觉物选择的外部因素主要包括刺激物间的显著度差异、组合方式、活动变化、冗余度等；内部因素包括个体在知觉活动中的需求、兴趣、目的以及个体经验积累等（李强、李昌、唐素萍，2002）。个体原有的知识经验对此规律所起的作用是对环境中的对象与背景的选择。

（2）整体性规律：把零散的个别属性、个别部分整合为整体的影像，即依赖于经验进行完形的过程。影响个体完形的因素主要有刺激物内部组成间的关系、个体经验在完形时发挥的功效。个体原有的知识经验对此规律所起的作用是完形时的经验补充。

（3）理解性规律：个体依据已有的知识经验对感知到的事物信息进行加工与处理，进而通过语言或其他方式加以表达。影响因素是个体已有的认知经验，以及语言的指导作用。个体原有的知识经验对此规律所起的作用是，依赖于原有经验在判断时的参照作用。

（4）恒常性规律：刺激信息在环境中如果发生变化，知觉形成的映像依旧保持不变（程鹏，1989）。影响因素主要是个体已有的经验对信息变化的校正、对环境改变后的适应。但知觉接收到的信息不能超出原有的经验范围，否则恒常性消失。

（5）个体差异规律：不同于直接知觉生物属性的"凝固性、普适性、先定性"特征，间接知觉形成过程的主体是个体的经验积累。相较于直接知觉的个体差异性而言，间接知觉的个体差异性会显得错综复杂。

2.5.5 个体认知的完整过程与对应的三类环境

2.5.5.1 个体对事物的完整认知过程

知觉—经验—符号感知是个体对事物的完整认知过程，它是一个由低级向高级发展的认知过程：个体对事物的知觉由直接知觉与间接知觉组成；两种知觉是形成个体生活经验的两种途径；生活经验被意义解释后成为符号感知（见图2-7）。具体做以下分析：

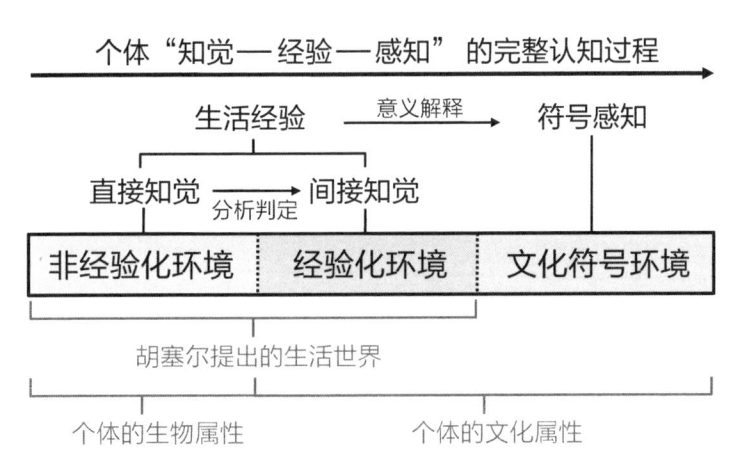

图 2-7 个体认知的完整过程与三类环境
资料来源：笔者绘制。

（1）生态心理学以生态学的视角，讨论人类个体生物属性与文化经验在环境中获得知觉的两种方式。为此，生态心理学者将环境划分为两类：非经验化环境，讨论个体直接知觉的形成方式；经验化环境，讨论个体间接经验的形成方式。

（2）直接知觉论者认为，生物属性的人类个体具有智能的特征，在非经验化环境中的个体主动地获取环境信息的刺激，环境提供给个体足够多的可供性信息，个体以"刺激完形"的方式获得直接知觉。

（3）间接知觉论者所讨论的环境，包含非经验化环境与经验化环境，因为他们承认直接知觉的存在，但更注重经验化环境，认为任何刺激信息在成为知觉之前都是碎片化、不完整的，都需要个体的生活经验加以分析判断，以"经验完形"的方式形成对事物最终的完整知觉，即间接知觉。

（4）直接知觉与间接知觉是个体在环境中认识事物形成知觉的两种方式。两种知觉是个体形成生活经验的两种来源。生活经验是个体"知觉—经验—符号感知"完整认知过程的中间环节，但起着极为重要的作用：1. 两种知觉形成的生活经验，又会成为下一次间接知觉进行"经验完形"的素材依据；2. 日积月累的生活经验是形成集体无意识原型的基础；3. 人类文化环境中所有符号的感知，都是对生活经验的意义解释。

以上总结为，针对个体认知"知觉—经验—符号感知"的完成过程，三种认知方式分别对应了三类环境：1. 形成个体直接知觉的非经验化环境；2. 形成个体间接经验的经验化环境；3. 经验被意义解释后成为感知符号的文化符号环境。

2.5.5.2 胡塞尔提出的"生活世界"概念

现象学的奠基人胡塞尔最早提出此概念，他在提出这个概念时并没有否定笛卡尔对身心的二元分类，而是将人类的知识进行两类划分：第一类是人类对外部世界的经验积累所形成的知识，这类是人类"外在导向"经验，属于自然科学；另一类知识是人类对自身的思考研究所获得的"内在导向"的经验积累，这类知识属于哲学。胡塞尔将心理学视为沟通人类外在导向的自然科学与内在导向的哲学间的桥梁，希望心理学作为中间科学，建立两者间的整合与沟通。

"生活世界"是人类日常生活的世界，它不但是胡塞尔进行现象学研究的核心概念，也为格式塔心理学提供了研究方法的指导，并对之后的科学主义哲学观起到了明确研究视角的重要作用。胡塞尔希望它是一个较为单纯的，没有被任何科学领域人为概念化、规范化的世界。生活世界是由人类的知觉组成的，并以这些知觉成为生活日常经验积累的世界。生活世界是永恒变化的动态特征，这个变化通过人类的知觉和经验进行不断的修正和补充。内在、具体、经验是生活世界的三大特征；科学世界则是外在、客观、非经验的。生活世界与科学世界是正反相合的关系，前者是后者进行科学研究的参考点和经验基础。

心理学界认为，"生活世界"是人类生活在其中，并可以直接经验到的那些形成人类生活主体的世界（李文阁，2002）。其具有四点特征：1. 生活世界是我们人类赖以生存的真实生活的实在世界；2. 生活世界是科学世界之前的世界，其不带有任何人为刻意的科学化概念与规范，更没有任何的主题色彩；3. 生活世界是人类主体的构造之物，人类的知觉在这个世界形成，并经过日常的经验修正成为新的经验积累；4. 人类在生活世界中的经验积累是人类文化符号意义的基础（李文阁，2002）。

因此，生活世界的概念在个体认知过程中，可以理解为非经验化环境与经验化环境的整合，即可以形成个体众多生活经验的那部分环境。

2.5.5.3 认知过程中的三类环境关系

（1）对个体认知过程中的非经验环境、经验化环境、文化符号环境的划分，不是对某一个环境的机械分隔，而是将一个整体环境分别从个体的直接知觉、生活经验、符号感知三个不同维度所做出的不同定义，即一个环境可以同时视为由三种不同的属性组成。三类环境也许具有同样的客观组成，但这些客观组成在不同的认知过程中呈现不同的属性特征。

（2）非经验化环境与经验化环境分别形成个体的直接知觉与间接知觉，这两类环境可合称为生活世界。非经验化环境中的个体，讨论的是其生物属性；经验化环境与社会文化符号环境，讨论的是个体的文化属性；文化符号环境是个体认知的感知部分，在这个环境中，所有的感知都是生活经验符号化的意义解释，由携带感知意义的符号组成。

（3）情境与环境是两个不同的概念，这两个概念经常在设计研究中产生混用的情况，心理学界为此做出了明确的区分：情境是个体在某种特定的场合中，可以通过感知获得的那部分内容。因此，情境是个体与环境内的要素发生了感知的相互关系，这类已经产生感知关系的环境要素的集合称为情境。

最后，生态心理学的知觉理论对本课题的研究意义在于：无意识设计活动首次贯穿使用者生物属性与文化属性，达成"知觉—经验—符号感知"的完整认知模式：使用者通过刺激完形的直接知觉与经验完形的间接知觉，获得对产品的完整认识；这两种知觉是使用者对产品相关的生活经验的来源，日积月累的生活经验是形成使用群关于该产品集体无意识原型的基础；设计师在环境内对使用者提供必要的信息，唤醒其集体无意识原型经验，在对经验实践的完形基础上，对其进行意义解释，使之成为携带感知的符号。

由此可见，生态心理学的知觉理论在无意识设计系统方法中的作用是：1. 直接知觉为无意识设计客观写生类的直接知觉符号化设计方法提供产品系统内部的符号规约来源；2. 直接知觉与间接知觉为集体无意识原型提供经验的来源。因此，知觉是无意识设计系统方法中的第一步基础。

对使用者两种知觉的运用，也是无意识设计区别于其他设计类型的显著特征，本课题将在第三章对它们的运用方式及运用价值进行详细论述。

2.6 精神分析学：集体无意识概念

无意识概念是弗洛伊德的理论基础，也是精神分析学的核心，无意识在人文研究领域尤其被重视（李倩倩，2014）。无意识具有以下五点特征：1.存在的潜隐性；2.发生的自主性；3.内容的丰富性；4.对情境的依赖性；5.对行为的可调节性（刘永芳，2004）。

深泽直人无意识设计中的"无意识"是指以使用群进行划分的集体无意识。结构主义者列维-斯特劳斯从人类学研究方法得出，组成社会群体系统结构内的所有规约都具有集体无意识的特征。精神分析学与结构主义对无意识有着共通的认识：1.无意识活动是一种非语言的心理现象，其行为特征显示为自发与不规则的无序状态。2.无意识的自身存在不具有系统规律，无意识的活动没有目的或目标，其对外界事物的作用不具有系统性，也不具有对外部的改造性特点。3.无意识自身的内容非常丰富，包含本能冲动、欲望等。无意识更多的是人的生活经验、习惯、爱好、知识构成等各种经历与经验的积累，它是人类文化生活习惯的产物。4.无意识具有潜隐的特性，只有经过不经意的调动才能上升为意识的层面。5.潜隐的无意识只在特定的环境下才能被唤醒，环境是无意识被唤醒的前提，无意识对环境及环境中的事物具有依赖性质。6.无意识能够支配个体的行为及思维，在文化活动中，无意识对创造力具有很重要的作用（赵桂芹，2002）。

2.6.1 荣格的集体无意识理论及相关概念

（1）对弗洛伊德自然主义无意识的修正

弗洛伊德认为，无意识主要来源于童年时期生活中受到压抑以及被自己遗忘的心理内容，它们与人的情感、欲望的本能受到压抑后的积累沉淀有关，他强调压抑的性本能对无意识的产生有至关重要的作用（冯川，1986）。同时期的瑞士心理学家卡尔·古斯塔夫·荣格（Carl Gustav Jung）不认同以性欲来解释无意识的基本性质。荣格认为，性欲仅是人类的基本需求之一，人的精神需求比性欲更为重要。荣格并没有全盘否定弗洛伊德的无意识学说，他否定了弗洛伊德无意识根源的自然主义立场，并强调无意识具有精神的先定倾向。

荣格认为，无意识有个体与群体之分，他将人的心灵结构由浅至深分为三个层次：第一层次，意识形成的自我；第二层次，个体无意识的情结；第三层次，集体无意识的原型。

对心灵结构三层次之间的关系，荣格理论的研究者们认为：1."意识"为保证自我形成统一、完整的持续性人格，具有选择和淘汰的功能。"自我"如同"意识"的门卫，自觉地担负对知觉、记忆、思维、情感等各类组成的分析，以免不符合"自我"承认的内容进入意识层面。2. 个体无意识与集体无意识对自我的意识具有很大的影响，自我的意识在三个层次中仅占很小比例。3. 构成个体无意识的是情结，集体无意识则由原型构成，个体无意识与集体无意识相比较，个体无意识仅占很小比例，后者对前者影响很大（车文博，1989）。个体无意识仅是表层的私人专有特征，它必须依赖于集体无意识作为深层的基础，才能说明其具有的全部实质内容（呼宇，2006）。

"集体无意识"概念是荣格对心理学的最大贡献，也是其系统理论的核心。他在早期的研究中认为，集体无意识是人类经验形成的条件和储备，是构成并超越于个体无意识的心理基础。荣格认为，集体无意识来源于社会遗传的观点，受到法国人类学研究者列维布留尔的个体思维是世代相传的集体表象思维的影响（兑雷，2002）。

（2）荣格集体无意识的原型概念

20世纪初，荣格提出集体无意识是由"本能"和与之相关的"原型"构成的，本能与原型都是人格中的基本动力。两者的区别在于：1. 本能属于生理结构的动力来源，是行为的推动力，负责执行一系列复杂的行为时所表现出的合一性冲动。1969年，英国心理学家约翰·鲍尔在荣格理论基础上提出，本能表现为社会交换中模式化的行为和思想。2. 原型是在某一复杂的情境下表现出的对众多无意识的选择、分析直至最终的领悟。原型是心理结构的动力来源，是经验积累的方式和意义感知的来源。由于生活世界的多样性、复杂性，所以无法断言本能与原型在每一次活动中是否单独存在，更无法断言两者在每一次活动中共存时的先后顺序，本能与原型常表现为一个活动的两面，本能是对原型的无意识使用（袁罗牙，2009）。

原型是荣格集体无意识理论的重要组成，他认为它们来自遗传的记忆，以心灵模板的方式存在，这些记忆构筑了人类经验的全部，人类借助这些记忆经验以无意识的方式组织和理解事物。他试图通过神话与符号的方式解释原型的概念：神话在全世界不同文化以及不同时代都具有相似性，这形成了人类共享的遗传经验的积累，这些遗传经验会分别存储于个体的认知中，形成个体无意识的情结，也会以原型的形式存在群体的经验中，成为代表行为模式与组织形式的集体无意识，无论个体还是群体都会用这一原型来认识与分析世界。

荣格认为，原型不是经验，个体或群体对原型的印象才是经验。人类无法从意识层面探究原型的组成与内容，只能通过其意象或每一次与原型相关的经验实践理解其存在（申荷永，2012）。原型也不是符号，而是一种象征（荣格，1989）。对于象征的形成方式，赵毅衡从符号学的修辞理据性角度指出，象征不是单独的符号，也不是独立的修辞，而是比喻被反复使用后理据性不断上升的二度修辞格。

（3）集体无意识原型经验实践后的符号化过程

荣格（1997）认为，原型的经验实践过程不具备意义的形式（符号的结构特征），仅代表某类行动的可能性，特定场景提供可以进行原型实践的可能性，原型的经验则被唤醒，唤醒的原型经验会对我们产生强制的本能驱动力，个体会进行理性与非理性抉择，获得行为的选择方向。荣格对原型经验实践的论述表明两点：第一，集体无意识原型的经验实践过程，其本身不具有意义的形式；第二，集体无意识的符号化，是个体对原型经验实践结果的意义解释，使之携带感知成为一个符号。

因此，无意识设计客观写生类中的集体无意识符号化设计方法，既不是集体无意识原型经验实践活动自身具有符号意义，也不是对集体无意识原型经验的直接符号化，而是设计师在产品系统环境内向使用者提供可以唤醒使用群集体无意识产品原型经验的必要信息，使用者以完形方式进行原型的经验实践，设计师对实践的内容以及结果进行意义的解释，使之成为携带感知的符号。需要指出的是，这个符号是系统内部新生成的符号规约。

2.6.2 集体无意识在当代心理学的定义

（1）荣格对集体无意识原型来源的新界定

荣格（1997）在1928年对之前集体无意识的来源做了补充：形成原型的来源是多样化的，原型与各式典型的环境是对应的，有多少典型的环境就有多少与之匹配的原型。原型反复的经验实践，将经验实践的结果沉淀于集体无意识之中（荣格，1997）。同时，荣格就集体无意识中的本能与原型之间的区别也做了进一步补充：本能是社会活动中模式化的行为和思想，而原型则被判定为心理感悟模式（荣格，2012）。

当代心理学对集体无意识的来源做了更新：在以人类群体方式存在的集体无意识中，荣格所认为的先天遗传因素仅占了很少的部分，大部分集体无意识由一个群体在相同的社会环境与相通的历史文化因素的作用下积淀形成。集体无意识具有在相同经济、政治、文化、生活方式下的后天形成特征。它的后天形成特征也验证了人类具有主观能动性的社会文化属性的存在。

（2）当代心理学对集体无意识特征的总结

集体无意识的"集体"实质是"群体"的概念。群体成员基于一些社会遗传，在特定的自然或社会文化环境中，以及历史文化发展因素的共同作用下，不断形成隐性且共通的心理与行为的经验积淀，这些经验积淀由原型构成。集体无意识的特征可概括为四点（马塲浩，2013）：

第一，集体无意识是在一个群体世代共同经验的基础上积淀而成的，是某一个群体对事物所进行的具有感知的实践活动。群体成员获取经验的类型可分为直接经验与间接经验两种。直接经验是群体成员通过直接的实践获取经验；间接经验是群体成员通过间接的学习和自身经验在社会文化中的逐步积累后的分析判断。

第二，符号的感知是生活经验在集体无意识原型经验实践过程中被符号化的意义解释。

符号学认为，意义的解释不是揭示客观世界的真实，而是解释者真实的感知反映。因此，无意识不是科学地揭示客观世界，而是以真实的感知反映客观世界。作为感知实践的集体无意识，探讨其揭示事物的科学真相与规律是不可行，也毫无必要的，如果要去讨论，实质就面临集体无意识的原型中"神话"是否揭示了事物的科学真相问题。

第三，社会遗传与文化扩散是集体无意识形成的两条途径。荣格将集体无意识的形成方式定位为生物遗传，之后的学者将其修正为社会遗传。社会遗传表现为群体实践能力与社会文化的传递和积累，以共有的经验映射到群体里的每一个成员，并成为其个体无意识的一种来源。社会遗传奠定了集体无意识"后天"形成的关键基础，它需要长期的世代相传与漫长文化经验的沉淀积累。

集体无意识的另一种形成方式被许多学者所忽视，那就是作为经验的"文化扩散"。某种外来的或时尚经验，本不属于社会遗传的范畴，但在共时性的社会文化环境中以时尚文化的形式反复传播扩散，成为一种具有象征性的集体无意识新的原型，它是集体无意识中时尚文化在信息化背景下产生的主要途径。

第四，集体无意识原型的经验实践只有在共时性的前提下才可以进行讨论。符号的感知是生活经验在集体无意识原型经验实践过程中被符号化的意义解释。结构主义强调在讨论符号意义时必须遵循共时性的原则。虽然集体无意识是群体长久历时性的经验积累与沉淀，但就具体的原型实践活动而言，必须放在共时性的背景下展开，共时是历时中的一个片段。随着文化的不断发展，人类感性的实践活动也随之推动集体无意识不断更新，群体具有主观能动性对原有集体无意识内容进行修正或否定，以此来适应外部的社会文化环境，这是集体无意识历时性改变的原因，也是必须在共时性背景下讨论集体无意识的原因。

2.6.3 个体无意识在集体无意识经验实践中的转化

荣格认为，集体无意识由原型构成，个体无意识由情结构成，个体与集体无意识相比较，个体无意识仅占很小比例，后者对前者影响很大。集体无意识是植根于群体心灵最深处文化意识共通的根基。因个体无意识是表层私人化的情结，如果没有集体无意识作为基础，个体无意识无法说明其全部内容和特征（杨霞，2013）。个体无意识的内容与特征在集体无意识中的展现，可以看作个体无意识的情结在集体无意识原型的经验实践过程。对此需要分为两种类型进行讨论：一种是群体内的个体，即本课题讨论的产品使用群内的个体使用者；另一种是群体外的个体，即主导设计活动与文本编写的设计师。

（1）群体内的个体（产品使用群内的个体）

首先，当个体长期生活在群体之中，其个体无意识的形成或多或少受到群体生活经验的影响，个体无意识情结的内容体现为集体无意识原型对其的映射（马超民，2016）。其次，集体无意识对个体无意识的情及私人化品质具有长期规范与养成的作用，它对群体成员对外部世界的反映倾向以及行为倾向有着重要的影响。这也是典故"孟母三迁"中，孟母执意多次搬家，选择适于孟子成长的人文环境的原因。最后，个体的思想与行为不会仅依赖于其个体无意识情结就能获得完整的解释，而是需要凭借其所处群体的集体无意识原型经验和群体的文化背景进行解释（肖恩·霍默，2014）。

（2）群体外的个体（产品使用群外的设计师）

列维-斯特劳斯认为结构内的规约以无意识状态存在，也可以理解为集体无意识所有原型经验实践后的符码集合。设计师作为使用群外的个体，携带其个体无意识情结进入产品设计系统当中，其情结原有的特质与意念会有所保留，但同时被使用群的集体无意识形成的结构规约赋予了新的功能。当个体无意识的情结与产品设计系统内的规约产生意义解释的冲突时，设计师的个体情结要么会在使用群集体无意识经验实践的影响下进行转换和修正，要么不能纳入群体的结构系统，无法被群体的规约理解，无法在群体内储存，也无法在群体内获得符号化解释，无法在群体内进行意义的传递。以使用群集体无意识为基础构成的产品设计系统，具有对外部个体无意识情结进行判断、筛选并适切性修正的有机特征。

最后，使用群的集体无意识在无意识设计系统方法"知觉—经验—符号感知"活动中，处于中间的环节，也是最为依赖的环节：1. 为无意识设计客观写生类的集体无意识符号化设计方法提供产品设计系统内部新生成的符号规约来源；2. 所有关于产品文本编写活动中的符号感知，都必须依赖于使用群集体无意识的经验实践获得理据性的任何；3. 结构主义产品设计系统、文本编写系统内各类元语言规约，如语境元语言、产品文本自携元语言、设计师／使用群能力元语言，都是建立在使用群集体无意识基础之上；4. 所有的结构主义产品设计活动都可以看作设计师主观意识的能力元语言与系统内三类元语言协调统一的结果。

鉴于集体无意识在无意识设计活动乃至所有结构主义产品设计活动中的重要性，本课题用一整章（见第4章）对以上内容加以论述。

第 3 章 直接知觉与间接知觉在无意识设计活动中的运用

3.1 直接知觉理论对无意识设计的影响

深泽直人在其访谈类著作《设计的生态学：新设计教科书》一书中坦言，生态心理学的直接知觉理论对其无意识设计影响很大，其来源于美国知觉心理学家詹姆斯·吉布森1985年出版的《生态学的视觉论》，吉布森提出了生态心理学中的重要概念——直接知觉的可供性（后藤武等，2016）。深泽直人首次从"知觉"的角度去讨论无意识设计，也是首次在环境中对使用者个体的生物属性与产品之间的关系展开讨论与实践。

3.1.1 直接知觉是无意识设计四种符号规约的来源之一

深泽直人从产品在环境中与人的知觉—符号关系出发，将无意识设计分为"客观写生"与"寻找关联"两大类（后藤武等，2016）。使用者生物属性的直接知觉为客观写生类中的"直接知觉符号化设计方法"提供了符号规约的来源。

无意识设计的客观写生类有两种设计方法：直接知觉符号化与集体无意识符号化。它们都以新符号规约的生成与传递新符号的意义为文本编写目的。两种设计方法之所以可以达成使用者"不假思索"的认定，是因为客观写生类的两种设计方法以产品系统内部生成新的符号，进行以意义的传递为目的的文本编写，即直接知觉符号化的意义传递与集体无意识符号化的意义传递。

其中，直接知觉来源于使用者的生物属性，其生物属性具有"先定性、普适性、凝固性"的遗传特征，当直接知觉被生活经验分析判断并被解释后携带感知成为一个符号，这个符号的意指规约必定具有在那个环境下使用群的任何个体都可以解读的普适性特征。直接知觉形成的符号规约是产品系统在非经验化环境内新生成的符号规约，它是隐性至显性的过程，也是产品系统内部符号与感知创新的主要途径。新生成的创新符号的意义传递，即产品文本创新的文本表意。

3.1.2 无意识设计首次利用使用者生物属性的知觉参与产品设计

盖弗建议在设计理论与设计方法的研究中坚持吉布森直接知觉元理论的立场。他认为，无论科学技术与人类文化如何发展，都需要坚持生态学的研究方法，从生态心理学直接知觉的可供性出发，可以有效地改进人类对原有人造物创新的操作，提升产品使用的效能（Gaver，1991）。深泽直人在设计实践中也发现，设计师如果利用直接知觉的"可供性"，能以实验的方式溯源到使用者身体与产品间最直接的接触关系，并摆脱使用者对产品原有各类经验的束缚。

直接知觉源于个体的生物属性与环境中事物之间的可供性关系所提供的各类刺激信息形成的知觉，吉布森认为这些信息是完整的、丰富的，足以概括事物的整体，不需要经过社会文化的再次分析判断，因此直接知觉的信息完形的方式也称为"刺激完形"。因直接知觉来源并脱胎于使用者的生物遗传属性，携带了"先定性、普适性、凝固性"的遗传特征（彭运石、林崇德、车文博，2006），这就为直接知觉的设计意图奠定了可以精准传递的前提基础。

设计师通过对使用者在非经验化环境下可供性不同内容与方式的考察，可以获得不同的直接知觉内容，从而形成两种设计类型：1. 通过对人的身体与纯自然之物之间的可供性关系考察，获得直接知觉，完成创新的产品工具设计，对人类的产品工具带来新的创新思路启发；2. 考察使用者身体与去符号化后的产品之间的可供性关系，在原有产品的功能与操作上进行改良，为产品系统带来新的符号规约，并在之后的生活习惯中沉淀为使用群的经验，成为使用群集体无意识原型的一部分。

3.1.3 直接知觉理论在设计实践中的运用价值

吉布森对生态心理学最大的贡献是以"生态知觉论"的方式研究个体与环境的相互关系，从而得出个体的知觉是由环境内信息的"刺激完形"直接形成的，并首次真正意义上提出"直接知觉"的理论。"直接知觉"理论推倒了在人类个体知觉产生方式的研究中长久以来隔离人作为动物与人性之间的围墙，以生态学科学主义的实验方式贯通了人类个体属性的全貌。

吉布森的直接知觉理论在心理学研究以及逐步被拓展到科学主义的人文社科研究领域的意义在于：1. 直接知觉在格式塔心理学完形理论的基础上，首次提出个体在自然当中的知觉是"刺激完形"的方式（张春兴，2002）；2. 人与环境是密不可分的，讨论知觉的产生必须在实际的环境中以试验的方式进行，也正是因为人类与环境的密不可分、长久共存的关系，人类的直接知觉具有先天的遗传特征；3. 人与环境的直接知觉的先天性与非直接知觉的文化经验特征形成个体的知觉整合，也由此引发出在讨论个体行为之前先要讨论引发行为的先天性的直接知觉与后天性的间接知觉两者的成分（秦晓利，2006）。

具身心智论（embodied mind）是在吉布森直接知觉理论的基础上发展起来的，其关注以身体为基础的人类知觉活动，讨论身体在认知活动中最初的能动作用。具身心智论强调身体的物理属性和结构对心智的塑造作用；认知在本质上是身体的符号化表达，是身体与生活世界的相互关系；心智存在于大脑，大脑存活于身体，身体沉浸于环境和世界中（汪晶晶、杜燕红，2016）。"环境—身体—大脑"是协调统一的动力系统整体，具身心智不是仅存在于大脑，而存在于整个身体。心智是大脑、身体、环境三者彼此相互协调作用的结果（马明明，2015）。吉布森的直接知觉理论所引发的具身心智论是当今研究人类在环境中的认知活动的重要理论基础。

3.2 使用者积累产品经验的两种途径：直接知觉与间接知觉

直接知觉与间接知觉被当代心理学界公认为是人类在环境中认识事物形成知觉的两种方式。吉布森借用生态学的研究方法，率先提出"直接知觉"的概念。然而，正如符号学家卡西尔（2014）曾说，人是符号的动物。人的所有知觉都会受到文化环境的影响与支配，知觉无法离开社会文化的世界。众多主流心理学家承认"直接知觉"的存在，但反对将人片面化地视为环境中的生物体进行知觉的研究，漠视个体已有的生活经验与社会文化属性。他们坚持认为，个体在环境中获得的刺激信息是模糊的、片面化的，无法全面描述外部事物。针对"直接知觉"的缺陷，心理学界提出了"间接知觉"的概念，以强化个体在环境内获得的所有信息都需经过个体的经验分析后，才能形成对外部事物的知觉。

3.2.1 直接知觉与间接知觉的差异化比较

（1）两种知觉的研究环境不同

生态心理学将依赖于身体获得直接知觉的环境视为"非经验化环境"，依赖于个体经验获得间接知觉的环境作为"经验化环境"。"非经验化环境"中所有的人造物及非人造物都被视作去符号化的纯然物，即生活世界向纯然物世界的转向，这样个体才能以生物体属性的面貌与环境中的事物产生身体间的相互关系，获得直接知觉。"经验化环境"内，无论是自然物还是人造物，都通过个体的生活经验分析判断后获得知觉，这个环境实质是个体经验的认知积累、社会文化属性的集合。

（2）两种知觉的完形方式不同

"直接知觉"趋向于生物体的科学化研究模式，主张必须将个体放置于真实的环境中去讨论环境与个体之间的相互关系。个体在环境中所获得的刺激信息足以提供完形的知觉，不需要心像、图式或个体的经验作为中介参与知觉的形成过程，知觉的形成是刺激信息的"刺激完形"。

间接知觉论者讨论的环境包含"非经验化环境"与"经验化环境"，借用胡塞尔的术语，这两种环境可统称为"生活世界"。他们承认"直接知觉"的存在，但认为任何刺激信息在成为知觉之前都是碎片化、不完整的，都需要回到个体的社会文化属性当中，用其积累的认知经验加以分析判断，形成对事物最终的完整知觉，这种方式称为"经验完形"。

（3）两种知觉的加工模式不同

美国认知心理学家林塞与诺曼都认为，"直接知觉"在形成知觉的过程中，信息具有数据化的特征，知觉形成路径是"自下而上"的加工方式，属于"数据驱动加工"模式；"间接知觉"在形成过程中，示能是信息综合分析后的最终判断，知觉的形成路径是"自上而下"的加工方式，属于"概念驱动加工"模式。为便于厘清"直接知觉"与"间接知觉"的各种特征与属性，笔者特列表（见表3-1）对两类知觉做以下比较分析：

表3-1 直接知觉与间接知觉的比较

比较内容	直接知觉	间接知觉
理论领域	生态知觉论	主流心理学
讨论的环境	非经验化环境	生活世界（经验化与非经验化环境）
关注的内容	生物体与环境中事物间关系	个体经验、知觉与社会文化环境关系
代表人物	吉布森（提出直接知觉概念）	杜威、罗姆·布鲁纳等
事物与个体关系	生物属性的"可供性"	生活经验以及"示能"
知觉的形成	环境提供个体足够多的刺激信息，以"刺激完形"方式形成知觉	环境内刺激信息模糊片面，需要依赖个体已有生活经验进行假设与认定，以"经验完形"方式形成知觉
知觉形成路径	自下而上加工	自上而下加工
知觉加工方式	数据驱动加工	概念驱动加工
完形方式	无须心像、图式或者表征为中介，直接做出整体性的"刺激完形"	生活经验对刺激信息以及直接知觉的分析判断，个体生活文化的"经验完形"

续表

比较内容	直接知觉	间接知觉
系统关系组成	环境—身体—大脑	环境—社会文化—心理行为
对行为的影响	直接知觉可以直接引发行为，或进入个体经验分析判断成为间接知觉	所有的信息都依赖于个体已有经验进行分析，得出判断与行为选择
研究与实践价值	个体生物属性与文化属性的持续联结，形成新的符号意义	以结构主义的方式为人类文化的语义场提供新的感知符号

资料来源：笔者绘制。

3.2.2 个体经验与产品经验的形成方式

（1）个体经验的形成方式

美国实用主义哲学家约翰·杜威（John Dewey）将自己的哲学定义为"经验自然主义"，经验是他哲学的核心（约翰·杜威，2013）。他认为个体经验本身是没有任何价值的，其价值在于个体凭借经验对环境内事物做出全面的分析和准确的判断，以此解决生活世界的实际问题。经验是人类社会的一种工具，人类利用这个工具更有效地与自然世界与人类文化世界进行密切的交流（牛霄龙，2014）。为此，他也将自己关于经验的理论称为"工具主义"。

杜威（2013）从实用主义和机能心理学对"个体经验"的含义做了以下的分析：1. 个体的经验并非一般经验主义者所认为的"纯粹由个人的认知组成"，除了个人的认知之外，还应该具有环境下个体感受到的喜悦、痛苦等情愫。2. 个体的经验是其认知的积累与在特定的情境下情绪与认知有机结合的整体表现。所有的经验都来源于生活世界，经验是多元的，任何一个经验都包含认知内容，相关的环境、情境，以及事物之间的关系，因此，经验是个体认知与情愫等各种关系交织后合一的实践表达。3. 经验的实践不是固定不变的，而是随情境的变化而变化，并具有完整有机体的特性。杜威指出，个体的经验不是割裂的，是社会文化环境对个体的整体影响，个体的所有经验都是相互联系的，并被环境所影响。4. 个体的经验在实践的过程中，随个体的发展呈现出绵延不断的发展态势，新经验的增加会更替、修正之前的经验。

杜威（2013）这样阐述经验的产生与来源：所有的个体都存在于一个环境中，个体对环境施加"作为"时，环境对个体作出相应的"施为"反应。"作为"与"施为"之间的交互活动，是个体经验产生的来源。个体在与环境的相互作用中，不断处于平衡的丧失和恢复过程，个体在这种动态平衡的过程中产生了经验。这也是个体与环境相互改造的过程，环境成了属于个体的环境，而个体适应了环境（约翰·杜威，2013）。

个体经验可从环境中直接获取，也可从社会文化环境中通过符号化意义的解释获得。由于个体具有智能的主动性特征，个体经验是一个不断收集与修正的过程，杜威称其具有"扩张性、生长性、相关性、预测性"四点特征。事物与事物之间具有连续性、联系性，事物间所有的连续与联系都是依赖于经验，并在经验中实现的（约翰·杜威，2013）。

经验不是纯粹的主观或客观，它是个体与环境之间相遇产生的。更进一步说，经验是第一性的，对于所有关于"自我"的意识、思考和理论都是第二性的，它们是在"经验"基础上发展起来的（约翰·杜威，2013）。杜威（2013）否定对经验的抽象分析，认为抽象是从经验砍断的一个片段，缺乏整体性的联系，因此实用主义者把个体的全部认知都归结为个体与环境的实践过程，并认为一切知识、理论都是工具性的，其目的是为实践的行动带来效果。

（2）产品经验的形成方式

从杜威对个体经验的阐述中可以推导出产品使用者对产品经验的形成方式。产品经验是个体有目的、有针对性、有范围地对产品使用操作与体验的认知活动。它围绕着个体对产品的一系列认知展开，而产品作为社会文化的组成部分，产品经验势必带有个体所属群体的认知烙印，即个体对产品的认知是他对所属群体的集体无意识原型在经验实践时所产生的一系列社会文化判定。因此，产品经验是每一次实践的获得，其形成过程可以做以下表述（见图3-1）：

第一步，任何经验的形成都必须在特定的环境中，这个环境可以是个体生物属性的非经验化环境，也可以是个体社会文化属性的经验化环境。个体与两类环境的相互作用，分别形

产品认知积累（与该产品相关的文化生活） + 个体与环境相互的作用 + 环境内产生的情愫 = 实践获得产品经验

集体无意识原型　　直接知觉/间接知觉　　环境引发情感　　符号指称

经验化环境与非经验化环境

图 3-1　产品经验的形成方式
资料来源：笔者绘制。

成直接知觉与间接知觉。第二步，直接知觉或间接知觉都会被个体自发地在其所在群体的集体无意识原型中进行经验实践，得到在这个环境下合理性的判定。第三步，每一个体在不同的特定环境下会形成各异的情愫，情愫参与到产品经验的实践过程中，使之带有情感判断的倾向性。

可以得出以下三点结论：1. 产品经验是个体每一次实践活动中，在特定环境下各个要素交织协调的结果，而不是仅凭视觉就可以观察到的客观现象；2. 每一次的产品经验因环境及认知要素的不同而产生不同的产品经验；3. 产品经验虽然是个体对产品的实践活动，但受到其所在群体的集体无意识的影响，因为个体的直接知觉与间接知觉必须在集体无意识原型的经验实践中才能获得最终判断，以及后续的符号化意义解释。

3.2.3 直接知觉进入经验化环境成为间接知觉的普遍性

吉布森的直接知觉理论认为，环境内事物可以提供给个体足够多的信息，这些信息的刺激是完整的，可以形成对事物的认识，无须经过社会文化经验的进一步分析、判断。然而，主流心理学家们虽然承认直接知觉的存在，但坚持认为个体在环境中获得的刺激信息是模糊的、片面化的，无法全面描述外部事物，必须再次通过社会文化经验的分析成为间接知觉，才能合理地完成对事物的准确判断。人的生物属性与文化属性共存，使得个体生物属性的直接知觉进入其社会文化的生活经验加工为间接知觉具有广泛的普遍性。这里的普遍性可以按照个体对事物认识判断的方式以及知觉持续性的缘由，分为两种类型加以分析。

3.2.3.1 生活经验对直接知觉所引发行为的分析判断

个体置身于真实的环境内，事物提供其足够的刺激信息，个体以刺激完形的方式形成直接知觉，并获得对事物完整的认识。但个体几乎都处于社会文化环境之中，通常都会对直接知觉引发的行为导向进行生活经验的分析，使之达到社会性功能的目的。因此，个体通常会将直接知觉再次返回大脑，继续被其生活经验再次分析判断，形成社会文化属性的间接知觉。直接知觉进入个体经验世界，进而形成间接知觉的实质，是社会文化的生活经验对直接知觉的真实性与合适性做出分析、选择、判断的过程。

某位模特在户外拍外景，休息间隙看到一个树桩（见图3-2），其大小、高矮等信息提供给模特"可以坐"的可供性，但"树桩很脏"的生活经验提醒他"不能坐"。"可以坐"是直接知觉的行为导向，"不能坐"是生活经验对直接知觉的判断后形成的间接知觉。直接知觉与间接知觉在生活中通常先后出现，这也是间接知觉论者认为两种知觉共存的理由。间接知觉是个体社会文化属性的必然性表现。因此，直接知觉再次被生活经验分析、判断、筛选，是极为普遍的社会文化现象。

杜威在讨论个体经验的形成过程时，着重强调了个体在环境下的情愫问题。情愫对直接知觉是否进入间接知觉的经验世界，

图 3-2　可以坐的树桩
资料来源：Nikiko（2014）。

进行下一步的分析判断起到至关重要的作用。于是就有了另一种情景：个体在环境内所产生的情愫，迫使其无暇或暂不顾及间接知觉中社会文化因素的分析与判断，而直接选择直接知觉的可供性信息所引导的行为。身穿西装的小偷，气喘吁吁甩掉了警察的追捕，在路边看到一个可以坐的树桩，毫不犹豫坐下来喘气休息。不是其不愿意将直接知觉带入生活文化环境进行分析判断，而是急于逃脱追捕的情愫容不得他有过多的分析思考。

以上这种情况并不代表直接知觉在社会文化中的独立性存在，反而其存在的独立性及行为的指向性都是由社会文化经验以及环境下产生的个体情愫等综合分析后做出的意义判断、行为决定。

3.2.3.2 直接知觉的残缺依赖于生活经验的继续完形

吉布森（1979）强调，必须将个体放置在真实的客观环境中，考察环境与个体之间的可供性关系所形成的直接知觉。他反对以图片数据分析的方式对个体的知觉进行考察，是因为：1. 没有任何一件事物是以纯粹的二维方式存在于现实世界的。吉布森的视知觉理论中，由视觉所形成的直接知觉一定是视觉在三维的真实空间中完成的，否则会形成因视觉的判断错误而导致的视错觉。2. 直接知觉的考察如果依赖于图片，那么势必会丧失身体与事物间真实的相互关系，从而导致刺激信息的不完备，甚至错误，无法有效形成对事物整体的认识。3. 以图片的方式对知觉的考察，实质已经放弃或忽略了直接知觉的考察内容，所有的图片考察都是依赖于个体对图片信息的想象或经验的回忆，这些已经进入了对间接知觉考察的生活经验范畴。

正如图片中（见图 3-3）一个女孩躺在草地上，抬脚支撑起快要倒的比萨斜塔，这张照片因拍摄角度，传递给我们的直接知觉是不真实的，是我们常说的视错觉图片。假使在现实的环境中，任何人都不会有这样的误判和视觉错误。直接知觉依赖于信息的刺激完形，信息的不完整或缺失都会影响直接知觉对事物认识的完整性或真实性。个体在现实环境中与事物间的真实关系，是形成直接知觉必需的也是唯一的条件。

当残缺的直接知觉无法有效形成对事物准确完整的认识，个体才会依赖其社会文化经验，对其进行修正或补充，形成个体社会文化属性的间接知觉。这就表明以下三点：1. 最初的知觉阶段来源于信息的刺激，但信息的不完备无法形成刺激完形，才会依

图 3-3　直接知觉引发的视错觉照片
资料来源：搜狐编辑（2013 年 11 月 26 日）。

赖于个体经验形成间接知觉；2. 虽然最初的知觉阶段来源于直接知觉，但最终完形的知觉，其内容势必会携带个体社会文化经验的烙印；3. 完形信息是否缺失或直接知觉是否准确，取决于个体经验与认知能力对直接知觉内容判断的正确与否。

3.2.4 设计活动对信息考察的真实性与视错觉设计

3.2.4.1 产品设计考察中完形信息的真实与完整性

无意识设计方法的客观写生遵循吉布森直接知觉对个体在现实环境中的考察方式，因而能够获得产品使用者作为生物属性的身体与产品之间的真实关系，这一关系形成的直接知觉通过产品上的符号化表达后，可以达到有效的行为指示目的。这也是无意识设计方法能够做到精准有效表意，且被国际设计界推崇并广泛推广的主要原因。

但与此同时，信息化处理技术与人工智能的发展带动了以信息处理为核心的认知科学的发展，并在设计领域得到广泛运用。在设计活动的用户调研考察阶段，出现了这样两种现象及问题：

第一，对使用者与产品之间的考察采用模拟场景，而非将使用者放置在现实环境中。虽然对用户的所有行为考察都基于其身体与产品之间的真实关系，但忽略了在现实环境中考察者的喜、怒、哀、乐等真实情愫对经验的影响，这些在模拟环境中是无法考察到的。

第二，随着网络信息与交互技术的发展，许多使用者与产品相互关系的用户调研，已改用网络问卷或图片选项的方式进行，用户考察的所有数据结果不是根据用户与产品之间的真实可供性关系而获得，而是凭借他们的经验回忆、联想与假象完成。这实质已将真实环境中直接知觉的信息"刺激完形"改换到依赖于文化生活习惯的间接知觉的"经验完形"。

因此，在一些用户调研的考察中，如果个体对直接知觉的完形内容与结果感到不满，就会转而求助生活经验对无效的直接知觉进行补充分析，以获得一个对事物完整且准确的认识。因此，在"无效的直接知觉"与"个体经验"之间会有多次的提供刺激信息、经验完形这些信息的过程，直到个体认为获得事物的完整性认识为止。它反映了个体生物属性所获得的信息在其社会文化经验中的反复分析与判断。此时直接知觉的各种信息不具完整性，不可能再担负刺激完形的任务，只能以社会文化经验作为各类信息的完形依据（经验完形），并以间接知觉形式获得事物的完整认识。

3.2.4.2 刻意设置无效直接知觉的视错觉创作

个体认为直接知觉的完形信息缺失形成无效的直接知觉后，会向自身社会文化经验再次寻求分析判断，以此获得对事物完整的认识。因此，有艺术家与设计师专门刻意营造这样的认知流程进行作品创作，步骤为：第一步，以视知觉的信息营造与现实世界相矛盾的无效直接知觉，这种无效性表现为刺激信息的不完整或直接知觉所呈现的对世界的不真实认识；第二步，无效的直接知觉无法反映出事物的客观真实，进而进入个体经验世界进行经验完形补

图 3-4 埃舍尔视错觉版画
图片来源：搜狐编辑（2018 年 12 月 6 日）。

充，依赖于生活经验的间接知觉对事物做出准确判定；第三步，直接知觉形成的对事物的认识结果与间接知觉在经验分析过程中所出现的相互矛盾，以及难以辨别时所呈现的混沌状态的诙谐与乐趣，是艺术家与设计师所要表达的目的。

荷兰著名版画家莫里茨·科内利斯·埃舍尔（Maurits Cornelis Escher）则是以这样的方式进行视错觉的版画艺术表达。同时上下一个楼梯的两个人，在二维画面中"真实地"呈现了（见图3-4）。埃舍尔把个体三维经验间接知觉中的不可能性，在直接知觉中进行可能性的二维描绘。这就带来了两种知觉间的相互矛盾与分辨的混沌状态。这种混沌的辨析直到被个体经验判定为是视觉引发的无效直接知觉（视错觉）而宣告终止，并在辨别中获得乐趣。

视错觉在平面设计的招贴、海报中运用最为广泛，这源于：

图 3-5《Trick　Mat 餐垫》
资料来源：A.P.WORKS　Design　Studio (2014)。

视知觉理论坚持认为视觉的刺激信息必须在三维空间中才能获得有效完形，而平面设计恰巧阻隔了三维空间视觉刺激信息的来源，但它又可以主观能动地绘制可以被直接知觉认可的刺激信息，一旦这些刺激信息与经验世界产生混沌的矛盾纠缠，就产生了视错觉的设计作品。

产品设计的视错觉因空间表现形式，也几乎借助二维的视知觉作为错觉的诱导，引发使用者回归三维现实环境中，依赖于经验加以修正或完善，最终以间接知觉获得对产品的真实认识。日本 A.P.WORKS 设计工作室的《Trick Mat 餐垫》（见图 3-5）以平面弯曲的栅格线产生空间凹陷的直接知觉的视错觉，但经验告诉我们餐垫仅是一块布料时，生活经验对不真实的直接知觉进行了修正。

视错觉设计作品中，直接知觉与个体经验世界的间接知觉之间的"矛盾"是设计师刻意的设置，他们希望使用者首先依赖于其生物属性形成无效的直接知觉，再以个体的经验自觉地发现矛盾，同时在自我化解矛盾和获得合理性判定的过程中得到诙谐的体验乐趣。

3.3 无意识设计对直接知觉与间接知觉的整合研究

诺曼设计心理学丛书自21世纪初翻译引入国内至今已再版多次，因丛书具有很强的设计实践的指导作用，成为国内设计教育界普遍选择的教材。设计心理学丛书对产品与使用者之间"示能"概念，以及示能最终形成"意符"的表述，在国内设计界已被广泛接受。作为"间接知觉"论者，诺曼的设计心理学理论在国内设计界的影响力远远超出吉布森对"直接知觉"的研究。随着近几年日本众多无意识设计作品被大家关注，2016年出版的深泽直人访谈著作《设计的生态学：新设计教科书》中大篇幅提及"视知觉"理论与"可供性"概念，吉布森的研究成果才渐渐被设计界所重视。

3.3.1 对两种知觉进行整合的研究方式

当课题依赖于符号学作为理论基础进行讨论时，就已明确表明了课题只能以质化方式进行：一方面，课题对无意识设计系统方法的搭建、各类设计方法的文本编写及符形分析需要依赖于人文主义的质化研究方式；另一方面，当系统方法进行工具化设计实践运用时，则又回到实证主义的质化研究方式。同样，对使用者两种知觉的研究方式，也呈现出实证主义量化向质化的转向。

（1）对两种知觉的实证主义研究方式

对直接知觉与间接知觉的研究是"实证科学"的考察方式。谢立中（2019）认为，把对象的科学判定结论建立在被所有人可以观察到的经验事实的基础上，是实证主义的基本原则，这些经验事实通过观察者的反复观察，无须进一步推论则可获得。实证主义主要以客观物质世界作为研究对象，以事物的客观特征定义事物，以客观事实阐述客观事实。

生态心理学者不但提出直接知觉与间接知觉必须在环境下的研究方式，同时他们反对二十世纪五六十年代第一阶段认知心理学，通过抽象化的数据采集，利用计算机的输入、分析，通过量化的方式判断得出可类比人类知觉的研究方式。他们认为，认知心理学实验室抽象数据的采集已脱离现实生活世界，是无效的数据。生态心理学者不是反对量化的研究方式，而是反对抛开实际环境的无效数据采集（秦晓利，2006）。因此，在直接知觉与间接知觉的考察分析阶段，运用的是实证主义的量化研究方式。

（2）量化考察向质化构建的转向

胡塞尔所界定的由人类知觉、经验构成的"生活世界"不是"扁平化"的结构，而是分为不同的层级，呈现出系统化的立体结构。一方面，在真实的环境现场，深入具体生活细节，才能避免量化的数据像实验室观察的那样"扁平化"的局面；另一方面，对直接知觉与间接知觉考察到的量化数据分析，其最终目的并非用数据表述知觉，而是搭建起研究生活世界中各类系统化的结构，即实证主义的量化考察转向了实证主义的质化构建。

生态心理学对知觉研究的出发点，首先考虑个体的生物属性与文化属性在环境内的整体与统一，这为自然科学与人文科学架起了一座桥梁（秦晓利，2006），并将对个体的心理研究放置在环境中，利用自然科学的量化研究方式，建立起"环境—身体—大脑"三者协调的心理学感知"组织结构"（何文广、宋广文，2012）。这种以实证主义的质化方式呈现的组织结构，反映了产品使用者与产品之间由对产品的低级知觉向高级的社会文化经验转化的认知过程。

（3）统一在符号学人文主义质化研究的主体内

虽然本章讨论的是使用者认知过程中两种知觉在设计活动中的作用，但作为"知觉—经验—符号感知"的完整认知过程，以及所有的产品设计活动都是符号与产品间的意义解释，因此，课题的整体研究模式必须统一在无意识设计的典型结构主义文本编写与皮尔斯逻辑-修辞符号学的人文主义质化研究方式的主体内。以符号学为理论基础的无意识设计系统方法研究，需要依赖于研究者长期实践的主观经验，以人文主义的质化研究方式，阐述使用群的感知解释，搭建系统设计方法。

人文主义的质化研究是课题研究方式的主体，在此主体研究方式的控制下，实证主义的知觉量化至质化研究的结果，将成为无意识设计系统方法中设计类型补充与方法细分的依据。

3.3.2 提出两种双联体的设计研究新范式

符号学界将世界分为由纯然物组成的"物的世界"和由符号组成的"意义的世界",并将作为符号载体的事物按"物源"分为自然事物、人工制造器物、人造纯符号三种。任何事物都以"纯然物—文化符号"的双联体方式存在:事物如果倾向纯然物一端,其则不具有符号意义;如事物倾向符号载体一端,则携带符号感知(赵毅衡,2016)。

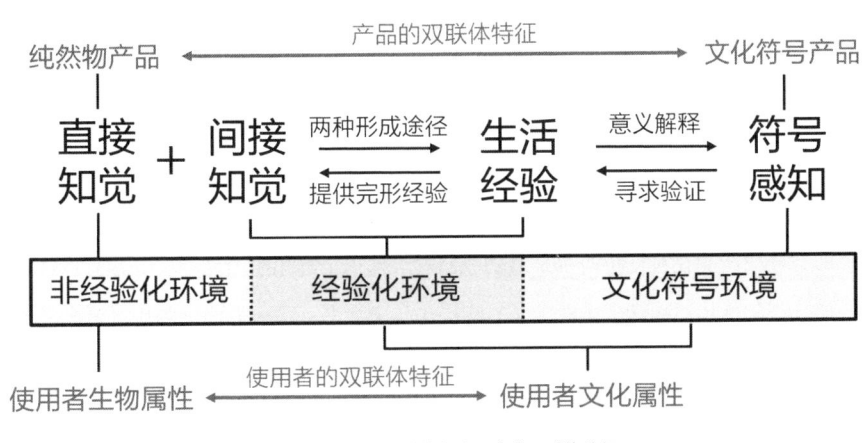

图 3-6 产品的双联体与使用者的双联体特征
资料来源:笔者绘制。

(1)产品"纯然物—文化符号"双联体特征

无意识设计活动中的产品,同样具有"纯然物—文化符号"的双联体特征。但与符号学界以事物是否被意义解释作为双联体两端的区分所不同的是,无意识设计活动的产品是放置在使用者知觉—经验—符号感知的完整认知过程中进行的双联体特征讨论,具体如下(见图3-6):1. 使用者对产品的直接知觉,是在非经验化环境中依赖于生物属性的身体,获得作为纯然物产品间的可供性关系,以刺激完形方式形成对事物的认识。2. 直接与间接知觉是使用者生活经验的两种形成途径；生活经验被符号化意义解释后，成为产品的符号感知。由此可见，生活经验处于使用者对产品完整认知过程的重要中间环节，其形成的过程对两种知觉的依赖，其意义解释获得产品符号感知，使得三种不同认知方式连贯一体。3. 使用者对产品连贯一体的认知过程，使得产品具有"纯然物—文化符号"的双联体特征，即直接知觉的"纯然物"与产品感知的"文化符号"。

产品"纯然物—文化符号"双联体研究范式的价值在于：

第一，为便于对两种知觉形成方式的研究，生态心理学将事物是否被经验分析为依据，将环境分为"经验化"与"非经验化"两类，并在两类环境内分别以"刺激完形"与"经验完形"的知觉研究路径，贯通了使用者依赖于身体认知产品与依赖于生活经验认知产品的两种模式。

第二，产品"纯然物—文化符号"的双联体特征，使得产品不再被原有的使用经验与文化符号束缚。产品以器物的"纯然之物"姿态与使用者产生身体接触，形成直接知觉，以此作为产品设计活动的新素材，以及产品系统内符号规约的新来源。

第三，任何产品在最初阶段都是以功能器具、使用工具角色出现的。一方面，随着技术更新，新功能的增加，社会文化对功能的解释也随之增多；另一方面，使用者对产品不再仅限于功能，更多融入了社会文化对产品的修辞解释，产品成为众多符号意义的载体。

第四，产品文化符号意义越丰富，其符号化角色就越强，产品也就越难回到最初的"纯然物"一端。产品最初的功能器具、使用工具角色也渐渐被设计师所忽视。因此，产品的"纯然物—文化符号"向纯然物一端滑动时，不但可以有效避免设计师沉溺于产品文化符号的修辞，同时可以回溯到：1. 产品作为纯然物与使用者身体间的直接知觉关系；2. 产品作为最初功能性器具而形成的间接知觉与生活经验。

（2）使用者"生物属性—文化属性"双联体特征

首先，生态心理学对两种知觉的讨论，没有彻底改变个体"身心二元"的分裂格局，又重新构建了以环境类型为区分的"非经验化环境"与"经验化环境"的新格局。但以此格局作为新的研究路径，有效地否定了经验的先天论，并为个体的生物属性与社会文化属性之间建立了以知觉形成方式为纽带的通道。至此，生物的个体与文化的个体在两种不同知觉的形成与持续演变中得到整体贯通。

其次，使用者对产品"知觉—经验—符号感知"的完整认知过程，是在三类不同的环境中完成的，使用者在这三类环境中，呈现出两种不同的属性特征：非经验化环境内的直接知觉，呈现出使用者生物属性特征；经验化环境内的间接知觉、生活经验，与文化符号环境内的产品符号感知，呈现出使用者文化属性特征。因此，在生态心理学两种知觉理论的研究视角下，使用者具有"生物属性—文化属性"的双联体特征（见图3-6）。

最后，产品"纯然物—文化符号"的双联体特征，与使用者"生物属性—文化属性"的双联体特征具有对应的关系，它们表现在：1. 双联体特征是认知活动中的主体（使用者）与客体（产品）之间的对应关系；2. 因设计活动中对主体的考察方式与考察内容的不同，进而选择相对应的环境类型、客体相对应的双联体趋向；3. 无意识设计活动（乃至所有的设计活动）中，对使用者与产品双联体特征的所有对应关系的讨论，最终都要回到产品的"文化符号"一端、使用者的"文化属性"一端。这是因为，所有设计师对产品的设计活动都是符号与产品间的修辞表意，所有使用者对产品的解读方式都是符号文本的意义解释。

3.3.3 两种知觉是无意识设计研究的重要组成

（1）无意识设计研究对直接知觉与间接知觉选择的实质

无意识设计研究与实践对"直接知觉"或"间接知觉"的选择面临以下的内容：1. 产品使用者属性的选择：是讨论使用者的生物属性，还是将其放置在生活经验中进行分析；2. 环境类型的选择：是将环境视为由纯然物或产品去符号化而组成的"非经验化环境"，还是生活经验构成的"生活世界"（非经验化环境与经验化环境的整合）；3. 环境内事物属性的选择：是将环境内的产品作为与生物体接触的纯然之物，还是将它们视为可以被生活经验解释的符号载体。由此可见：第一，对吉布森"可供性"与诺曼"示能"在设计研究中的选择，要在具体的研究目的与方式的基础上进行。第二，考察对象的主体（使用者）与客体（产品），始终是对应的关系，即以使用者的属性为考察依据，那么就确定了产品考察的属性方向；以产品的属性作为考察依据，那么使用者的属性也被确定。

（2）两种知觉是无意识设计研究不可分割的整体

第一，直接知觉与间接知觉是使用者知觉连贯的整体，知觉的两种加工方式是相互补偿的关系，共存于人类的知觉过程中，形成刺激信息和内部经验匹配的整体格局（朱宝荣，2004）。它不可能分割独立研究，否则会形成对立的局面，这样就又回到了笛卡尔身心分离的二元对立格局。直接知觉与间接知觉也不可能混合在一起讨论，这样不但没有解决直接知觉与间接知觉之间的争论，反而将之前清晰的知觉形成方式又变得混沌起来。个体的生物属性与社会属性二元对立的固有存在，是讨论直接知觉与间接知觉独立性的前提。个体不可能脱离社会文化的影响，这是直接知觉进入经验世界继续完形为间接知觉的根本原因，也是两类知觉必须整合在一起并分别讨论的原因。

当个体在非经验化环境中更多依赖于直接知觉的作用时，生活经验继续完形为间接知觉的可能性就会削弱；更多依赖于生活经验来作为完形的依据时，对非经验化环境中的可供性就会削弱，直接知觉形成的可能性降低。个体的生物属性与社会文化属性同时存在，两种知觉也几乎同时存在，仅是多少的问题（乐国安，2001）。

第二，无意识设计三大类型、六种设计方法中，两种知觉不可割裂的原因表现在：1. 客观写生类的直接知觉符号化设计方法中，设计师对直接知觉的可供性之物进行修正后，被生活经验判定为具有行为指向的示能，示能本身就依赖于生活经验完形的间接知觉方式呈现；2. 直接知觉符号化设计文本如果进入经验化环境中，其可供性引发的行为被生活经验判定为不合时宜时，需要继续寻找一个文化符号，对整体文本进行再次的修辞解释，使之合理化，这是两种跨越类中的直接知觉符号化至寻找关联设计方法，此时的间接知觉对直接知觉符号化的设计文本起到了进入生活经验环境中的审查与评判作用；3. 直接知觉与间接知觉是形成使用者生活经验的两种来源渠道，日积月累的生活经验沉淀后，形成使用群集体无意识原型。一方面，每一次产品设计都是对使用群集体无意识原型的经验实践，实践的内容及结果被设计师符号化解释，成为携带感知的符号，这个符号再与产品进行修辞解释，完成产品设计活动；另一方面，结构主义产品设计系统内各元语言规约，无不以使用群集体无意识为基础构建而成。

由此可总结为：符号的感知由经验的解释而获得，经验由直接知觉与间接知觉的积累而形成，两种知觉是研究无意识设计系统方法的基础之一。

第三，普遍的设计研究与实践也应采取对"直接知觉"与"间接知觉"整合的研究方式：既要区分两者形成的不同环境与方式，又要回到使用者经验积累的来源。产品设计以讨论使用者对产品的使用经验来源与积累为目的，既要分清经验的社会文化属性，又要保留使用者作为生物体与产品作为纯然物之间的交流，它们是形成使用者认知经验积累的两种不同渠道。

3.3.4 产品经验的积累与新文化符号的添加

（1）两种知觉是经验形成的来源，符号感知是对经验的解释

第一，由皮尔斯逻辑－修辞符号学的普遍修辞理论可推论认为，产品设计活动是一个符号与产品文本间的相互修辞解释。典型的结构主义无意识设计文本的表意有效性，一方面来自对产品设计系统内各类元语言的依赖与遵循；另一方面，更为主要的是，其设计活动全部围绕使用者直接知觉的符号化、集体无意识的符号化、产品系统外部的文化符号、产品文本自携元语言四种符号规约为核心而展开。四种符号规约分别来源于非经验化环境、经验化环境、文化符号环境，是使用者与产品间知觉—经验—符号感知的整体性贯穿。

第二，在三类环境中，无意识设计通过使用者与产品间知觉、经验、符号感知的整体性贯穿，从而达成使用者对产品认知方式的完整过程。具体表述为：1. 心理学界将直接知觉与间接知觉作为认知经验的两种不同来源。一方面，由于产品的使用必定存在于特定的文化生活环境中，那些由使用者身体与产品间以可供性刺激完形方式形成的直接知觉，必定会继续向以生活经验完形的间接知觉发展；另一方面，使用者与产品间的直接知觉与间接知觉是使用群产品经验的两种来源方式。2. 使用者对产品日积月累的生活经验是使用群集体无意识产

品原型的形成基础。3. 产品的符号感知是每一次产品原型的经验实践中使用者依赖于环境对其进行的完形方式的意义解释。

（2）两种知觉成为经验并被符号化解释的完整过程

直接知觉与间接知觉是使用者对产品形成认知经验的两种来源。首先，自产品作为人造物开始，就被认定为具有实用功能表意的符号载体，使用者在使用产品时的感知表达也顺理成章地在文化环境中以蔓延的方式展开；其次，伴随文化感知的蔓延，产品与使用者之间以"纯然物"与"生物体"之间的交流方式逐步萎缩，甚至丧失。

因此，如果将产品与使用者的两类知觉进行整合讨论，不但可以提供使用者生物属性与作为纯然物产品之间的交流，同时增加了产品经验的积累渠道。

从图 3-7 可以清晰地看到，在产品设计实践过程中，"直接知觉"的运用可以贯通使用者生物属性与经验属性直至文化符号，

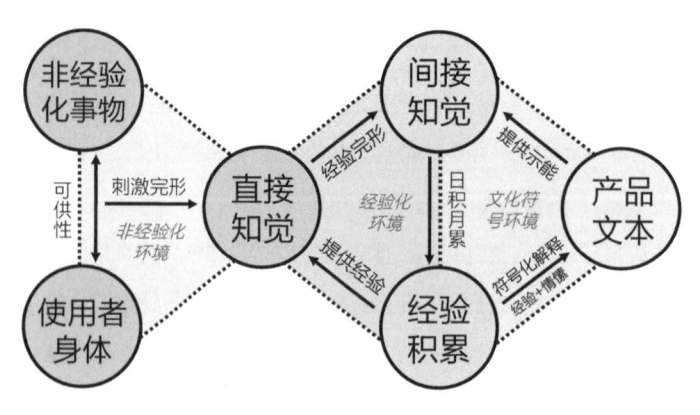

图 3-7　两种知觉对产品经验的积累及文化符号的增加方式
资料来源：笔者绘制。

具体流程表现为：1. 非经验化事物与使用者身体之间的"可供性"以刺激完形方式形成直接知觉。2. 直接知觉进入使用者的经验化环境中，依赖于其积累的生活经验进行分析、判断，以经验完形方式成为间接知觉。3. 间接知觉的日积月累便是生活经验的积累过程，生活经验的积累也是集体无意识原型的来源。4. 在具体的设计活动中，直接知觉形成的经验被符号化后，去解释产品系统内的某个符号。解释后的产品文本符号具有指示符的特征，以上的过程即无意识设计客观写生类型中直接知觉符号化的设计方法。5. 这个新的指示符是产品系统内部新生成的符号规约，随着使用者的操作与体验过程，它逐步成为具有行为指向的"示能"，以间接知觉的方式存储于生活经验积累之中。当再次有类似的直接知觉进入经验化环境中需要完形时，之前的那个示能将作为经验完形的依据之一。

任何以功能操作、行为指示为目的的产品皆是结构主义产品设计，其文本结构皆具有较强的封闭性，其较强的封闭性源于产品操作行为的精准性对原有产品文本自携元语言的绝对依赖。然而，当直接知觉进入产品的文本编写时，从使用者生物属性的知觉入手，重新考察使用者行为的先验与准确性，以此获得新的操作经验。这样，原有封闭的使用操作经验集合打开了一个缺口，注入了直接知觉的新经验。

3.3.5 直接知觉的符号化为产品系统提供新的符号规约来源

生物属性直接知觉进入社会文化后的符号化是新增符号来源的另一方式。以往设计界普遍认为，产品设计系统内新增符号的来源是产品与系统外一个社会文化符号之间相互解释后的产物。当直接知觉参与到设计活动中后，原本的产品系统新增符号的来源方式变得不再单一，人类生物属性的直接知觉进入社会文化活动被经验化解释成为一个携带感知的符号，并被设计师运用在产品之上后，直接知觉符号化成为产品系统新增符号的另一个来源。

无意识设计客观写生类型中的直接知觉符号化设计方法，即设计师对直接知觉的可供性之物的修正，使之具有示能的经验，并被意义解释为一个指示符与产品进行相互解释，直接知觉的符号化是产品系统内部生成新符号的一种来源。直接知觉来源于产品使用者个体生物属性的身体与环境中去符号化产品之间的可供性关系，这些关系所形成的信息，经过刺激完形的方式，让个体获得对事物的完整认识，形成直接知觉。因直接知觉来源于个体的生物遗传属性，因此带上"先定性、普适性、凝固性"的特征。也正是因为这些特征，直接知觉符号化在无意识设计系统方法中作为精准有效的传递规约被运用。

直接知觉符号化设计方法的产品文本都具有指示符的特征，这是因为，直接知觉符号化的产品文本，其表意的根本目的来源于使用者生物属性与产品之间的行为关系，这个关系被符号化后运用在产品上，并非通过另一个符号去解释这一行为关系，而是直接知觉成为符号后，更具有这个行为的指向性、目的性。因此，文本大多以功能或操作的指示作为设计目的，进行文本意义的传递。

皮亚杰（2010）认为，结构是由具有整体性的若干转换规律组成的一个有自身调节功能的图式体系。整体性、具有转换规律、可自身调节是结构的三大特征。无意识设计围绕四种符号规约展开设计活动，是典型的结构主义文本编写方式。直接知觉符号化作为产品系统的另一种新符号规约的来源，在无意识设计活动中以传递可供性引发的行为指示为目的。直接知觉具有"先定性、普适性、凝固性"的生物遗传特征，这些先验的直接知觉被符号化后，在无意识文本编写时保证了产品设计系统的整体性，并向系统规约转换的可能性；同时，作为系统新的符号规约，直接知觉符号化使得产品设计重新审视使用者与产品间的生物属性关系，即产品设计系统自身调整的过程。

3.4 生态心理学知觉理论对产品设计的反思与价值

3.4.1 设计师在环境中考察使用者行为方式与内容的反思

（1）环境概念的局限导致行为考察内容的局限性

产品设计与生态心理学同样对环境非常重视，产品设计认为任何具体的设计活动，都要考虑使用者在使用产品的环境中的行为与心理，这与每一位生态心理学研究者对于环境的重视是一致的，正如吉布森认为的，个体与环境是相互的组合匹配，每一个术语都包含着另一个（JJ.Gibson，1979）。

一方面，结合生态心理学与符号学可以得出，产品与使用者之间的行为关系分别存在于非经验化环境、经验化环境、文化符号环境三种环境之中，与三种环境相对应的使用者行为分别为：使用者生物属性直接知觉引发的行为；依赖于生活经验分析、判断后引导的行为；符号意义解释后具有指示性的行为。诺曼提及的"示能"概念是第二种行为中的提示与引导。但目前的设计界仅注重产品对于使用者作为功能性商品中生活习惯的考察，与产品作为社会文化符号的行为考察，即重视第二种与第三种环境中行为的考察，而忽视了在第一种环境中产品作为器物与使用者身体之间相互关系所引发的行为考察。

另一方面，目前的设计界仅注重使用者行为现象的考察，而忽略了引发行为的心理机制的深入分析。在三种环境中，使用者表现出的行为都具有心理基础：非经验化环境行为的心理基础是刺激完形的直接知觉；经验化环境行为的心理基础是经验完形的间接知觉；文化符号环境行为的基础则是无意识原型经验实践后获得的意义解释。如果抛开心理基础的行为考察，那样则是舍本逐末的表象数据收集。

（2）使用者的产品经验是环境中认知与情愫等各种关系的交织整合

刺激完形的直接知觉与经验完形的间接知觉，它们是经验的素材来源。现象学认为，经验是个体通过自我意识，对内在心理状态中所反映的客观事物做出的直接体验。不同于科学的抽象理论，经验是个人的直接体验；经验也不同于行为的外在操作系统，它是内在意识状态（林崇德等，2003）。杜威（2013）认为，个体经验除了个人的认知之外，还应该具有环境下个体感受到的喜悦、痛苦等情愫，它是其认知的积累与在特定的情境下情愫与认知有机结合的整体表现。

经验不是固定不变的，而是随情境的变化而变化，并具有完整有机体的特性。因此，我们可以认为，使用者对某一产品的经验分析一部分来源于之前使用类似产品时的认知积累，这些积累是对产品类型的认定和判断，同时与环境中使用者的情愫紧密整合在一起，共同成为对知觉进行分析的经验。

以一次性水杯为例，我们的认知积累中有一次性水杯的原型，这是之前的经验积累，但不同的环境中对一次性水杯分析的经验各不相同，有三个不同环境：

环境一：机场的饮水机边都有可供抽取的一次性水杯，机场人流量多，大家希望干净整洁。在这种情境下，圆锥形水杯无法搁置，容量也不大，只能一口气喝完，就近扔到垃圾桶，保证了环境的整洁。

环境二：销售中心大厅的饮水机边上配有一次性的纸杯，客户可以拿着水杯边走边看，或放置桌上与人交谈，便捷、价廉是这个环境下对水杯的情愫。

环境三：高规格的企业年会，每位嘉宾面前有纸杯装茶水或咖啡，但显然要比之于前两种在防烫、选材、做工、造型等方面讲究，这些"要讲究"的细节是这个环境中水杯该有的情愫。

3.4.2 唯数据论的量化考察向生活世界的质化研究方式转换

（1）对产品使用者考察唯数据论的反思与修正

认知心理学是二十世纪五六十年代伴随着认知科学的发展而产生的，它彻底反驳了笛卡尔人类心智来源的先天论思想。认知心理学借助计算机与人工智能技术将抽象的知觉数据化、工程化后，得出的研究结果带动了工程应用领域感性工程学（Kansei Engineering）的发展。日本材料工学研究联络委员会对感性工程学的定义是：感性工程学是通过解析人类的感知数据化后，有效地与商品化技术结合，以此在商品中实现人类的感知要素（吴杜，2011）。20

世纪 70 年代，日本广岛大学工业与系统工程系的研究人员率先将抽象的感知分析导入工学领域具体的数据采集与实验分析研究，90 年代日本产业界及学界将感性工程学的技术研究运用到各个领域的新产品研发中。目前在国内很多设计院校，感性工程学已是较为普及的研修课程。

感性工程学最早在工程学中运用，它通过"人"的主体研究，寻找感知量化后所得的数据与工学物理数据之间的关系，并将其数据研究的结论运用到工程技术之中，完成人机之间良好的操作与感知功效（李辉、侯雅单、张玥、陈金周，2018）。具体工作流程为：通过实验室取得可以量化的感知数据，利用计算机对数据进行分析，计算出物理量之间的函数关系，依据函数关系讨论出感知与设计之间的关系，最终构建人机之间的良好关系。

感性工程学是以工程学的研究方式对个体知觉进行的研究，强调通过实验室的实验方式获取知觉数据，再通过计算机运算得出函数关系，进行个体与产品工程之间的匹配。这实际是对先验知觉的实证过程：个体的感知及其指导下的行为，被考察者认定为先验的、客观存在的，所需要的仅仅是在实验中获取它们的数据，进行整理、验证、计算。一些理工科院校的学者希望建立一种所谓人工智能的产品设计系统，通过收集人类知觉与行为的具体参数，建立云数据条件下的计算机自主产品设计系统，以此达到智能化的产品设计输出。

这存在三个问题：第一，所有的知觉与行为的数据都来源于个体的原有经验，因此数据只能服务于原有经验基础上的改良设计；第二，任何云数据收集都是有限的数据，任何人工智能的产品设计输出都是有限的知觉被符号化的解释；第三，从宏观角度而言，知觉与行为的大数据收集，实质是对设计文化与产品创新体验的限制，尤其限制了设计师个性化设计与使用者个体化体验。

（2）从实验室抽象数据的采集回归到现实生活世界的考察

对上一段存在的三个问题，生态心理学可以给出解答：吉布森认为环境是任意的存在，存在的价值是为生物属性的个体提供刺激信息的可能——可供性。个体与环境是相互匹配的关系，这种匹配的复杂性与多元化形成知觉研究的不确定因素。因此，产品设计数据化的知觉信息库既是数据的积累,也是对经验的限制。对此,生态心理学者以提高研究的"生态效度"为目的,分别对认知心理学的研究方式提出必要的修正:

第一,吉布森提出认知心理学实验室的抽象数据采集脱离了现实生活世界,研究方式无效,价值很小。他指出,人在现实生活中没有任何一件事物是以图片二维的形式存在的,个体在环境中看到的真实事物视觉形象随空间角度不断变化,是一种连续的无限形式(Winter D.D.,1966),因此主张在自然情境中展开个体与真实物体间的知觉研究。

第二,吉布森在研究"直接知觉"的过程中认为,认知心理学实验室的物理环境不能构成个体知觉形成的条件,他认为环境是特指生物体五感所存在的具体空间。环境内与个体匹配的事物尺度大小也有一定的要求,任何过大的事物,或是过于微小的事物都无法与个体在环境中产生知觉,那些足够接近动物身体尺度的事物才能构成动物可以提取信息的环境。环境内事物的可供性来自可以被个体的身体直接产生相互关系的那些事物,也正是那些事物组成了吉布森所认定的环境概念。

第三,巴克"行为背景"理论研究也是源于他对认知心理学实验室研究模式无法有效地阐述日常行为活动而采取的另一种研究途径。任何行为都具有"行为空间",对人的行为研究,必须讨论人与所在环境的某种固定的相互联系。行为和行为空间是互相依存的,形成固定的整体。巴克强调对行为背景的研究必须摆脱实验室的条件预设与研究者主观预设的干扰,并将行为背景视为心理学研究的基本单位(秦晓利,2006)。

3.4.3 产品设计从经验依赖向知觉回归的必要

(1)经验依赖的设计创作现状

由经验依赖向知觉探索的回归,即是使用者文化属性向生物属性的回归。之所以强调这样的"回归",是因为个体的所有经验积累都来源于直接知觉与间接知觉的实践所得。知觉是个体对世界最直接的认识,它是个体各种感知器官与环境中事物的共存,并与其产生相互关系的过程。知觉与感觉不同的是,知觉反映的是客观物体和机体自身状态的整体经验,是多种感觉综合协调活动的结果，感觉则是个体具有主观意识的情感化判断和表达（林崇德等，2003）。艺术类院校的产品设计，停留在传统人文社科领域对产品的形态、功能、表意、风格等方面的追求，放弃了对形成经验的知觉研究，会出现这样两种局限：

第一种局限：产品设计活动中对原有经验的过度迷恋。

这里又可分为两类：一类是迷恋设计师的能力经验。这类多以风格化设计为目的，设计师的个体经验表达，使得文本呈现出后结构的显著特征，其主体性是设计文本意义的任意与开放性解读，而非设计意图的有效传递。另一类是迷恋使用者原有的生活经验。依赖于使用者原有的经验积累，以市场调研用户考察的方式，做出对原有产品的设计改良，这是目前产品商业化设计普遍采用的方法。

第二种局限：对经验的先验性认定，绕开对使用者知觉的考察。

设计师一旦对使用者经验存在"先验"性认定后，会不自觉地绕开对使用者"知觉"的研究。过度依赖用户调研与实验室数据采集，会丧失使用者通过身体获取产品刺激信息的机会，同时吉布森也认为，实验室的数据采集脱离了个体与现实生活的关系，所收集到的数据是没有多大价值和意义的（秦晓利，2006）。设计师对使用者经验的先验性认定，限定了他们对用户经验溯源的研究。

（2）回归知觉使得产品认识过程研究完整

对于以上存在的问题，笔者试着以倒推的方式来分析设计或艺术的情感是如何产生的。首先，杜威（2013）在他的《艺术即经验》一书中指出：所有艺术作品所要表达的并非情感，而是带有情感化的符号意义，这些意义是在社会生活的交流中产生并得以实现的；其次，结构主义者列维－斯特劳斯认为符号情感化的意义交流源于生活在同一环境下的人群日常生活的经验积累，他认为环境与积累的生活经验构成结构的特征，以无意识的方式存在于符号交流的语境元语言之中（李幼蒸，2015）；再次，元语言是符号意义解释的符码集合，个体之所以可以凭借元语言的符码对事物做出解释与全面表述，是因为个体无意识状态的经验积累可以对环境中的各种事物做出分析、判断和解释；最后，个体的经验积累又来自个体知觉"刺

人置身环境 →	人与物体相互关系 →	知觉形成 →	经验积累 →	意义 →	情感表达
非经验化环境 经验化环境	刺激完形 经验完形	直接知觉 间接知觉	无意识/元语言	符号化	符号与产品间相互修辞

大多数设计活动对使用者的考察范围：经验积累 → 意义 → 情感表达

图 3-8　个体认知至情感形成的完整过程
资料来源：笔者绘制。

激完形"与"经验完形"的不断输入。

于是，笔者绘制图 3-8，并得到这样完整的过程：使用者置身非经验与经验化环境中→使用者与事物间以刺激完形或经验完形的方式→获得直接知觉或间接知觉→两类知觉成为生活经验的积累→它们是集体无意识原型经验来源→经验被解释后成为感知符号→最后，符号与产品间的相互修辞解释，即产品设计活动的文本编写。

人类所有的符号感知与情感，其源头并非来源于经验，它们是两类知觉沉淀为经验后的符号化解释。但大多数的产品设计活动在对使用者的考察中，仅将使用者的经验积累作为考察的源头（图 3-8 中灰色区域），而忽略了在经验形成之前的直接知觉与间接知觉。这样的考察结果造成使用者知觉研究的缺失，丧失了产品作为功能性器具与使用者关系的本源讨论。

3.5 本章小结

无意识设计活动围绕四种符号规约展开设计活动，客观写生类的两种设计方法将直接知觉的符号化、集体无意识的符号化两种系统内部新生成的符号规约作为文本传递的内容。其中，个体生物属性的直接知觉为客观写生类的直接知觉符号化设计方法提供符号的规约来源。直接知觉源于个体的生物属性与环境中事物之间的可供性关系所提供的各类刺激信息形成的知觉，因此携带了人类生物属性"先定性、普适性、凝固性"三大特征，其符号化与产品相互解释后，可以达到产品文本意义的精准传递。

吉布森生态心理学的直接知觉理论对无意识设计具有直接性的理论启发。生态心理学将环境视为研究的前提条件与基础，它将事物是否被经验分析为依据，分为"经验化"与"非经验化"事物，两类事物各自所对应的环境为"非经验化环境"与"经验化环境"，两类环境中形成的知觉类型分别为刺激完形的直接知觉、经验完形的间接知觉。生态心理学的环境划分虽没有彻底改变"身心二元"的传统格局，但以此作为新的研究路径，有效地否定了经验的先天论，并在个体的生物属性与社会文化属性之间建立了以知觉形成方式为纽带的通道。

产品设计对直接知觉与间接知觉应具有整合研究的态度。一方面，心理学普遍认为直接知觉与间接知觉是构成生活经验的素材来源，生活经验的积累是集体无意识原型的形成基础，设计师个体意识在集体无意识原型经验实践中被解释为一个符号，产品设计活动是这个符号对产品的修辞解释；另一方面，设计师通过生物属性直接知觉符号化后，获得产品系统内新增符号来源的另一方式。

设计生态学对产品设计研究实践的反思主要表现在，对产品设计考察中系统内行为与经验"先验"所带来的局限性进行的批判，使用者对产品的"经验"是环境下的认知与情愫等各种关系的交织整合，设计师从实验室的抽象数据采集回归到现实的生活世界考察，以及对产品使用者考察过程中唯数据论的反思与修正。设计活动回归知觉的研究，摆脱有限的文化符号制约，以知觉的方式使得产品认知过程更为完整，并以此增添新的产品文化符号。

第 4 章　集体无意识为基础的产品设计系统与文本编写系统构建

4.1 集体无意识在无意识设计活动中的两大作用

深泽直人无意识设计中的"无意识"是指以使用群进行划分的集体无意识。讨论使用群的集体无意识与产品设计的关系有两种方式：一种是，深泽直人无意识设计方法中，以无意识作为出发点的产品设计类型研究，它强调设计师从使用群的直接知觉与集体无意识出发，产品必须在使用者直接知觉符号化与集体无意识形成的规约内进行文本编写，以此达到产品功能操作、使用体验与感知表意的有效传递机制；另一种是，在所有的结构主义产品设计活动中，对使用群的集体无意识都有不同程度的利用，它在产品设计系统中控制各类规约的构建，正是基于以使用群集体无意识建构的各类规约，才得以完成设计师产品文本意义对使用者的有效传递。

整合这两种讨论方式，可以得出集体无意识在无意识设计活动中的两种作用：1. 符号化后的意义传递。无意识设计是典型的结构主义产品设计，与其他结构主义的产品设计类型相比较，无意识设计更显"结构性"，它不仅对系统的规约在编写时具有依赖性，更将集体无意识符号化后，新生成的符号规约作为文本编写的表意内容，并贯穿于整个设计活动。2. 产品设计系统规约的搭建。为达到产品文本意义的有效传递，结构主义产品设计系统内各元语言规约是在使用群集体无意识基础上构建而成的。

4.1.1 集体无意识为无意识设计系统方法提供符号规约

荣格的集体无意识理论认为，生活经验是构成集体无意识原型的基础。产品的操作使用与社会文化经验的汇集是使用群对于产品的印象，当它们在社会文化生活中反复出现后，成为一种象征，原型即以这样的象征形式而存在。因此，产品的原型既不是经验，也不是符号，而是使用群体对产品日积月累的生活文化经验所形成的集体无意识原型。使用者对产品的每一次使用，都是使用群集体无意识原型的经验实践过程。原型既具有生活方式下经验积累的特征，积累的经验又具有可以被设计活动利用的先验性特征。

无意识设计活动对集体无意识的依赖与利用，源于使用群集体无意识是客观先验的存在，虽然它们处于无序、潜隐、非系统化的杂乱状态，分别以社会的遗传方式和日积月累的经验作为素材库的方式，不被察觉地隐藏在使用群对产品印象的原型之中，但是一旦有与产品系统相匹配的使用环境与必要的信息，那些隐藏的集体无意识，会以其原型在环境中以经验实践的完形方式被再次唤醒，被设计师解释并修正后成为与产品文本进行解释的符号。

组成集体无意识原型的经验可以按照它们存在的方式分为"行为经验"与"心理经验"两种，它们在产品系统内部被唤醒后，通过经验完形的实践方式，获得意义的解释而形成的两类符号也分别具有"行为指示"与"心理感知"的两种表意倾向。集体无意识符号化是生成于产品系统内部，除直接知觉符号化之外的第二种创新符号来源。

深泽直人依据产品在环境中与使用者的知觉—符号关系，将无意识设计分为"客观写生"与"寻找关联"两大基础类型。前者是产品系统内新符号规约的生成，并以其意义作为文本传递的内容；后者即产品的修辞，产品系统外部的文化符号与产品之间相互的修辞解释。客观写生类又分为"直接知觉符号化设计方法"与"集体无意识符号化设计方法"，两者都以在产品系统内部新符号规约的生成与传递表意为文本编写目的。使用群的集体无意识为集体无意识符号化设计方法提供符号规约的来源。关于集体无意识成为符号规约的机制，以及集体无意识符号化设计方法的文本编写与符形分析，将在第六章详细论述。

4.1.2 集体无意识对产品设计系统内规约的构建

（1）集体无意识是结构主义产品设计活动主体性的基础

结构主义符号学讨论的主体性是符号文本意义的有效传递。索绪尔的结构语言学为结构主义奠定了理论基础。一个符号对于另一个符号的解释只有建立在各种规码的关系规约基础上，才能完成符号意义的有效传递。曾有学者认为，结构主义是一种"霸权主义"的前提性约束，但这种约束实质是追求符号传递的有效性，它将一个符号多种人群的不同意义解释、不同时间的不同意义解释暂时搁置一边，转而去讨论结构内的组成以及组成之间的关系与规则问题，设定了符号发送者与接收者两者间符号意义的编码与解码的一致性。其最终目的是在被划分的群体结构内进行社会文化与心理的交流（赵毅衡，2016）。

结构主义符号学认为，任何以文本意义传递为目的的文化实践，都属于结构主义讨论的范畴。因此，任何以文本意义传递为目的的产品都属于结构主义的产品设计，无论是传递使用功能、操作行为、体验方式、情感表达等，它们的主体性都是文本意义的准确有效传递。能够达成设计师设计作品的文本意义准确无误地被使用者解释的前提是，设计师对文本的编写，与使用者对文本意义的解读，双方尽可能地达成一致的规约，这就构成设计师与使用者之间进行文本传递的产品设计系统。

（2）集体无意识构建产品设计系统的三类元语言

赵毅衡（2016）指出，结构主义的核心不是"结构"而是"系统"，即结构内各种关系所形成的各类规约，规约的集合称为元语言。在文本的编写与解读过程中，会有三种类型的元语言：语境元语言、能力元语言（编码能力元语言与解码能力元语言）、文本自携元语言（赵毅衡，2016）。作为文本意义可以被有效传递的前提，文本编写者与解读者必须共用一个系统的各类元语言，而对于产品设计，产品文本就必须以使用群为标准的元语言系统进行文本编写。

列维-斯特劳斯认为，结构的系统是由相互作用的各个成分组成的，成分之间的相互关系则表现为规约。他从弗洛伊德的无意识理论与荣格的集体无意识观点那里得到启发，认为符号系统源于日常生活的经验交流而形成的意指活动，即所有的符号交流都来源于人类经验积累的集体无意识。系统结构内的规约是由系统内人群的日常生活经验积累组成，以集体无意识的方式表现，日积月累的生活经验是构成集体无意识原型的经验来源（丁尔苏，2012）。

集体无意识原型是心理结构的动力来源，是意义领会和积累经验的方式，原型要在具体的环境中，通过经验实践后的意义解释，才能成为携带感知的符号（申荷永，2012年，页59-60）。荣格（1997）认为，原型的经验实践过程不具备意义的形式（符号的结构特征），仅代表某类行动的可能性，特定场景提供可以进行原型实践的可能性，原型的经验则被唤醒，唤醒的原型经验会对我们产生强制的本能驱动力，个体会进行理性与非理性抉择，获得行为的选择方向。这表明，集体无意识原型的经验实践过程，其本身不具有意义的形式；集体无意识的符号化，是个体对原型经验实践结果的意义解释，使之携带感知成为一个符号。符号的意指关系是文化符号环境中各类规约的来源（赵桂芹，2002）。

在皮尔斯的三元符号结构中，符号的"对象—再现体"组成的指称关系，与符号"解释项"之间在表象上而言，关系是杂乱的，它们之间的"表层结构"（surface structure）在无法获得符号本质意义时，会求助于大脑的无意识"深层结构"（deep structure）。深层结构是个体在解释符号意义之前就存在的，这种先验性的无意识来源于日常生活的经验积累（文军，2002）。列维－斯特劳斯认为，表层结构受深层结构的无意识控制，这也是系统结构内部规约的构建机制（A.J. 格雷马斯，2011）。

为达到设计作品意图的传递，结构主义产品设计系统的编写与解读必须在一个由文化环境与人群进行特定划分的系统内进行，产品使用人群的集体无意识奠定了产品设计系统内部的各类元语言规约基础。设计师的个体无意识情结及私人化的品质，也必须在集体无意识原型的经验实践中获得理据性解释与使用群的认可，这是设计文本意义有效传递的前提。

4.2 集体无意识对产品设计系统内各类元语言的构建方式

4.2.1 产品设计系统文本表意的传递方式

（1）产品设计系统内的规约是文本意义有效传递的前提

结构主义符号文本传递的主体性是意义的有效传递，产品设计系统则是指设计师编写文本与使用者有效解读文本的完整传递过程。为达到设计作品意图的有效传递，结构主义产品文本意义的有效传递必须在一个由文化环境与人群进行特定划分的系统内进行。列维－斯特劳斯通过人类学的研究方法得出，组成及维系环境内某一群体系统结构规约的是集体无意识的集合（A.J. 格雷马斯，2011）。集体无意识奠定了产品使用群所组成的系统内部的规约基础。这是因为，任何一款产品都服务于某一个社会文化环境中的群体，但它不是服务于群体内的个人，而是普遍地服务于其所属群体的大众（注：即使是个人定制的产品，也是以其所在群体内诸多原型作为对象展开的经验解释。）。结构主义认为，任何一个可以持续稳定发展的群体都具有由其内部组成间相互关系而构成的系统结构，系统结构的整体性、结构内部的转化性，以及结构对自我调节功能的基础，皆为系统结构内部的符码规约，及由它们临时集合而成的元语言（赵毅衡，2016）。

（2）产品设计系统内的规约以不同类型的元语言呈现

符号的能指与所指之间形成意义规则的关系称为符码，众多符码的临时集合称为元语言。雅柯布森（2012）在《语言学的元语言问题》一文中提到，谈论符码本身的语言叫作"元语言"。对于"符码"与"元语言"的定义与相互关系，赵毅衡（2016）指出，在符号表意的过程中，控制文本意义的植入规约和控制解释意义的重建规约，都称为符码。符码必须以编写和解读的方式成为体系，否则仅是一些众多的可供选择的零散信息（赵毅衡，2016，页222）。符码的临时集合称为元语言，符码是个别的，元语言是其临时的集合。他同时强调，元语言是"变动不居"的，任一环境的文化规约、任一群体的编码与解码能力、任一文本类型的文化规约，都可能形成各式各样的元语言的临时组合（赵毅衡，2016）。

一个符号的传递活动，必定要有各类规约作为编写与解读的依据，同时作为传递有效性的限定。赵毅衡（2016）按照符号的传递过程与系统特征将元语言分为三类：语境元语言、文本自携元语言、能力元语言（发送者编码能力元语言与接收者解码能力元语言）。笔者在此基础上，结合集体无意识在产品设计系统的构建作用，将产品设计系统元语言归为产品设计系统语境元语言（以下称语境元语言）、产品文本自携元语言、设计师/使用群能力元语言三类（四种）。笔者并绘制了"产品设计系统的文本传递与元语言的对应分布"图式，并加以详细阐述（见图4-1）。

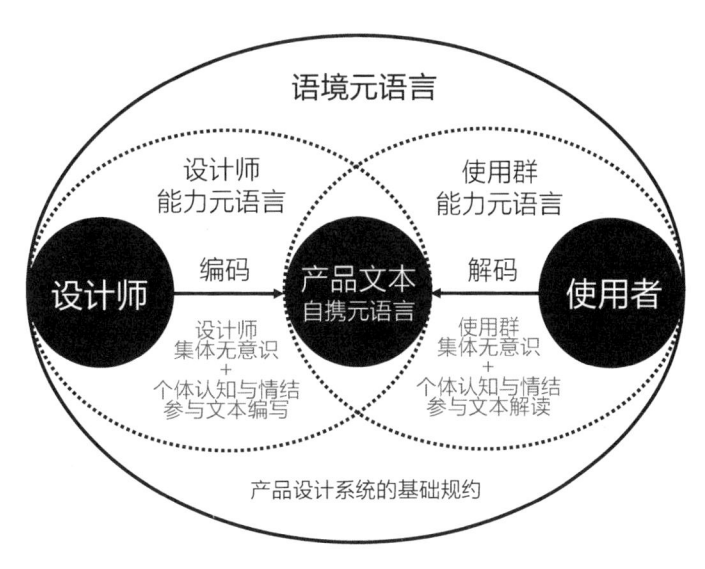

图4-1 产品设计系统内元语言的对应分布
资料来源：赵毅衡（2016）。

作为结构主义的产品设计系统，设计师与使用者只有在规约共通的情况下，才能达成以作品表意的交流。结构主义产品设计系统内的各元语言规约是以使用群一方的集体无意识为基础构建的。它要求设计师必须按照系统内三类元语言规约进行文本的编写，使用者才能有效地解读，这是对发送者按照接收者那一端所做出的规约限定。设计师作为使用群外部的个体，其文本编写过程中所有的规约都需要服务于、受控于这个规则系统，其个体无意识与私人品质也要获得系统规约的解释认可。

4.2.2 语境元语言

（1）语境元语言是产品设计系统的基础规约

首先对产品设计系统的语境元语言定义如下：结构主义产品设计系统的语境元语言，是按照使用者所在群体的集体无意识，在共时性的前提下，处于"环境—产品—使用群"三者关系形成的某个特定的文化环境背景中，那些与具体的产品相关的所有文化活动符号规约的临时集合。需要说明的是，结构主义产品设计的语境元语言可以看作由使用群的集体无意识原型被经验解释后的符码集合，但不是那个群体集体无意识的全部内容，是与具体的产品文本相关的所有文化规约的临时集合。

符号学认为，语境元语言是系统内具体符号活动的社会文化规约"总集合"。语境元语言是集体无意识符号化的感知实践活动，它们是社会文化的集体无意识在群体内的映射，以象征的方式存在。产品设计系统中的语境元语言是使用群集体无意识原型中那些关于特定产品的所有经验实践后被符号化的规约集合，它也涵盖了使用群所有涉及该产品相关文化活动规约的集合。语境元语言是产品设计系统的基础规约，它控制设计师的文本编写方式与使用者的解读方式。

（2）语境元语言是集体无意识原型在特定条件下的解释

"语境元语言"不能从字面的意思理解为环境或情境赋予的元语言，客观环境仅为规约的经验解释提供范围和方向。语境元语言来源于使用群的集体无意识原型的经验实践,集体无意识存在于一个系统结构之中,心理学强调人类的心理与行为是在"环境—社会文化—群体特征"三者相互关系所构建的系统结构下的产物,语境元语言的规约形成受控于环境、社会文化、群体特征三者的关系,它们之间任何的变动都会带来经验实践结果的差异,三者所存在的状态称为"语境"。在这个语境下,集体无意识原型被经验解释出的规约集合称为"语境元语言"。

集体无意识产品原型的经验实践,是以结构主义共时性为前提,在"环境—产品—使用群"三者特定关系为前提下的经验实践。同时,杜威认为,特定的文化语境为经验实践带来不同的"情愫",因为情愫的存在,集体无意识原型在意义的解释上附带了情感的因素,而情感的因素会很大程度上引导原型向情愫存在的方向进行意义解释,就如同"心情不好时,整个世界都灰暗了"这句话。

语境元语言同样具有元语言变动不居的特点:当使用群改变,集体无意识原型的经验组成随之改变;当产品的类型改变,使用群集体无意识对应的产品原型随之改变;当原型经验的实践环境与社会文化改变,最终实践的结果也会随之改变。以上三种情况都会导致语境元语言规约的改变。

(3)语境元语言是对设计师文本编写活动的约束

同为结构主义的语言交流与产品设计系统不同的是:前者的语言系统要求符号的发送者与接收者必须使用相同的元语言系统,进行文本的编写与解读,即双方必须使用共通的语言系统进行表意。但设计师与使用者很难同属一个群体,为达到产品文本意义的有效传递,产品设计系统必须建立一套约束设计师编写与使用者解读的共同符号规约。

在结构主义产品文本编写活动中,设计师服务于使用者的宗旨下,以使用群集体无意识为构建基础的语境元语言作为整体性编写规约成为必然。设计师能力元语言必须被系统内各类元语言规约所控制。控制设计师能力元语言编写文本的各种方式,也是设计师能力元语言介入产品文本编写系统进行文本编写的各种方式。

整个产品设计系统需要一个整体性规约,使用群由无数的个体组成,寻找他们共同的规约集合,是组建整体性元语言的关键。群体内每一个体的经验积累,都具有这个群体的集体无意识原型在经验实践的过程中在他们身上的共同映射。

(4)语境元语言对设计师个体与使用者个体无意识的控制与映射

荣格(1989)认为,个体无意识是私人化的"情结",情结无法说明个体无意识具有的全部内容和特征,个体无意识必须依赖于集体无意识作为深层的基础。组成结构主义产品设计系统的语境元语言是使用群的集体无意识原型在特定的情境下由经验实践组成。语境元语言对个体无意识的选择,实质是集体无意识对个体情结在经验实践后的意义筛选。在结构主义的产品文本编写系统中,设计师与使用者的个体无意识情结通过经验实践的方式,被集体无意识原型经验逐一筛选并解释,不符合集体无意识价值观念及文化取向的解释则被抛弃。

语境元语言对设计师的控制:大多数设计作品有设计师个体无意识及私人化品质的表达,尤其在产品的设计修辞中,设计师将个人的"情结"带入使用群的集体无意识原型中经验解释,并转化为使用群经验实践的一部分。这样既有设计师的个性情感,也符合使用群原型的共同经验,这种重层性也是所有修辞文本的特征之一。如果设计师个体无意识情结并没有与集体无意识进行原型的经验解释,产品文本则向后结构主义转向,主体性由产品文本的意义传递向意义多元化解释转移,菲利普斯塔克的作品大多以这样的方式进行后结构的文本编写。

语境元语言对使用者的映射:使用群由众多的个体组成,每一位使用者都携带个体无意识的情结。使用者解读文本的方式,必定在语境元语言的环境范围内,依赖于集体无意识原型的经验实践获得解释。使用者依赖于集体无意识进行文本意义的解读,这是集体无意识被映射在其解释经验后的自觉的心理活动。

但会出现以下两种情况:第一,使用者无法依赖于语境元语言的规约进行准确解释时,会依赖上一个层级的集体无意识,辅助个体的无意识情结加以理解,这样产品文本的意义就在可控的范围内被宽幅解释。因此,结构主义设计师的个性化产品设计都具有在使用群集体无意识规约下的宽幅解释特征。第二,使用者已无法依赖集体无意识的经验解释来完成作品的解读，其能力元语言的释意压力迫使他去解释，因此会出现多元化的产品文本解释，任何解释都是解释，任何解释都是在元语言释意压力下的获意结果。这是后结构主义文本在使用者释意压力下的解释方式。

4.2.3 产品文本自携元语言

对产品文本自携元语言定义如下：产品文本自携元语言是使用群集体无意识中那些对产品约定俗成的界定，以及在具体产品实践活动中类型的映射，即一个产品能够被群体认定为"是这个产品"的所有规约。它对产品文本编写与解读的控制是普遍性的，没有任何一个产品文本的编写与解释能够脱离其自身属性的认定，以及周边伴随文本的影响，否则会出现解释旋涡。文本自携元语言的目的是控制设计师编写，引导使用者解读。从以下两点展开对产品文本自携元语言的讨论。

（1）产品文本自携元语言的来源与组成

产品的使用范畴与所属类型是产品文本自携元语言的主要组成部分。符号学认为，文本自携元语言来源于自身文本与伴随文本对文本解释的共同控制。产品的伴随文本几乎与产品自身文本同时存在。在自身文本意义的解释时，也会参与其中进行意义解读。所有伴随文本对产品自身文本在意义解释上的影响，都来自那个使用群的集体无意识对伴随文本的经验解释。但当伴随文本的解释意义足够强大时，会左右甚至改变集体无意识中产品的原型认知。作为伴随文本的"三鹿奶粉事件"被曝光后，影响到国内所有奶粉品牌在消费群集体无意识原型的经验解释，导致国产奶粉品牌危机，并持续至今。

（2）影响产品文本自携元语言变化的因素

作为元语言的一种，产品文本自携元语言同样有"变动不居"的特征：1. 不同使用人群的集体无意识经验对产品的不同解释，形成不同的能力元语言；2. 结构主义的产品创新与改良设计中，产品系统外的一个符号与产品文本内相关符号的解释，成为新的集体无意识原型经验，最终原型经验又以符码规约的形式进入产品文本自携元语言，成为新的规约。与此同时，那些历时性原因，不再符合集体无意识的规约，则退出产品文本自携元语言。

从宏观视角而言，当某类产品一开始作为一种功能性工具被人类创造出来时，其集体无意识原型经验仅是功能性的规约集合，产品文本自携元语言较为单一；当它进入文化符号世界，被各群体的集体无意识不断地加以经验实践，获得各式各样的文化符号，产品文本自携元语言便呈现两种倾向：一是文化属性的不断扩张，二是使用群的不断细分。可以得出这样的结论：任何一类产品的文本自携元语言的变化，都见证了这类产品从功能性符号向文化符号剧增的发展态势与使用人群细分的历程。

4.2.4 设计师／使用群能力元语言

产品文本在编写与解读过程中，能力元语言分为两类：一类是设计师在编写产品文本时，文本意义植入的符码规约临时集合，称为设计师能力元语言；另一类是使用者在解读产品文本时，文本意义重建的符码规约临时集合，称为使用群能力元语言。两类能力元语言与产品设计系统之间的关系可以做以下阐述。

（1）设计师与使用群能力元语言的规约来源

在结构主义产品文本编写系统中，设计师能力元语言与使用群能力元语言各自编写与解读的机制虽然各不相同，但两者的组分内容与内容的形成方式基本一致，因此一并讨论。

设计师能力元语言与使用群能力元语言就组分的来源而言，包含以下三类：1. 在共时性的特定环境中，使用群集体无意识对设计师编码活动与使用者解码活动做出的有选择的映射；2. 设计师与使用者各自经验积累、文化修养等众多私人化"情结"，在使用群集体无意识系统规约下的意义解释；3. 设计师与使用者在特定的语境下由认知经验而产生"情愫"，它会影响到产品文本编写意义、解释意义的情感化倾向。

（2）设计师与使用群能力元语言始终受语境元语言的影响

"环境—产品—使用群"三者之间的关系，构成语境元语言成为系统基础规约的条件。一方面，使用群内任何个体的主观意识都是集体无意识通过语境元语言在文本解释活动中的映射；另一方面，为达到文本意义的有效传递，设计师能力元语言被限定在由使用群集体无意识经验解释所构筑的语境元语言中，进行文本的编写。因此，设计师编写产品文本受控于语境元语言，使用者解读产品文本依赖于语境元语言。

（3）使用群能力元语言的释意压力

对于接收者而言，不是符号文本将意义传递给接收者，也不是接收者主动去解释文本的信息而获得意义，而是在一种不由自主的压力下的迫使行为，解释者的能力元语言强迫文本产生可解的意义（赵毅衡，2016）。这是元语言释放的释意压力，因此任何文本在元语言的释义压力下都会有意义，无论与发送者表达的一致与否，都会被解释。当设计师编写文本的规约逐步远离使用群的规约时，使用群能力元语言的释意压力也会逐步加强。

4.2.5 产品设计系统内各类元语言之间的关系

4.2.5.1 集体无意识对各类元语言的构建与相互影响机制

结合上文论述，在集体无意识基础上形成的各类元语言及其相互控制与依赖的关系，笔者以图4-2形象地加以总结。

（1）使用群集体无意识是建构产品系统各类元语言的来源与基础。

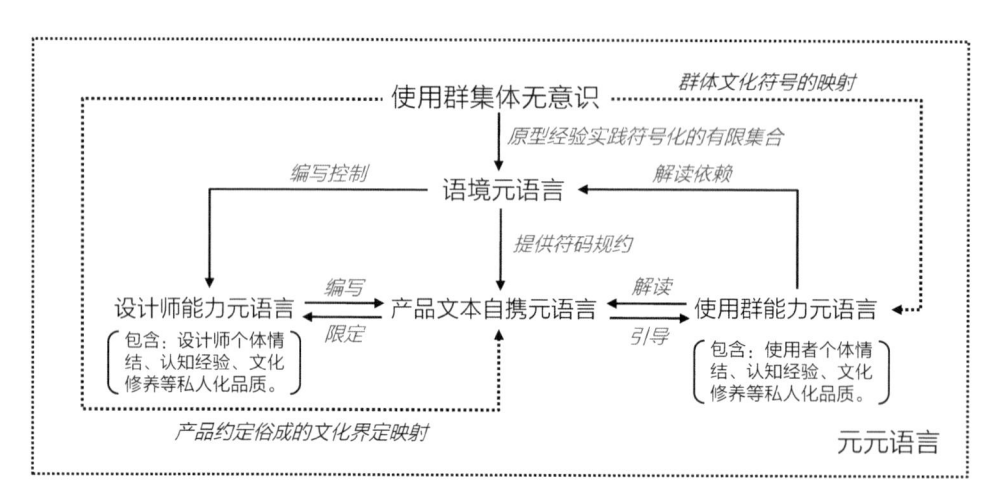

图 4-2　集体无意识与三类元语言的相互关系
资料来源：笔者绘制。

（2）语境元语言是使用群集体无意识关于该产品原型中所有相关经验实践后的符号化的有限集合，是产品设计系统的基础规约。它控制设计师能力元语言的文本编写，提供使用群能力元语言的解读依赖，为文本自携元语言提供设计活动中的符号规约。

（3）产品文本自携元语言是使用群集体无意识中那些对产品约定俗成的界定，以及在具体产品实践活动中类型的映射。它限定了设计师文本编写的内容与方向，引导使用者解读的内容与方向。

（4）使用群能力元语言是使用群文化规约的映射，虽然群体由众多个体组成，个体的认知经验、文化修养、个体情结等，被集体无意识原型经验逐一筛选并解释，不符合集体无意识价值观念及文化取向的解释则被抛弃。

（5）以使用群一方的集体无意识构建的产品设计系统，设计师的能力元语言受控于语境元语言，因为语境元语言是集体无意识中关于产品的所有文化规约的集合。就元语言关系示意图而言，设计师能力元语言与使用群能力元语言好似镜像的关系，这也表明，两类能力元语言越相似，产品文本的意义会得到越有效的精准传递，无意识设计的客观写生类设计方法就是这样的表意方式；反之，文本的意义则倾向于开放式的后结构主义的多元解释。

赵毅衡（2016）认为，社会文化所有相关的表意规约的总集合是元元语言。元元语言是一个十分笼统的规约范畴，因为它没有特定内容，更没有界限范围，因而在设计活动中，它的存在常被忽视，但它是人类所有文化活动规约的基础，任何结构主义系统的规约、后结构主义的多元意义都包含其中。当遇到后结构文本意义多元化，解读者无法依赖集体无意识经验实践获得意义解释时，只能依靠社会文化符号的总集合，元元语言这时就显露了出来。元元语言是使用者解读产品设计作品时，无法依据其所在群体集体无意识规约进行解读后的最后依赖。

4.2.5.2 设计师能力元语言是产品设计系统的"介入者"

结构主义产品设计系统的各类规约建立在以使用群一方的集体无意识的基础之上。为有效传递编写的文本意义，外来的"介入者"身份的设计师如若进入系统，必须被系统内各类元语言规约控制，控制设计师能力元语言编写文本的各种方式，也是设计师能力元语言介入产品文本编写系统进行文本编写的各种方式（见图 4-3）。

因此，设计师既是系统中产品文本的编写者，也是这个系统的外来介入者。设计师能力元语言除了被使用群集体无意识映射与规范的那部分之外，还包含其个体的文化修养、生活经历、经验积累、个人情结，以及在设计产品的环境下产生的情愫等众多的私人化品质。

设计师能力元语言与系统内各元语言形成不同的交集方式，体现了其私人化品质以不同的方式参与产品文本的编写，从而出现不同的文本编写与解读方式，同时形成不同风格特征的设计作品，对此将在第七章详细讨论。

4.2.5.3 产品设计系统内各元语言的从属关系

产品设计系统中的语境元语言是整个系统的基础规约，它是集体无意识关于该产品所有文化活动信息被符号化后的全部映射。它可以被认为是在具体的产品设计活动中使用群集体无意识的"代言人"。结合图 4-3 加以阐述。

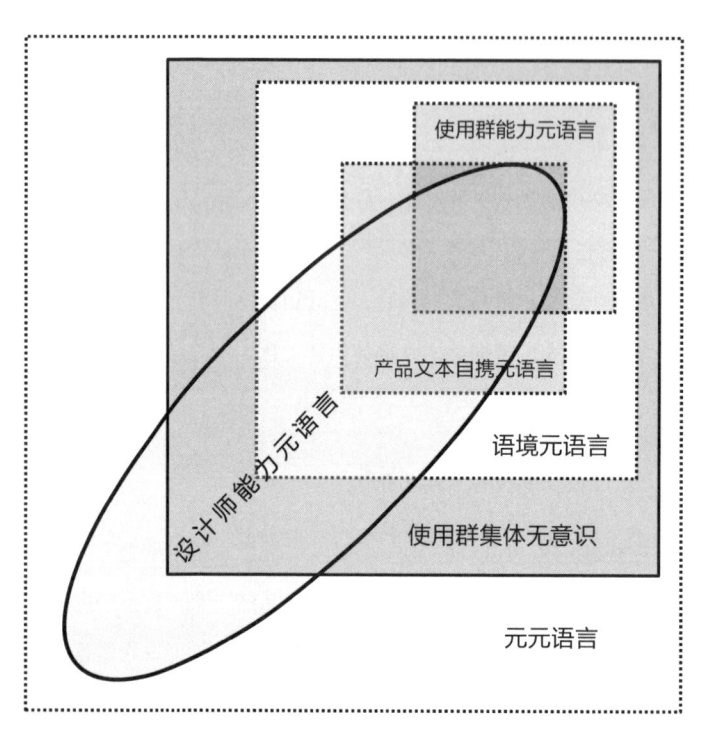

图 4-3　产品设计系统内各类元语言的从属关系
资料来源：笔者绘制。

（1）语境元语言是使用群集体无意识的子集

语境元语言不是集体无意识原型经验解释的全部，而是群体内每一次产品经验实践时其相关的所有文化规约的全部。语境元语言"代言"的是集体无意识原型每一次经验实践时产品表意规约的临时集合，它是使用群集体无意识的有限集合。

（2）产品文本自携元语言是语境元语言的子集

集体无意识的原型是一种象征而不是符号，只有当其在特定条件下被经验实践，并被解释后才能成为符号，这些符号的规约集合构成语境元语言，它为设计活动划定了具体的范畴与内容，为产品文本自携元语言提供约定俗成的解释与界定的符码。同时,产品文本自携元语言来源于自身文本与伴随文本对文本解释的综合控制,产品伴随文本以社会文化规约的方式存在于社会环境的语境元语言之中。

(3)使用群能力元语言是语境元语言的子集

使用者对语境元语言在解读上具有依赖性。使用者个体对产品解释的经验大部分源于集体无意识在其自身的映射。作为使用者元语言映射源的集体无意识,只有通过经验实践,形成语境元语言的符码集合后,才能为使用者提供有关产品可以被解释的符码规约。另外,使用者解读产品的经验不全部是来源于集体无意识的映射,还有一部分来自使用者的文化修养与经验积累,以及个体无意识情结与私人化品质。所有这些,必须在具体的解读实践中获得语境元语言的筛选与认可。

(4)产品文本自携元语言与使用群能力元语言是交集的关系

之所以两者之间是交集而不是重合的关系在于:首先,集体无意识对群体内使用者关于产品文化规约的映射,是群体内每一个体在集体无意识原型经验实践中的意义获取,个体对集体无意识原型的经验实践内容是有限的,映射的内容也就有限;其次,因使用者个体包含其文化修养、生活经历、经验积累、个人情结,以及他在使用产品的环境下产生的不同情愫等,每一个体对同一原型进行经验实践,也会获取不同的符号解释。因此,使用群能力元语言与产品文本自携元语言的差集部分可以理解为,使用者凭借个体意识及文化素养对产品解释过程中凸显出主观因素的那部分内容。

最后,对于以上所有元语言之间的包含关系,可以借用罗素的观点加以总结:元语言可以分出多个层级,每一层元语言的结构无法自我说明,只能依赖于其上一个层级的元语言进行描述。上一个层级的元语言在内容与本质上,总比下一个层级更丰富(赵毅衡,2016)。因此,被包含的子集元语言在产品文本编写与解读时,对包含它的上一层级元语言有更多的依赖。这也是通过上一层级元语言所包含的诸多经验,以经验完形的方式进行意义解释的过程。

4.3 结构主义产品文本编写系统的符形分析

系统结构就是连接相互依赖的元素的关系网（斯文·埃里克·拉森、约尔根·迪耐斯·约翰森，2018）。讨论结构的问题，不单单是讨论结构的类型与组成内容，更多的是探讨连接结构各组成间的规则，以及系统结构的工作原理及流程。结构主义符号文本的主体性是意义的有效传递，上一节从结构主义产品文本的设计师编写至使用者解读所构成的产品设计系统出发，讨论了为达成文本意义有效传递的目的，产品设计系统以使用群集体无意识为基础建构的三类元语言，以及它们之间的相互关系。

4.3.1 产品文本编写系统与产品设计系统的从属关系

产品文本编写系统与产品设计系统之间的关系可以做以下区别：皮亚杰（2010，页121）认为，所有的结构在构造的过程中都存在上下层级的关系，即结构建造过程中存在具有相对性的层级关系，结构规模范畴存在着大小概念。他总结出这样的规律：一个结构层级的内容是下一个结构层级的形式，一个结构层级的形式是上一个结构层级的内容。产品设计系统则是指设计师编写文本与使用者解读文本的完整的传递过程，而产品文本编写系统则是其下一个层级（见图4-4灰色部分），也是其内部的一个组成，即设计师如何在产品设计系统内进行产品文本的编写。

从符号学的角度而言，任何一项产品设计活动都是一个符号与产品文本内相关符号相互解释的过程。本节将讨论一个符号进入产品文本编写系统中，与其相关联产品符号进行相互解释的文本编写流程，即从设计师的编写者视角，讨论产品设计文本编写系统的构架组成、编写系统内各类元语言之间的关系所形成的文本编写流程。

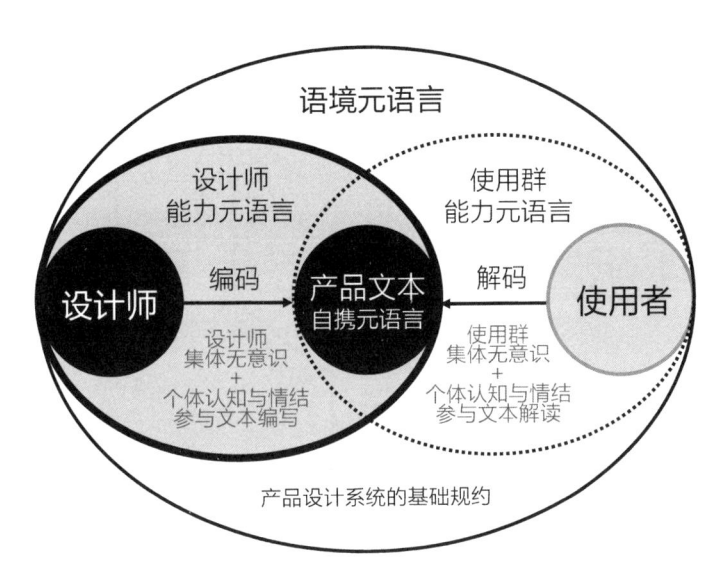

图 4-4　产品设计系统与产品文本编写系统的从属关系
资料来源：笔者绘制。

4.3.2 拉兹洛系统结构基础模型的组成与工作流程

美籍匈牙利系统哲学家欧文·拉兹洛（Ervin Laszlo）在皮亚杰有机论结构主义的整体性、转化性、自我调节三大特征的基础上，绘制了系统结构基础模型（见图4-5），以下简称"基础模型"（欧文·拉兹洛，1997，页9），并阐述了结构如何在变化过程中保持稳定性与整体性，以及结构自身如何进行转化与自我调整的过程和方式。

基础模型主要由噪声源（E）、输入（P）、编码中心（以下简称：编码C）、输出（R）四部分组成，它们的循环顺序是：E → P → C → R → E。四部分相互关系及具体工作顺序可以表述为：

1. 噪声源（E）：是指在一定的环境或限定的范围内，所有被允许或将要进入系统结构的信息集合，信息以编码的方式被输入系统结构中。

2. 输入（P）：这一部分自身携带系统结构的原始规则，它是进入结构内各类信息的过滤器，负责筛选进入系统且符合编码规则的各类信息；对于编码方式而言，它是输出（R）的

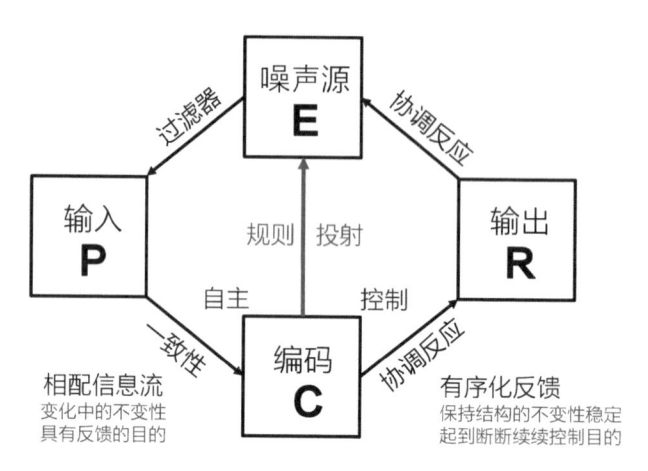

图 4-5　系统结构基础模型
资料来源：欧文·拉兹洛（1997）。

参照对象。当系统结构处于相对平稳的持续发展循环时，输入（P）会将自身携带的原始规则以"适配信息流"的方式传送给编码（C），编写处理进入系统结构的信息。

3. 编码（C）：它是系统结构的核心部分，输入（P）的原始规则以及进入系统的信息编码工作在此完成。编码（C）的具体任务为：对进入系统且符合输入（P）规则的信息，按照规则进行重新编码加工，新介入的信息在此成为系统结构的组分，生产出规则一致、内容不一的最后结果，以此保证结构在编写中的稳定性。

4. 输出（R）：是系统结构最后的输出结果，它对进入系统的信息按照结构的规则进行编写加工后，保持与输入（P）在规则上的一致性。输出（R）则对应输入（P）与编码产生特殊的"协调反应"。这个特殊的协调反应不会在输出（R）部位就此终结，它会把协调反应传送到噪声源（E），便于它内部其他的各类信息在下一次筛选时符合系统结构的要求，以此完成在稳定状态下系统结构周而复始的简单循环。

基础模型反映了人类思维最简单的信息流加工处理方式。这一方式通过规则引发的控制和适应功能，从噪声中得到信息，以此维持一个有利于系统表征的环境，并维持在这个环境中持续表征的稳定性（欧文·拉兹洛，1997）。基础模型具有广泛的适用性，尤其适用于人类经验领域的结构和信息流过程，这是因为人的生物遗传属性决定了这个信息流加工模式，并清晰指出精神现象与信息过程的差异与联系，即人类心灵与人工智能之间的差异与联系。各类复杂的人文与科技活动，以对生物信息流模型的仿生并深化的方式，有效达到人类文化领域各个系统的稳定持续发展。

4.3.3 产品文本编写系统的结构组成要素

基础模型具有广泛的应用价值，不仅在系统论领域被作为基础的模型，同时在各类科技、人文等，凡是涉及系统与结构的各类具体实践课题中，皆得以继续发展运用。当产品设计作为设计师经验与环境信息在设计活动中进行编码加工后，成为意图表达的产品文本，其被系统结构基础模型进行设计流程的分析则更具必要性。

从设计师参与设计活动的视角而言，可以将产品设计活动视为一个在产品使用群集体无意识基础范围内，在各类元语言规约下进行的文本编写过程。这个过程同样具有系统结构的特征，其系统的结构组成要素与基础模型组成要素的对应关系见图4-6。

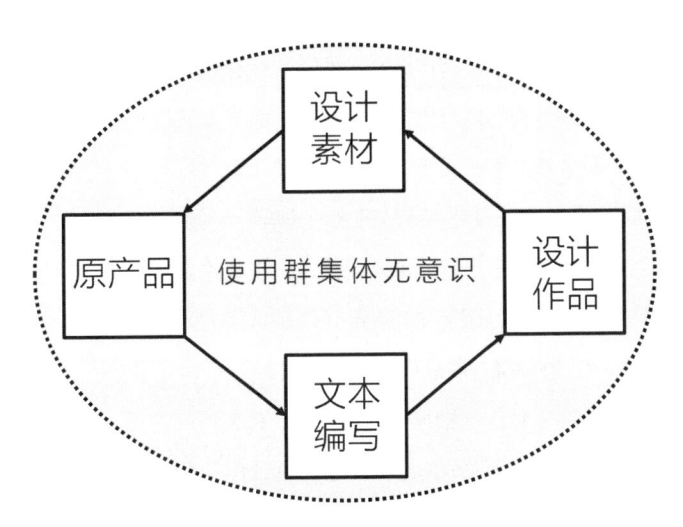

图4-6 产品文本编写系统的组成
资料来源：笔者绘制。

1. 设计素材：这一部分对应基础模型的"噪声源（E）"，它是使用群关于某种产品所有生活经验的集体无意识范围内，被设计师挑选后允许或将要进入编写系统的符号集合。与基础模型不同的是，设计素材是设计师在使用群集体无意识经验基础上，具有主观能动性地挑选、分析、判断后的意义解释。基础模型的"噪声源"由信息组成，而"设计素材"则是携带感知的符号。这些符号代表了使用群的物质需求与精神需求，并尝试进入编写系统与原产品进行意义解释、文本编写。

2. 原产品：这一部分对应基础模型的"输入（P）"，它发挥设计素材符号进入编写系统的过滤器作用。原有产品事先已携带可以被使用群认定为那个产品的众多原始规则。设计师在选择、判断使用者新的物质、精神需求时，必须以此作为模板及标准进行筛选。

3. 文本编写：这一部分对应基础模型的"编码（C）"。从符号学而言，产品设计活动是对原有产品文本的再次解释过程，设计师主观选取的设计素材符号以符码的形式进入产品文本进行编码，并成为合一的表意新文本。文本编写是在三类元语言规约下的文本编码活动：1. 作为产品设计系统基础规约的语境元语言；2. 产品自身类型携带的产品文本自携元语言规约；3. 设计师自身设计水准的能力元语言规约（见图4-7）。设计作品是三类元语言相互牵制、共同影响、协调统一的最终结果呈现。

4. 设计作品：这一部分对应基础模型的"输出（R）"，它是在三类元语言的控制与影响下完成的编码活动。设计作品又会成为"原产品"，为之后的设计活动提供借鉴的前文本。正因如此，产品文本编写系统呈现历时发展的循环上升态势。

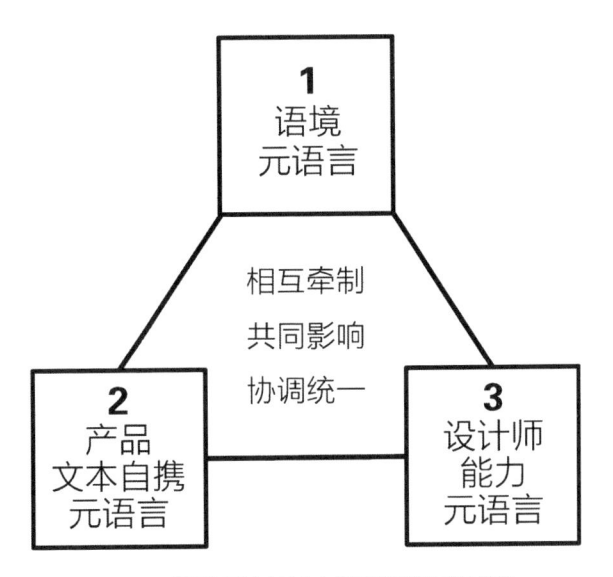

```
         ┌─────────┐
         │    1    │
         │  语境   │
         │ 元语言  │
         └─────────┘
           相互牵制
           共同影响
           协调统一
┌─────────┐       ┌─────────┐
│    2    │       │    3    │
│  产品   │       │ 设计师  │
│文本自携 │───────│  能力   │
│ 元语言  │       │ 元语言  │
└─────────┘       └─────────┘
```

图 4-7 共同作用于产品文本编写系统的三类元语言
资料来源：笔者绘制。

4.3.4 拉兹洛基础模型与产品文本编写系统在结构上的对应关系

皮亚杰（2010）认为，系统结构由两部分组成：1. 组成系统的各事物及其构造形式；2. 系统内部事物与事物之间的相互关系，这些关系形成具有某些转换规律的、具有自身调节功能的图式体系。结构主义者普遍认为，讨论结构的问题不单单是讨论结构的式样与组成内容，更重要的是探讨连接结构各组成间的规则。因此，基础模型在产品文本编写系统中的运用，不但要考虑两者在组成与构造上的对应关系，即上一段讨论的内容，同时要讨论产品文本编写系统中各组成间的相互关系，而这些关系以组成所对应的元语言规约的形式存在。

至此，可以总结为：产品文本编写系统的符形研究，是对系统的各组成及其所对应的元语言规约的图式研究。为此，笔者绘制了基础模型与产品文本编写系统各组成式样的对应关系，以及系统内各组成所对应的元语言规约（见图4-8）。对于这两种对应方式将分别进行表述。

（1）第一种对应：基础模型与产品文本编写系统在结构组成上的对应

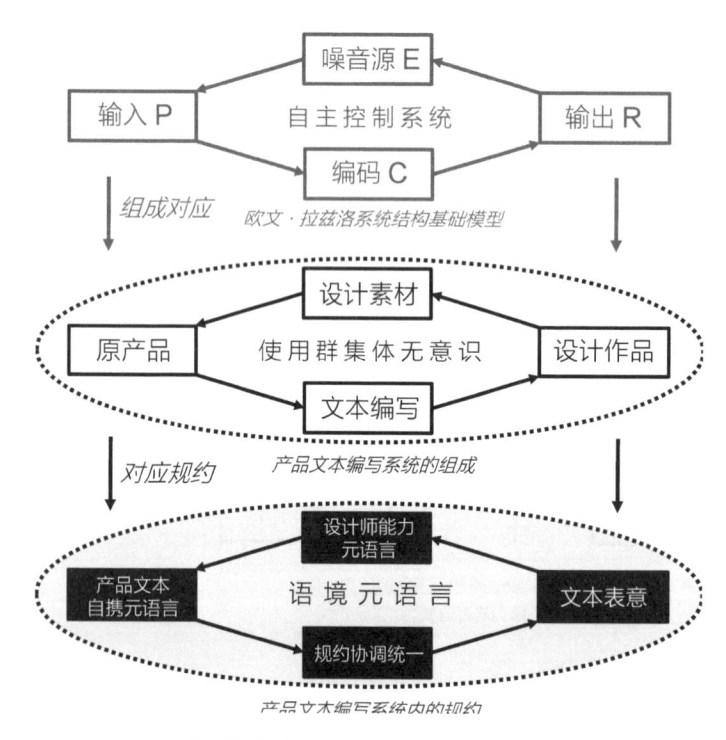

图 4-8　基础模型与产品文本编写系统的组成及其元语言的对应
资料来源：笔者绘制。

笔者将产品设计活动分为四个组成，并建立与基础模型内的组成相对应的关系：噪声源（E）对应"设计素材"；输入（P）对应"原产品"；编码（C）对应"文本编写"；输出（R）对应"设计作品"。这一种对应关系的分析，上一段已有表述。

（2）第二种对应：产品文本编写系统内各组成所对应的元语言规约

产品设计文本编写过程中的四个组成与其相对应的规约可以理解为：设计素材对应"设计师能力元语言"；原产品对应"产

品文本自携元语言"；文本编写对应"三类元语言规约（语境元语言、设计师能力元语言、产品文本自携元语言）的协调统一"；设计作品对应"文本表意（三类元语言最终的协调结果）"。

欧文·拉兹洛的基础模型传输、筛选的是信息，可视为"自主控制"的系统，讨论系统各组成的构建方式以及系统的工作流程是研究自主控制系统的主要任务；产品文本编写系统中传输、筛选的是经过设计师意义解释后携带感知的符号规约，它是设计师"主观参与"的系统，这是两个系统间最大的差别。因此，探讨产品文本编写系统内规约的组成，以及各类规约之间表现出的牵制与相互影响的协调统一关系，才是研究产品文本编写系统的有效路径。

4.3.5 结构主义产品文本编写系统的工作流程

对皮尔斯逻辑－修辞符号学理论来说，产品文本编写系统的工作流程可以看作一个被设计师筛选后的外部符号介入系统，与产品原有文本内相关符号以意义解释的修辞方式进行文本编写。需要指出的是，外部符号本身不能和产品文本内相关符号进行相互解释，可以相互解释的是两造符号指称关系与各自解释项所形成的意指关系，即符号的符码，因此，文本编写的具体方式是对修辞两造指称进行不同方式的改造，而获得不同的修辞格文本。

根据上几节的讨论,笔者绘制了"产品文本编写系统模型"（见图4-9），模型由四部分组成，各组成下方标注了所对应的元语言，并以一个外部符号进入产品文本编写系统内，与各组成间的工作机制进行文本编写的流程分析。

（1）语境元语言是文本编写系统的"系统元语言"

产品文本编写系统的语境元语言是"设计素材"的符号规约来源。一方面，任何产品的设计目的都源于需求，需求是产品文本编写系统得以运行及持续发展的首要动力源。使用群的需求可分为物质需求与精神需求，这些需求以显性或隐性的方式存在于使用群的日常生活经验之中。使用群日积月累的生活经验沉淀为集体无意识，集体无意识由原型构成，只有当原型在与该产品相关的特定环境中被经验实践解释后才能成为符号。

另一方面，结构主义产品设计的主体性是以意义的有效传递为目的，以使用群集体无意

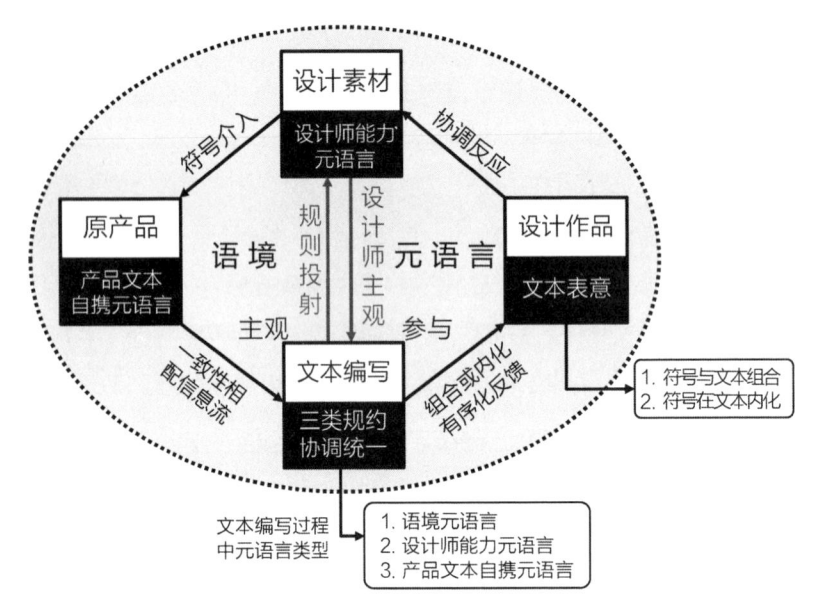

图 4-9　产品文本编写系统模型
资料来源：笔者绘制。

识为基础建构的语境元语言，可以被认为是使用群规约的"代言人"。语境元语言是集体无意识关于产品所有文化信息被符号化后的全部映射，它可被视为整个产品文本编写系统的"系统元语言"，也是设计活动整体性的控制规约。设计素材是设计师对使用群考察后经挑选进入系统结构的符号集合。

（2）"设计素材"是设计师能力元语言对符号规约的发掘与创造性解释

"设计素材"是设计师能力元语言对语境元语言中那些客观存在的或是经过设计师主观创造性解释后，符合使用群集体无意识规约的符号集合。因此，语境元语言存在两类可以进入产品文本编写系统的符号规约：一类是经过设计师的考察，发掘出客观存在的那些适合的符号规约；另一类是设计师对语境元语言内的符号规约依照使用群集体无意识创造性解释至合适程度的那些符号规约。这两类符号规约分别与深泽直人提出的无意识设计两大类型相对应：第一类符号规约对应的是客观写生类，其细分为直接知觉符号化与集体无意识符号化两种设计方法，设计师分别在使用者生物属性及文化属性的环境中，发掘使用群认知过程中那些"先验"的客观存在，对其进行符号化解释，使之显性化；第二类符号规约对应的是寻找关联类，设计师对使用群社会文化中约定俗成的"既有"符号规约进行创造性的解释，使之符合使用群的集体无意识。

语境元语言为设计师提供选择符号的范围与内容，设计师凭借自身能力元语言主观性选择符号与创造性解释符号，使之成为可以输送到编写系统中的符码。设计师能力元语言是编写系统的另一动力来源。其动力表现在设计活动中的主观参与和个人意识的表达。在产品文本编写系统中，设计师能力元语言通过规则投射的形式，受控于语境元语言与产品文本自携元语言，因此呈现出被规约控制与主观释放的重层特征。

（3）"原产品"中的产品文本自携元语言是设计活动中的类型参照

克里斯蒂娃的文本间性理论指出，任何文本的编写都是对于之前引用语（quotations）的镶嵌，或者是再加工（mosaic）；任何文本的形成都以吸收和转换其他文本作为编写的基础（Kristcva，1986）。任何产品设计的文本编写都是设计师在前一产品文本基础上的再次解释，因此并不存在"无中生有"式的产品创新。"原产品"不是特指某一款产品，而是使用群对那一类产品约定俗成的判定模板，与"原产品"相对应的产品自携元语言是使用群集体无意识原型对该类产品在特定文化环境下约定俗成的解释与界定，并在使用者认知经验上的映射。

产品文本自携元语言是语境元语言的子集，语境元语言为产品文本自携元语言提供约定俗成的解释与界定的符码内容。在产品文本编写系统中，产品文本自携元语言负责筛选介入系统的外来符号，使其具有可以被使用群判定为"是那类产品"或"像那类产品"的倾向，以此保持系统的稳定性。

文本自携元语言来源于自身文本与伴随文本对文本解释的共同控制。显性伴随文本、生成性伴随文本、解释性伴随文本构成伴随文本的三大类型（赵毅衡，2016）。当下的信息化时代，以网络为媒介传播的伴随文本对产品自身文本意义的解读会带来诸多影响，甚至伴随文本会转向为自身文本的主体地位，左右文本编写系统的规约内容和方向。

（4）"文本编写"是三类元语言协调统一的活动

文本编写部分是系统的核心区域，在这里有语境元语言、产品文本自携元语言、设计师能力元语言三类元语言相互交织、共同控制文本的编写活动。具体表现为：

首先，被设计师能力元语言选择或创造性解释后的外部符号，以适切性方式选择产品文本内相关符号进行意义的解释，以修辞方式编写为合一表意文本；其次，语境元语言是系统的基础规约，它控制并要求设计师的文本编写必须适应于使用群的生活文化、行为习惯；最后，产品文本自携元语言控制并要求设计师设计的产品可以被使用群进行准确的产品类型识别，并维持原产品系统的稳定性。可以认为，产品文本编写活动是设计师个体意识的能力元语言，在产品文本编写系统内的语境元语言、文本自携元语言共同控制与约束下，协调与统一的过程。

（5）"设计作品"是文本编写的结束，也是下一次编写工作的开始

如果就一项具体的设计项目而言，设计作品的呈现即文本编写任务的完成，但作为文本编写系统而言，会继续不间断地循环：首先，设计作品所呈现的新符号被社会文化所接纳，经过日积月累的反复出现，这个符号有可能会成为一种象征，成为使用群集体无意识原型的组成部分，同时也进入产品文本自携元语言当中，新增加的符号成为语境元语言新的组成；其次，进入语境元语言与产品文本自携元语言的新符码规约，会自动成为控制下一次产品文本编写活动的新标准。这种循环方式使得产品设计与使用群的集体无意识紧密捆绑在一起：设计师带来的创新产品增加了使用群生活文化的集体无意识经验积累；使用群的集体无意识经验中社会文化符号的增加与淘汰，影响产品设计系统中各规约类型的符码增加与淘汰。

4.4 产品文本编写系统的特征总结

4.4.1 主观参与型系统的两种动力源

产品文本编写系统不是自主控制系统，而是主观参与系统。系统具有使其持续发展的动力源，动力源分别来自：1. 使用群的需求是系统发展的第一动力源，也是根本动力源；2. 设计师的主观参与作为另一动力源，其任务是努力完成使用者的需求，需求以符号规约方式介入系统，并在系统规约的限定下进行主观意识的表达，编写为合一表意的新产品文本。设计师动力源在系统的各个阶段分别具有考察、选取、解释、编写的主观方向性，正因如此，产品设计活动才能形成文本表意的不同方式和各类设计风格倾向。

动力源也可以作为瓦解系统结构的有效方式，是结构主义向后结构主义转向的有效手段。一方面，德里达与巴尔特均认为，对系统结构的瓦解手段主要来自解释者对符号文本的"延异"和"撒播"阅读；另一方面，设计师在产品文本编写中，利用其能力元语言具有的动力，改变甚至瓦解原有的封闭系统结构，摆脱系统内元语言的控制与束缚，设计活动的主体性自然由意义的传递向任意开放式解释转变。设计师能力元语言作为系统的动力源之一，其自主性与方向性对系统结构的瓦解以及向后结构的转变，提供了具体实施的策略。

4.4.2 原产品文本与设计文本间的映射关系

马谢雷从巴尔特的《结构主义活动》一书中获得启发认为，一切结构主义的结构目的是在维护原有对象的规则前提下，去模拟另一个被赋予了一定兴趣的新对象，因此在新对象身上可以看到一些兴趣物区别于原有的被模拟对象。他接着认为，结构主义的实践是一种重复性的活动，它一方面保证了对结构规则的忠实度，另一方面在再次实践时发现原有对象新的意义（徐崇温，1987）。由此可见，"原有对象"与"新对象"之间呈现一种类似镜像的映射关系，即规则一致、内容不同。

马谢雷所说的"原有对象"与"新对象"在产品文本编写系统中，可被视为"原产品"与"设计作品"。可以得到这样的结论：在产品文本编写系统中，原产品文本与设计文本的映射关系，既是设计活动对规约遵循的表现，又是在规约基础上的内容创新。

4.4.3 设计师在文本编写过程中的使用者角色充当

能力元语言分为设计师编写能力元语言与使用者解读能力元语言。产品文本编写系统结构是以设计师编写者的视角进行的讨论，文本编写过程中使用者虽然不在场，不代表使用者的诉求与对产品文本解读方式的消失，反而使用群能力元语言会以多种方式，反复出现在整个文本的编写过程中。同时，设计师必须担当并扮演使用者的角色，在编写中反复按照使用者可解读的规约对文本进行修正。具体表现为：

第一，语境元语言与产品文本自携元语言的所有规约都是使用群能力元语言解读文本时所依赖的符码。两类元语言对设计师能力元语言的控制与影响，其实质是要求设计师在使用群可以解读出的各类规约范围内进行文本的编写活动。

第二，文本编写的"规则投射"是对语境元语言规约的验证，即文本的编写是否符合使用群的集体无意识经验解释，以此在编写过程中随时及反复地修正。以使用者视角修正完善，不单单体现在设计作品的完成阶段，对于文本编写中的"规则投射"也是如此。

第三，设计界一致认为，设计师是产品的第一位使用者，任何一位合格的设计师，都需要学会角色扮演，在产品文本表意的反馈中，充当使用者的角色，用使用群的能力元语言尝试对自己设计的文本进行解读，以此提出修正和完善的意见，文本编写系统中设计作品的"协调反应"便是这些内容。因此，一个合格的设计师，首先要充当一个合格的使用者，以使用群能力元语言的解读方式不断在编写中对文本加以修正。

4.4.4 产品文本编写系统在结构上的层级关系

皮亚杰（2010）认为，不存在没有构造过程的结构，无论是抽象的构造过程还是发生学的构造过程，所有的结构在构造的过程中都存在上下层级的关系。结构建造过程中存在相对的层级关系，结构规模范畴存在着大小概念。对于结构系统抽象的组成与组成间的相互关系、结构间的层级关系，皮亚杰（2010）认为以图式方式进行分析是最为有效的手段。

捷克数学家、逻辑学家库尔特·哥德尔（Kurt Gödel）将结构区分为多与少、强与弱的概念，而且最强的结构都是在初级弱结构的基础上建立起来的，概念与范畴层层递进的抽象结构系统成为永远不会完结的构造过程。皮亚杰认为，这个不会完结的整体结构构造的过程必定会受到形式化规则的限定，于是在结构的构造过程中，出现不同的形式层级与内容层级。他对不同层级的结构形式与不同层级文本内容之间的研究方式总结出这样的结论：一个结构层级的内容永远是下一个结构层级的形式，一个结构层级的形式永远是上一个结构层级的内容（皮亚杰，2010）。

结构的层级理论在产品设计活动中可理解为：

第一，某一层级结构的内容与形式在存在的关系上永远是相对的，它的形式对于上一层级结构而言是内容，它的内容对于下一层级结构而言则是形式。将一款微波炉设计项目视为"结构2"（见图4-10），与微波炉相关的饮食习惯、生活方式规约则是上一层级"结构3"，而与微波炉具体设计相关的造型、材质、功能、操作等内容则是下一层级"结构1"。

第二，皮亚杰认为所有的发生过程都是一个结构向规模较强的结构寻找形式规约，向规模较弱的结构寻找内容，结构永远是一个转换的体系，转换的动力是预先形成的系统工具（皮亚杰，2010），也就是我们所说的设计方法。设计方法是产品系统结构各个层级可以相互过渡的手段，因设计方法的不同，对结构层级的寻找范围以及内容也各不相同。以材料为内容的设计方法，其关注的结构层级内容与加工工艺有关；以感知表意为内容的设计方法，其关注的结构层级内容与符号感知有关。

第三，对两个系统结构进行讨论比较时，首先要确定两者各自所在的层级，这是结构间可以被讨论的首要前提。从艾柯对皮

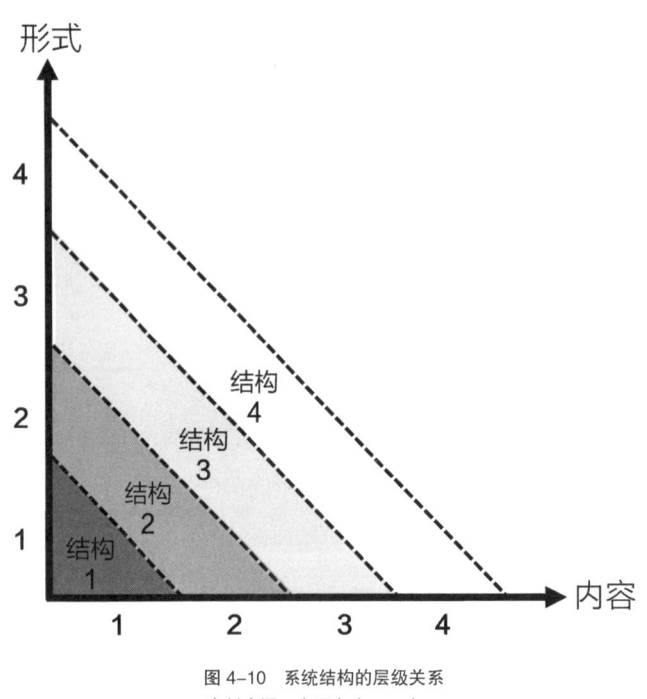

图 4-10 系统结构的层级关系
资料来源：皮亚杰（2010）。

尔斯符号学的无限衍义提出的警告而言，任何结构跨越的讨论都存在封闭漂流的危险。产品系统的层级关系不但决定同一层级不同类型产品之间的比较与融合要依赖于它们的上一层级的内容作为自身所在层级的形式规约，同时，某一类型产品的未来发展趋势，不是靠这个产品自身层级的结构就可以决定的，而是将其上一个层级中的内容如何发展来作为这类产品未来发展的形式规约。

4.5 本章小结

深泽直人无意识设计中的"无意识"特指使用群的集体无意识。无意识设计的全部设计活动都围绕四种符号规约展开，客观写生类的两种设计方法以产品系统内部两种符号规约的生成与意义传递为文本编写目的。

集体无意识在无意识设计活动中的任务在于：1. 使用群的集体无意识为客观写生类的"集体无意识符号化"设计方法提供符号规约的来源；2. 无意识设计是典型的结构主义产品设计，结构主义讨论的不单单是结构内的组成与形式，更将组成间的关系视为研究的重点，组成间的关系以元语言的规约形式出现。产品设计系统内的元语言分为语境元语言、产品文本自携元语言、设计师/使用群能力元语言三类（四种）。它们都是以使用群集体无意识为基础建构而成的。

产品文本编写系统是产品设计系统的下一层级。符形学的图式是研究产品文本编写系统的有效手段。欧文·拉兹洛基础模型则具有积极的借鉴价值。但与之不同的是，产品设计活动的文本编写系统都是"主观参与"型，这是由设计师是设计活动的主体所决定的。产品设计是设计师主观参与的人文活动，而非自主控制的科技行为。

设计师是设计活动的主体，其能力元语言在文本编写系统的限制与束缚下获得有限的主观释放，设计作品的呈现是设计师主观意识在系统内三类元语言规约控制下的协调与统一。

第 5 章　无意识设计寻找关联类的修辞方式

5.1 修辞两造指称关系作为产品修辞研究的基础

符号学视角可将产品设计定义为一个外部符号与产品内相关符号的相互解释；从皮尔斯逻辑 - 修辞符号学的普遍修辞理论而言，产品设计活动是符号与产品间普遍的修辞。因此，符号与产品间利用各自指称关系进行不同方式的解释，形成产品的不同修辞格；始源域符号指称在产品文本内编写分为"联接""内化""消隐"三种方式，它们可以通过指称关系的"晃动"形成渐进的关系，并成为新的修辞格。

深泽直人将无意识设计分为"客观写生"与"寻找关联"两大基础类型。客观写生是将产品系统内部的使用者生物属性"直接知觉的符号化"（详见第 3 章）与"集体无意识的符号化"（详见第 4 章）作为文本编写内容与传递目的；寻找关联则是强调产品外部的一个文化符号与产品文本内部相关符号间的关联性解释，也称为产品修辞。本章将着重讨论无意识设计寻找关联类的修辞方式，对其研究方式以修辞两造（在修辞活动中，将始源域符号与目标域符号合称为"修辞两造"，以下同。）指称关系为基础，以始源域符号进入目标域产品文本内，通过"联接、内化、消隐"三种不同的编写方式为路径进行讨论。这不但是对寻找关联类修辞方式的研究，也是本课题以创新方式研究产品修辞的首次尝试。

寻找关联类的设计方法按照符号与产品间修辞的方向分为两种：文化符号修辞产品、产品修辞一个文化符号（详见第 6 章）。课题对寻找关联类设计方法的细分，并没有按照指称关系的三种编写方式或修辞格的种类进行，因为：1. 无意识设计系统方法按照符号规约的来源及文本编写目的进行分类；2. 寻找关联类的修辞方式并没有对结构主义产品设计常用修辞格进行全覆盖；3. 各类修辞格之间存在渐进的变化，以及修辞格之间的区分存在使用者判定的模糊边界。以上都会在本章中做出论述。

5.1.1 两造指称共存是修辞文本结构的本质特征

为便于本章的讨论，首先要提出两个符号学概念：1. 指称关系（reference），索绪尔语言符号学认为，指称关系是能指指向所指的过程。皮尔斯逻辑 - 修辞符号学认为，指称关系是指符号"再现体"与"对象"关联的方式，指称关系由一个明确的客观实体关系转变成为不确定意义的衍义过程（胡易容，赵毅衡，2012），学界也将其简称为"指称"。2. 指称物

(referent）是皮尔斯符号三分式中再现体所指向的那个"对象"。当符号的接收者解释出"对象—再现体"组成的指称关系所表达的意义后，再现体就会指向与其相关的那个对象，这个对象即再现体的指称物（胡易容、赵毅衡，2012）。

同时，需要表明一组修辞概念在不同研究领域中的称谓差异：产品设计是一个符号对产品文本内相关符号的修辞解释。在修辞学研究领域，这个符号称为"喻体"（vehicle），产品文本内的符号称为"本体"（tenor）。在认知心理学理论中，喻体被称为"始源域"（source domain），本体被称为"目标域"（target domain）。始源域，是指我们熟悉的文化生活经验、概念范畴，并对它们有着较为丰富且明确的心理感知；目标域，是指我们需要认识的事物，它是抽象的，且是我们无法直接表述或理解的事物概念或其某些品质。本课题以使用者"知觉—经验—符号感知"的完整认知过程，作为论述与章节的框架。同时，为与第三章、第四章以使用者认知方式的研究保持一致，课题采用认知心理学对修辞研究的术语"始源域"与"目标域"。

5.1.1.1 两造指称关系共存是判断修辞的唯一标准

第一，皮尔斯逻辑-修辞符号学认为，一个符号的意义必须通过另一个符号的解释而获得（赵毅衡，2016）。产品设计可视为一个外部符号与产品文本内相关符号之间的修辞解释，新的产品文本是在原有文本上修辞后的获意。皮尔斯将符号分为"对象—再现体—解释项"三部分，其中对象与再现体组成一组指称关系，解释项是这组指称关系解释后的意义感知，符号的感知无法直接获得，只能通过对指称关系的解释获得，即"（对象—再现体）—解释项"的关系。

第二，修辞是通过把这个事物看成另一个事物，从而认识这个事物（汲新波，2017）。我们用"事物1（始源域）"当中某种品质所具有的熟知感知，去解释另一"事物2（目标域）"当中某种品质的未知感知，即"符号2"的意义必须通过"符号1"的感知"解释项"的解释而获得（见图5-1）。两符号的指称关系在此过程中的作用，可具体分析为：

（1）始源域"符号1"的感知是以抽象的形式存在的，其感知抽象性无法直接解释目标

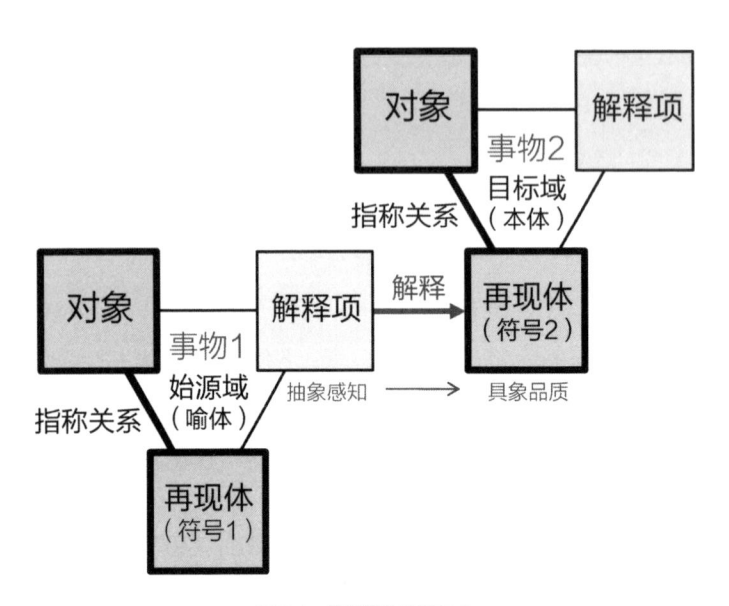

图 5-1 符号间的修辞方式
资料来源：笔者绘制。

域"符号 2"的品质，它必须依赖于人类五感所能触及事物的"对象"及其"品质"，组成一组始源域的"对象—再现体"指称关系，在此基础上获得解释其他事物品质的感知。

（2）被解释的目标域"符号 2"的那种品质，必须依附于该符号的对象才能体现品质的存在，同样组成一组目标域的"对象—再现体"指称关系。因此，当"符号 1"修辞解释"符号 2"，组成的修辞文本结构内就有了一对（始源域与目标域）不可分割的指称关系，从而达到感知对品质的解释。

（3）如果说修辞是"符号 1"的感知对"符号 2"的品质的解释，倒不如说是"符号 1"的指称关系形成的感知，对"符号 2"指称关系中品质的解释，这样表述更精准详细。在修辞的过程中，以及最终的修辞文本结构中，两造的指称关系必定始终存在。如果再现体的品质消失，作为对象的事物则成为纯然之物；如果对象消失，品质也就根本不存在了。

第三，理查兹认为，要判断文本表达是否使用了修辞，可以看文本结构中是否同时出现了喻体（始源域）和本体（目标域），两者是否共同作用产生了一种包容性的意义。文本结构如果能够分离出至少两种互相作用的意义,那就是使用了修辞(束定芳,1997)。深泽直人提出的无意识设计方法类型中的"重层性"(found object)也正是表达了同样的意思:使用者在一件作品中可以分离出两种事物的品质特征(两种事物各自的指称关系),可以分离出的两事物被设计师设置得具有相互的关联,且协调统一地在设计文本中同时呈现(后藤武等,2016)。

5.1.1.2 产品修辞是系统间部分概念的交换

不存在没有系统的符号意义,也不存在摆脱两造系统的产品修辞。产品修辞虽然是一个外部文化符号对产品文本内相关符号的意义解释,但不可能排除外部文化符号所在的系统与产品自身系统间的相互作用。这是因为,始源域符号不可能凭借单独的符号指称,就能在目标域产品系统内获得具有始源域系统的概念;产品系统内的符号也不可能抛弃其系统的概念,接受始源域符号的解释。总而言之,产品修辞的意义解释不可能发生在单独的两个符号之间。

具体分析如下:1.莱可夫在讨论隐喻时指出,隐喻对人类认知活动的影响是潜在而深刻的,它是人类概念系统组织和运作的一个重要手段(束定芳,2000)。这也就是说,符号与符号间的修辞,实质是修辞两造各自系统间部分概念的交换与运作。2.修辞活动中的始源域与目标域符号,必须依赖于各自所在的系统及环境赋予意义的编写与解读。3.莱可夫强调修辞活动中的系统性容许人们用始源域的部分概念去解释目标域的部分概念,而他们各自系统的其他概念都将被暂时隐藏。突出修辞两造系统内的局部概念,而排除其他概念,是修辞构建与理解的基础(胡壮麟,2020)。

因此,产品修辞是外部符号对产品内部符号的意义解释,也是外部符号所在系统与产品系统在遮蔽了各自系统其他概念的基础上所进行的局部概念的交换。修辞是符号间意义的解释,解释依赖于各自系统提供的概念。

5.1.1.3 寻找关联类的"重层性"即修辞两造指称的共存

深泽直人基于产品在环境中与使用者的知觉—符号关系,将无意识设计分为两大类型:

客观写生与重层性（后藤武等，2016）。客观写生是直接知觉的符号化与集体无意识的符号化后，再与原产品文本进行解释的设计方法；重层性则是指产品系统外的一个文化符号与产品文本之间的相互修辞解释。

深泽直人认为，"重层性"是两种事物的品质共存，但从符号学而言，事物是符号三分式中的"对象"，其品质是"再现体"，符号的感知必须通过"对象—再现体"组成的指称关系获得意义解释。"重层性"是修辞两造指称关系的重层，两造指称关系共存是产品修辞文本结构的本质特征。同时，以修辞文本最终必然呈现的重层性来命名，笔者认为有些不妥。为了与"客观写生"类设计方法在操作层面表述的统一，笔者取英文"found object"一词，并译为"寻找关联"，以突出设计方法的操作特征，而非最终文本的呈现特征。

《设计的生态学：新设计教科书》一书的编者将"found object"译为"被发现的形状"（后藤武等，2016），属于英文字面的直译，并没有表述出"object"的准确内容。深泽直人在书中对它的继续描述则较为准确：found object 不是将某一形状直接用在产品之上，而是将附着在某种图像化的事物或者行为现象，或其局部，与产品产生关联后作为设计的主题（后藤武等，2016，页101）。这句话结合符号的结构可以表明三点：

（1）"object"不是指事物本身，它是符号"对象—再现体—解释项"三分式结构中的"对象"。对象的品质为"再现体"，"对象—再现体"组成的指称关系被意义解释后为"解释项"。

（2）产品文本编写是普遍的修辞。符号与产品文本内相关符号的修辞解释，其操作实质是始源域符号与目标域产品间指称关系达成的协调与统一。不同的协调与统一方式形成不同的修辞格。产品修辞文本最后呈现的两个事物指称关系重层状态，可以视为修辞两造间指称关系相互关联作用之后所呈现的协调统一的共存。任何修辞文本的结构内，都会保留两造指称关系共存的痕迹，这就是深泽直人讲的"重层性"。在产品修辞文本的编写中，符号与产品间指称共存的方式分别以联接、内化直至消隐的方式编写，这也形成与三种编写方式对应的各类修辞格类型。

（3）重层是所有修辞格两造指称共存的表现，但深泽直人并没有去讨论修辞格的类型与操作手法，而转向关注修辞后两造指称关系的重层特征。笔者认为主要有这三点原因：

第一，产品修辞格的类型较多，逐一讨论无法使得它们之间产生可以统一的关系，两造指称关系的重层是所有修辞格共同且本质的特征，即以重层特征来指代产品修辞的所有修辞格。

第二，讨论修辞文本的编写是方法的范畴，从指称关系的设置与改造入手讨论修辞，会呈现符号在文本编写中两造指称关系的联接、内化直至消隐的三种编写方式。这三种方式不但存在着可以依次渐进的关系，同时涵盖了产品文本与文化符号间，以结构主义方式进行修辞表意的所有类型，更贯穿了无意识的所有设计方法种类。

第三，无意识设计是典型的结构主义文本编写方式，"寻找关联"强调的是设计师与使用者双方在文本编写与解读时规约的事先约定，"关联"表明了修辞的理据性基础；"设计修辞"强调的是符号与产品间修辞格的类型，任何修辞格都可以形成结构主义的文本编写方式，也可以导致后结构主义的文本解读。因此，"寻找关联"已事先将意义编写与解释的内容限定在结构主义的讨论范畴内。

由此可以得出这样的结论：从设计方法层面讨论产品各类修辞格的有效路径，是分析修辞两造指称关系在文本编写过程中如何达成协调与统一的方式，以及它们以联接、内化直至消隐的编写方式达成依次渐进的关系，从而形成不同的修辞格。无意识设计三大类型中的各类方法也是通过这一研究途径得以贯穿的。

5.1.1.4 指称关系的重层带来修辞文本表意的张力

符号学文本表意的"张力"一词，最早来源于物理学的术语，是指作用于同一物体相反方向的两个力所构设的一种动态平衡的状态，在文学艺术理论中被定义为，不同的理论交锋或两种思想意识在紧张状态下的一致性（项念东，2009）。形成产品文本表意的张力类型有很多，只要存在作用在同一个表意过程中，相互制衡且处于动态平衡的解释倾向，都是张力的表现。张力有强弱之分，张力来自使用者对产品文本进行解释时，其能力元语言释放的释意压力。

两造指称关系的重层是符号间相互解释的联结关系，但各自的指称关系都在向解读者发送各自符号可以被解读出的意义解释。一件设计修辞作品中的重层性，带来两种不同方向的符号意义解释（隐喻）或产品指称的判断（转喻），这种差异性越大，使用群能力元语言的释意压力则会越大，文本表意的张力就会越强。

5.1.2 以指称关系为基础进行寻找关联类的修辞研究

5.1.2.1 符号学研究产品修辞的两种路径

从符号学研究产品设计文本的修辞有以下两种路径：

第一种路径，是从符号学及修辞学对修辞格的分类入手，使之与产品设计修辞方式相互对应，进行产品修辞格类型与文本编写方式的研究，这是目前普遍使用的研究路径。这种路径大多采用符义学的研究方式，以讨论各修辞格中符号间意义解释的理据性为主，更多涉及社会文化的意义层面。

第二种路径，是以符形学为基础，依赖于皮尔斯符号三项式结构，将所有修辞格还原到符号与产品文本通过两造指称关系进行解释的基础动力源，继而对两造指称关系的设置、指称物的还原度与各自系统规约的独立性展开操作方式的分类讨论，最终获得联接、内化、消隐三种编写方式所形成的修辞类型，以及三种编写方式之间依次的渐进关系，以此作为设计实践的有效操作方法。

这是笔者结合符号学在产品设计领域的首次尝试，也是本课题选择的研究路径。这种研究路径必须以符义学中意义解释的理据性为基础，并在此基础之上讨论作为文本编写者的设计师如何通过两造指称关系的各种主观改造进行修辞格的选择与编写，以及与之对应的使用者如何解读修辞文本。当然，编写与解读的对应关系，必须事先放置在结构主义的论域中进行讨论，这是产品文本表意有效性的前提。

5.1.2.2 以符形学方式将修辞活动还原至修辞两造的结构层

第一，莫里斯根据符号学活动内容，将符号学分为符形学、符义学与符用学三类（饶广祥，

2014）。从产品修辞的理据性文化意义入手，是符义学的研究模式。符义学主要讨论修辞两造指称关系在意义解释过程中的理据性问题，即感知的合理性是建立在怎样的社会文化规约基础之上，以及这些感知意义如何，它们与社会文化的价值等开放性问题；符形学的研究模式，主要在符形学研究的符号理据性基础上，讨论修辞文本的编写过程中，符号与文本的指称关系如何达成相互关联的结构方式，设计师对修辞指称关系的操作机制与使用者的解读机制等，是对修辞系统内部的结构分析。

第二，正如赵毅衡（2016）认为，符号的修辞研究不但要重建修辞语用学，更重要的是讨论修辞格在各类文本编写中的实际操作和适用性。这再一次证明了，从符号与文本间表意的具体操作方式进行研究，是对产品设计中符号与文本间具体操作方法进行系统研究的有效尝试。

第三，产品修辞是一个符号与产品文本相互解释的过程。在此过程中，针对始源域符号与产品文本两造指称关系的各种编写方式，形成了结构主义产品文本不同的修辞格：1. 符号与产品间物理相似性的指称映射，形成明喻修辞格；2. 跨领域的符号与产品间心理相似性的指称关系的意义解释，形成隐喻修辞格；3. 同范畴、不同类型的两个产品文本内，符号之间的指称替代关系，形成转喻修辞格；4. 产品系统结构内的一个符号指称关系，指代了它所在的产品整体的指称关系，形成了提喻修辞格。

由此可见，产品各种修辞格的文本编写方式可统一概括为：一个符号进入产品系统结构内，与相关符号进行解释时，两个符号间的指称关系在系统规约下，以不同方式进行的协调与统一。因此，以修辞两造指称关系的改造为基础进行产品修辞讨论，是系统化研究寻找关联类的修辞文本编写与符形特征的有效手段。

5.1.2.3 始源域符号指称在目标域产品文本内的三种编写方式

产品设计可视为一个外部符号（始源域）与产品文本内相关符号（目标域）之间的修辞解释，新的产品文本是在原有文本上修辞后的获意。始源域符号进入目标域产品文本中进行文本编写的实质是，其指称关系为达成与产品系统结构规约的协调与统一，而进行的不同方式的改造。

对产品修辞的研究方式，本章创新地还原到符号与产品文本通过两造指称关系进行改造的基础"动力"层级，继而对两造指称关系的设置、指称物的还原度与各自系统规约的独立性展开操作方式的分类讨论。在产品修辞文本的编写过程中，设计师通过对两造符号指称关系的改造，呈现文化符号进入产品文本的"联接""内化""消隐"三种编写方式，这三种编写方式对应了不同的修辞格。这表明，各类修辞格之间可以通过设计师主观能动地对两造指称关系在三种编写方式的改造下达成依次的渐进关系，并形成新的修辞格。

设计师在产品修辞文本的编写过程中，对始源域指称关系的能动性改造表明，设计师从以往只能被动地选择修辞格转向通过指称改造控制修辞格并使之发生转变的主动局面。这是笔者结合符号学在产品设计领域的首次尝试，也是本课题寻找关联类修辞方式的研究路径。

5.1.2.4 提喻与反讽不属于寻找关联类修辞方式的阐明

产品设计常用的修辞格，主要有明喻、隐喻、转喻、提喻、反讽五种。无意识设计寻找关联类常用的修辞格为明喻、隐喻、转喻三种。提喻与反讽两种修辞不在寻找关联修辞类型的讨论范围，阐明如下：

（1）提喻：深泽直人寻找关联类的"重层性"特征，是指两种事物的品质共存。在产品设计修辞中可理解为：产品作为一件"事物"，与来自产品外部的另一件事物进行修辞后，保留了产品自身与外部事物的两种品质，即修辞两造的指称关系。因而，无意识设计寻找关联类，特指产品外部的一个文化符号与产品文本内相关符号的修辞解释。然而，提喻是产品系统内的符号与产品自身的修辞，其以完形的心理机制，通过产品的局部符号指称指代产品的整体。提喻因其始源域符号来源于产品系统内部，而非系统外部的文化符号，故不在本章寻找关联类的修辞方式讨论范围内。

（2）反讽：无意识设计活动是典型的结构主义产品文本编写方式，其典型性源自设计活动围绕四种符号规约展开文本的编写，同时，在编写过程中遵循产品设计系统的三类元语言规约，以此保证修辞文本具有原产品的系统结构特征，便于使用者依赖系统规约，进行文本意义的解读。这也是结构主义以意义传递作为主体性的保证。

然而，反讽修辞与其他修辞相比很特殊：其他修辞都希望通过新符号进入产品文本编写后，保持原有的产品系统规约，维持结构主义的主体性；而反讽则希望依赖一个外部符号进入产品系统后，要么借此对原有产品系统进行否定，要么创造出新的系统类型。因而，从文本表意而言，反讽已具有明显的后结构主义特征，因此，不在本章的讨论范围内。

"反讽"从字面意思解释具有很强的艺术化特征，因此，但凡提及反讽，都会将其归为艺术文本的范畴。这实际是对反讽的误判，反讽虽然是以后结构主义的方式对系统结构的否定，但在产品设计活动中，反讽修辞运用也很广泛，尤其产品功能的整合创新方式，使用的是反讽修辞。对此，将在下一节进行详细讨论。

最后要表明：虽然"提喻"与"反讽"不在寻找关联的修辞方式讨论范围内，但不可否认的是，对提喻与反讽的符形学研究，以修辞两造的指称关系为基础，以始源域在产品文本内的联接、内化、消隐三种编写方式进行讨论，是行之有效的研究路径。这是因为，所有的修辞格，都是符号间不同方式的意义解释，符号间意义解释的所有方式都归结为修辞两造指称关系的改造，以及始源域符号对目标域系统结构规约的协调与统一方式。

5.1.3 产品功能创新的三种方式与修辞格之间的关系

产品设计是一个符号与产品内相关符号的修辞解释，不同的解释方式形成不同的修辞格；产品以修辞的方式进行新类型的创新，不同的修辞格形成不同的产品创新类型。

莱可夫（Lakoff）认为，转喻是通过A事物与邻近的另一个B事物间的关系，来对这个A事物进行概念的关系判定。每一次转喻的认知都是复杂且完整的完形过程，转喻的认知模型并非以客观的方式存在，而是建立在人类经验感知的积累与创造基础之上（赵彦春，2015）。郭鸿（2008）认为，转喻通过事物之间的邻近关系，深化扩大对事物的认识。隐喻则凭借事物之间的相似性，用喻体对本体的比喻方式认识新事物。在人类的现实社会文化活动中，转喻与隐喻是传递意义最基本的两种方式。任何符号或文本间意义的相互解释，导致一个主体概念转向另一个主体概念。这种转换方式只有两条路径，要么通过邻近性的转喻替

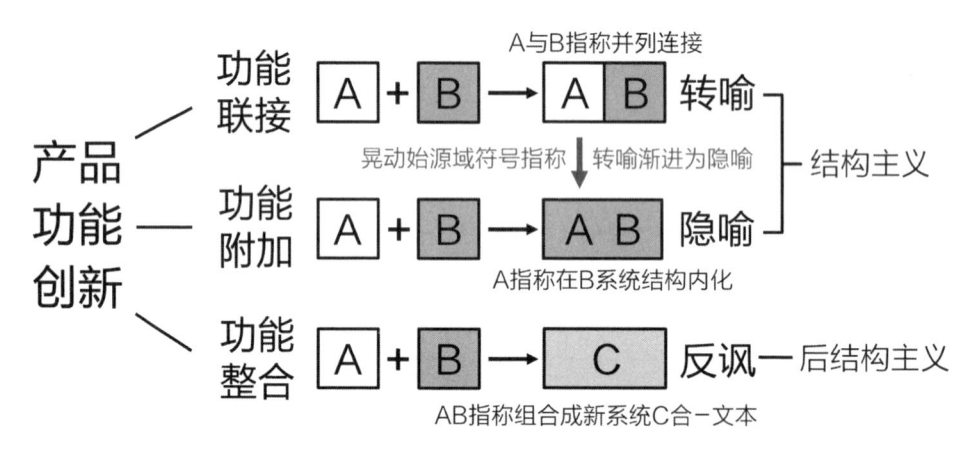

图 5-2　产品功能创新的三种途径符形分析
资料来源：笔者绘制。

代，要么通过相似性的隐喻解释。

对产品设计功能的创新方式，可以分为功能连接、功能附加、功能整合三种，与这三种功能创新方式相匹配的修辞格分别对应为转喻、隐喻、反讽（见图 5-2）。

5.1.3.1 功能连接形成转喻

第一，以邻近性为原则，将同范畴、不同类型的产品间进行指称的替代连接，使用者通过环境提供的信息，以经验完形的方式解读，从而丰富产品功能、操作，感受体验新的产品指称类型。例如，深泽直人设计过一款打印机和废纸篓连接在一起的产品（见图 5-3），他非常简单且"粗暴"地将一个普通的"打印机"底部用不锈钢管与"废纸篓"连接在一起，两者以邻近的关系进行转喻的修辞，转喻文本的解读机制是环境下的经验完形，达成完形的基础是转喻两造指称物的高还原度与各自系统规约的独立性，以便在"文件打印"与"丢弃废纸"的两种需求环境下，快速对产品的整体指称进行判断。

第二，功能连接形成转喻的解释是：一方面，A、B 两件产品的功能各自独立，两者的独立性源自它们分属于不同使用场景，在各自的使用场景中都可以清晰地判定出 A 类型产品或是 B 类型产品；另一方面，在设计处理上，设计师刻意在最大限度上保留了 A、B 两产品的系统完整性，以便于使用者在属于它们各自的系统环境中轻易判别其类型。

第三，转喻的功能连接可以通过晃动始源域指称关系、适应目标域系统结构规约的方式，渐进为隐喻的产品功能附加模式。

图 5-3 《打印机与垃圾桶》
资料来源：深泽直人（2016）

如果将打印机的底部设置一个可以抽取移动的垃圾桶，垃圾桶以隐喻修辞的方式服务于打印机系统结构，打印机系统结构获得垃圾桶的功能附加，产品文本被解读为"配有垃圾桶的打印机"。修辞中的始源域符号在目标域系统内可以按照联接、内化、消隐的三种方式进行编写，晃动其指称关系可以达成三种编写方式间的依次渐进关系，从而获得不同修辞格，这是本章主要讨论的内容。

5.1.3.2 功能附加形成隐喻

第一，以跨领域的符号间相似性，用社会文化符号对产品进行意义或指称的解释，使用者对产品获得更多新文化属性与指称认知。例如，饮水机附加了制冷的功能，这个功能服务于饮水机，在整体造型以及操作体验等文本编写上，附加的制冷功能按照饮水机系统结构规约进行设计——这是明显的隐喻。我们可以假设一下，如果电冰箱侧面附加了一台饮水机，可以饮水，也可冰冻，那么这种功能并列的联接就是转喻修辞。产品间通过隐喻的方式达成功能的附加，是产品设计界运用最广泛的设计手法。

第二，功能附加形成隐喻的解释是：一方面，A、B 两件产品在使用空间或生活环境中，原本就存在使用者行为的先后顺序，或体验方式的 A→B 先后顺序，设计师按照这样的先后顺序，以 B 功能服务于 A 系统的方式，将 B 功能附加在 A 系统之上；另一方面，设计师为此刻意弱化或降低 B 在附加过程的产品类型完整性，以确保仅仅是 B 的功能，而非 B 的完整产品类型被附加在 A 产品上。可以简单地说，功能附加所形成的隐喻，其实质是，按照两件产品原有的先后逻辑关系，以一件产品的系统为主体，另一件产品的功能进入前者的系统中，按照它的系统规约要求进行设计表达。

5.1.3.3 功能整合形成反讽

第一，反讽是极为特殊的修辞格，其他修辞格希望让不同的对象之间建立起原有的系统规约，而反讽则依赖于不同对象整合在一起产生各自所属类型解释的分歧，从而创造出新的系统类型。1914 年第一次世界大战期间，英国人将马克沁机枪安装在履带式拖拉机上，人类有了第一辆坦克——"马克 1 型"坦克。坦克的"机枪"否定了它不再是农用拖拉机,坦克的"履带"否定了它不再是机枪,整合后的各符号对对方原系统的否定,需要新的指称关系进行命名取代,于是新的创新产品类型就此诞生了。同样,最常见的瑞士军刀也是通过反讽的整合方式,否定了被整合的所有工具原有指称(见图 5-4)。

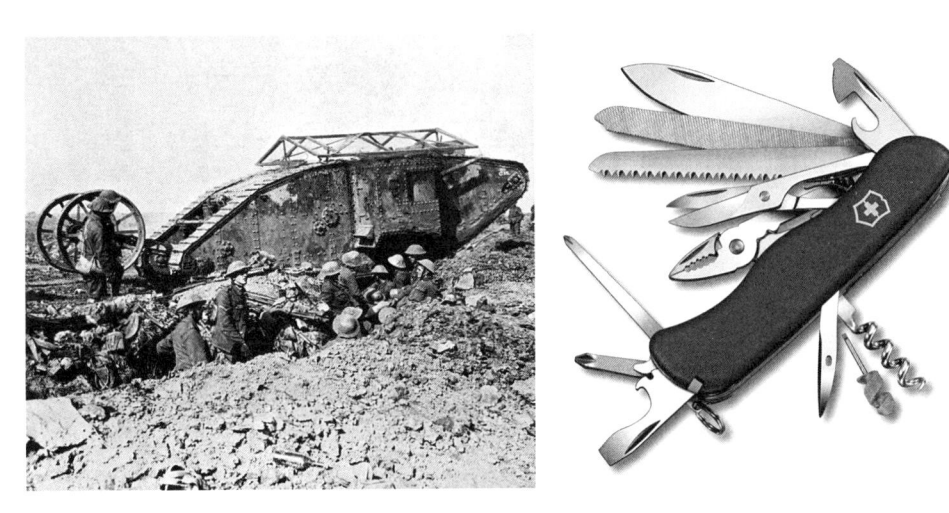

图 5-4 "马克 1 型"坦克与瑞士军刀
资料来源:左,搜狐编辑(2020a);右,搜狐编辑(2020b)。

第二,功能整合形成反讽的解释是:在具体的编写中,反讽是以不同产品的局部符号整合而成,每一个被整合的符号都是对自身原有系统的否定,以及对整合内的其他符号原有系统的否定。这种瓦解并否定原有产品系统结构的修辞方式,显然是后结构主义的文本编写方式;但它却又以系统创新的方式,创造出新的产品类型,以及适合这个新类型的规约。可以简单地说,功能整合的目的就是整合一些产品的优势或特征功能,创造出不属于被整合的那些产品的类型,因此,它以创造出新产品类型为目的,对那些被整合功能的各产品,做出它们所属类型的否定。

第三,就如同我们武断地用结构主义与后结构主义划分产品与艺术的界限一样,反讽也因它具有一些情绪化的字面意思，被认为是艺术领域的专用修辞，而被产品设计拒之门外。但实际上，所有以整合方式进行的产品文本编写活动，都是反讽的修辞。反讽与其他修辞一样，都是针对符号间指称关系与系统规约的改造，它以否定与重构为目的，是典型的后结构主义文本编写方式。虽然反讽并不在本课题讨论范围内，但在创造新的产品类型的设计活动中，反讽普遍存在，甚至可以说：整合设计就是反讽修辞。

5.2 符号指称的三种编写方式是寻找关联类修辞的研究路径

本课题以符形学为路径对无意识设计进行系统方法的建构，在"客观写生"与"寻找关联"两大基础类型的基础上，依据无意识设计活动所围绕的四种符号规约，分别进行类型的补充与方法的细分。

客观写生类有"直接知觉符号化"与"集体无意识符号化"两种设计方法，分别涉及系统内使用者生物属性的直接知觉符号化，与使用群集体无意识符号化。寻找关联类是产品系统外部的一个文化符号与产品文本内部相关符号间的修辞解释，也被称为产品修辞。按照修辞方向分为"符号服务于产品"与"产品服务于符号"两种。涉及的符号规约分别是产品系统外的文化符号与产品文本自携元语言。

寻找关联的两种设计方法都必须依赖于各种修辞格进行符号与产品间的意义解释。产品的各种修辞格可统一地概括为：一个产品系统外的符号进入产品系统结构内与相关符号进行解释时，那个符号的指称关系与产品系统规约之间进行的各种不同方式的协调与统一。

5.2.1 指称关系的三种编写方式及依次渐进关系概述

产品设计常用的修辞格为明喻、转喻、隐喻、提喻、反讽五种。无意识设计是典型的结构主义产品设计；同时，寻找关联强调的是产品系统外部的文化符号与产品间的修辞解释，因而具有后结构主义的反讽，以及始源域符号来源于产品系统内部的提喻，不在寻找关联的修辞讨论范围内。因此，寻找关联类常用的修辞格为明喻、转喻、隐喻三种。

本章将着重讨论无意识设计"寻找关联"类的修辞方式，对其的研究方式，以修辞两造指称关系为基础，以始源域符号进入目标域产品文本内，通过"联接、内化、消隐"三种不同的编写方式为路径进行讨论，这不但是对无意识寻找关联类的研究方式，也是本课题以创新方式研究产品修辞的首次尝试。

在产品修辞文本的编写过程中，设计师通过对两造符号指称关系的改造，呈现外部符号进入产品文本的"联接""内化""消隐"三种编写方式。具体表现为：

1. 联接方式：修辞两造的符号以指称物还原度较高的并列方式连接在一起，进行文本的编写，并保留各自较为独立的系统规约，形成明喻与转喻的产品修辞格。

2. 内化方式：始源域符号的指称关系适切性地内化至产品文本中进行相似性的意义解释，并按照目标域产品系统规约进行必要的改造。所有内化的编写方式都是隐喻的。

3. 消隐方式：消隐是无意识设计中利用直接知觉进行设计的两种方法之一，它通过对符号指称的晃动，使之去符号化处理，转而成为生物属性的直接知觉。联接、内化是社会文化符号间的意义解释，消隐则是文化符号转向为生物体的直接知觉。

各类修辞格之间并不是独立无关联的，它们之间可以通过设计师主观能动地对两造指称关系在三种编写方式的改造下达成依次的渐进关系，并形成新的修辞格：联接—明喻、联接—转喻→内化—隐喻→消隐—直接知觉。对指称关系的改造，用深泽直人提及的"晃动"一词解释极为形象（后藤武等，2016）。从符号学角度可简单概述为，晃动是设计师对始源域符号的指称物（对象）还原度，以及其系统规约独立性在产品文本编写过程中有计划地改造，使之可以在不同修辞格之间持续渐进的操作方式。至此，达到设计师通过指称晃动，改造修辞格的主动局面。

指称关系的三种编写方式及依次渐进关系还原到修辞两造（始源域与目标域）符号指称的改造方式、与目标域系统规约的协调统一方式，因而适用于所有产品修辞的符形研究。

5.2.2 三种编写方式及依次渐进关系是对产品修辞的创新研究

5.2.2.1 三种编写方式及依次渐进关系讨论产品修辞的科学性

从始源域符号指称关系的三种编写方式及依次渐进关系讨论产品修辞，是笔者结合皮尔斯符号学在产品设计领域的首次尝试，其采用的是人文主义的质化研究方式。这种研究方式不但要求研究者具有丰富的设计修辞实践经验，同时又能在众多的修辞设计案例中，敏锐地发掘具有一定规律性的修辞操作方式及其所对应的修辞类型，并将它们进行有效的分类。始源域符号指称的三种编写方式及依次渐进关系，不会因为其非量化的归纳方式而带来准确性的质疑，由以下四点所决定：

第一，皮尔斯将科学分为探查的科学、复查的科学、实践的科学三类，又将探查的科学分为数学、哲学、专门科学三类，再将哲学分为现象学、规范科学、形而上学三类，他继续又将规范科学分为美学、伦理学、逻辑学（符号学）三类。至此，皮尔斯的普遍修辞学归属层级为：探查的科学→哲学→规范科学→逻辑学（符号学）。因而，以普遍修辞学讨论指称关系的三种编写方式建立在规范科学的基础上；同样，依赖于普遍修辞学对产品各类修辞格进行整体化符形分析与重新归纳，是科学化的研究方式。

第二，所有的修辞格本身就是人文主义的质化分类模式。一方面，人类通过修辞的方式进行意义的解释，解释方式与表述目的构成不同类型的修辞格。各修辞格之间不会因为质化的归纳分类而显得泾渭分明，因为质化的分类是提出一种具有趋向性的范畴，这种趋向性在人类修辞方式的改变中发生转变。另一方面，修辞研究最早源于语言学，人类对语言的熟练驾驭，使得修辞文本在各修辞格类型间可以轻易地达到转换。因对修辞中词句的改造，而产生的修辞格转换，在语言学研究中早已是司空见惯的讨论。

第三，皮尔斯符号学的普遍修辞理论适用于所有产品设计活动，因为它首先适用于人类所有文化思想的修辞表达，产品设计活动是人类文化思想通过符号修辞的方式而进行。虽然产品修辞与语言修辞具有不同的修辞载体，但两者都依赖于符号表意。符号表意的共性是搭建语言修辞与产品修辞在始源域符号编写方式与渐进关系进行互通的桥梁。

从语言学修辞理论讨论产品修辞方式有两种路径：一种是符义学的路径，即产品语义学，其无法系统且整体地研究产品修辞的原因在前文已做过表述；另一种是符形学的路径，这种研究路径必须以符义学的意义解释为基础。将所有修辞格还原到符号与产品文本通过两造指称关系进行解释的基础"动力"层级，继而对两造指称关系的设置、指称物的还原度与各自系统规约的独立性展开操作方式的分类讨论，同时去探究对指称关系的改造程度所形成的三种编写方式的渐进关系，以及所对应的修辞格种类。

第四，产品设计的所有修辞格，都是符号间不同方式的意义解释。修辞两造间意义解释的所有操作方式，都归结为两个符号各自指称关系的改造，以及始源域符号对目标域系统结构规约的协调与统一方式。产品设计常用的修辞格为明喻、转喻、提喻、隐喻、反讽五种。

以符号间物理性相似关系形成的明喻，邻近关系形成的转喻，局部代替整体方式形成的提喻，这三种修辞格在文本编写过程中，具有对始源域符号指称关系相同的处理方式：1. 指称物（符号的对象）在目标域产品系统内的高度还原。2. 始源域系统规约在目标域产品系统内较为完整的独立性，笔者将此指称关系的处理方式称为"联接"；对于符号间心理性相似关系建立的隐喻，始源域符号的指称关系会以适切的方式，在目标域产品内按照产品系统规约进行最大限度的适应性改造，以此获得产品系统规约的协调与统一，笔者将此指称关系的处理方式称为"内化"。

还有一种在语言修辞中不曾有过的产品修辞处理手法：一个文化符号以物理相似的隐喻对产品进行修辞解释，设计师晃动其指称，使之去符号化后保留对象的一些基本特征，这些特征在产品系统内以直接知觉的可供性方式再被符号化。这是一个文化符号转向生物属性直接知觉的过程。说其是修辞已不太贴切，但它毕竟以修辞作为出发点进行的指称关系的去符号化改造，笔者将此指称关系的处理方式称为"消隐"。

以上三种编写方式并非孤立没有联系，设计师可以通过对指称关系不同程度的改造，达成联接—内化—消隐的依次渐进。三种编写方式的依次渐进，又形成对应关系的新修辞格，以此达到设计师主观且能动地改造修辞格的目的。

因此，始源域符号指称关系的三种编写方式，以及它们存在的依次渐进关系，不是笔者的主观臆造，而是笔者根据结构主义产品修辞活动中设计师对各类修辞格的始源域符号的指称关系进行的不同方式及程度的普遍改造，以及它与产品系统的协调统一方式进行的归纳与总结，并对三种编写方式具有依次渐进的可能性进行讨论。其科学性是凭借设计师经验以及对资料的收集分析，将现象学、诠释学、符号学互动理论作为哲学基础，对设计师普遍存在的修辞活动进行的三种划分。

5.2.2.2 三种编写方式及依次渐进关系是对寻找关联类修辞方式的系统化研究

三种编写方式在修辞的编写操作层面，溯源到修辞两造（始源域与目标域）符号指称的改造方式、与目标域系统规约的协调统一方式，因而适用于所有的产品修辞符形研究。产品设计常用的修辞格为明喻、转喻、提喻、隐喻、反讽五种。无意识设计是典型的结构主义产品设计；同时，寻找关联强调的是产品系统外部的文化符号与产品间的修辞解释，因而具有后结构主义的反讽，以及始源域符号来源于产品系统内部的提喻，不在寻找关联的修辞讨论范围内。因此，寻找关联类常用的修辞格为明喻、转喻、隐喻三种。

第一，从修辞学角度而言，明喻以两造指称关系的物理相似进行联接编写；转喻以两造指称关系的邻近性，以联接方式获得相互指称关系的替代；隐喻则是一个符号的指称关系进入另一符号系统，以内化方式对其进行心理相似性的解释。

第二，从符形学角度而言，所有的产品修辞格，都是一个符号进入产品系统结构内，与相关符号进行解释时，两个符号间的指称关系以不同方式进行的协调与统一。结合明喻、转喻、隐喻三种修辞格对始源域符号指称的改造方式，以及与产品系统的协调统一方式，最终获得符号指称在产品文本内"联接、内化、消隐"的三种编写方式。本书以此为工具，展开对无意识设计寻找关联类的修辞方式的整体化讨论。

第三，"联接、内化、消隐"包含了一个文化符号进入产品文本系统结构内所能涉及的所有编写及改造方式。同时，这三种编写方式达成与不同修辞格的对应关系，使得"寻找关联"类的研究更具系统化，也具有可操作的实践价值。

第四，设计师通过"晃动"始源域符号指称关系，使其逐步削弱指称物（对象）的还原度，降低其原有系统规约的独立性，从而达到"联接—内化—消隐"的依次渐进关系。这种在编写方式上依次渐进的可能性，自然达到了设计师对修辞格的主观改造作用。

第五，笔者在"客观写生"与"寻找关联"两大基础类型上拓展了第三类——"两种跨越"。其中，当始源域符号指称关系被晃动至消隐后，转为可供性的直接知觉。这不但是无意识设计两种跨越类的"寻找关联至直接知觉符号化"的设计方法，同时也是对无意识设计贯穿于使用者文化属性的符号世界至其生物属性的可供性领域的有效验证。符号感知—直接知觉的可行性验证结论，即是以三种编写方式中"消隐"方式为研究工具达到的。

最后可以得出："联接、内化、消隐"三种编写方式及其所对应的各类修辞格，以及三种编写方式具有依次渐进的可能性所带来的修辞格之间的互动及改造，既是无意识设计寻找关联类讨论修辞的有效工具，也是产品修辞在文本编写活动中的创新实践。

5.2.3 "联接"与"内化"在产品文本编写中的实质

皮尔斯将符号三分为"对象—再现体—解释项","对象—再现体"构成一组指称关系,一端是具体的客观事物,一端是事物的品质(符号),两者的联结关系被解释后成为符号的意义"解释项"。一个符号介入另一个文本系统结构内进行意义解释时,为达成合一的表意目的,在文本编写时都遵循符号在文本系统结构内的"联接"与"内化"的编写原则。结构主义产品设计的主体性是设计意图的有效传递,在产品设计修辞活动中,其实质是一个符号以怎样的编写方式服务于一个产品文本,以此获得使用者的有效解读。

一方面,所有的产品设计都是普遍的修辞,一个符号对原有产品的再次解释就是修辞的过程。符号与产品文本修辞表意方式的途径是对两造符号指称关系的加工改造,加工改造的内容包括两方面:一是两造指称物(对象)的还原度;二是两造符号所在系统规约的独立性。这两方面是关联在一起的,可以理解为,前者是符号依附的客观事物,后者是这个事物在文化环境中的规约集合,因此,任何一方的修改都会迫使另一方进行改变。这就形成符号指称介入产品文本中"联接"或"内化"方式的编写。

另一方面,任何产品修辞都是始源域符号服务于目标域产品。当始源域指称晃动变化以后,符号进入产品文本的编写方式由"联接"向"内化"转变,这种转变导致修辞两造解释方式的转变。这既是修辞格之间转化的根本原因,也是导致修辞文本解读的内容与方式各不相同的原因。

联接与内化是设计师主观、能动地对修辞中符号指称再塑的两种方式。对指称的再塑能力,是设计师能力元语言的体现,也是产品文本多样化修辞表意的途径,但这些必须基于使用群的集体无意识所建构的元语言规约。结构主义下的修辞活动,设计师对符号指称的加工改造,是产品设计系统内各类元语言协调统一后的结果。

因此可以得出这样的结论:联接与内化在产品修辞中编写的实质是对两造符号指称关系的改造,这种改造涉及指称关系对象(指称物)的还原度,以及指称所在系统结构规约的独立性,不同的改造方式会呈现各异的产品修辞格,这也是本章接下来主要讨论的内容。

5.2.4 指称"消隐"形成的直接知觉是感知向知觉的贯通

除联接与内化两种编写方式外,第三种编写方式是"消隐",它在以语言文字为修辞的文本中不曾出现,但在无意识设计类型中经常使用,笔者将其归为"两种跨越"设计方法中的一种,即寻找关联至直接知觉符号化设计方法:一个文化符号以指示为基础的物理相似性对产品进行隐喻修辞。设计师通过对其去符号化的处理,使之成为纯然之物,在产品系统环境中具有可供性的直接知觉。因此,消隐可以看作一个携带感知的文化符号,向生物属性直接知觉的转向。

符号指称的消隐之所以可以在产品设计中出现,这是因为:一方面,以语言文字为符号载体的修辞文本,为保证两造间映射关系的存在,无论是选用联接还是内化方式编写文本,两造指称始终保留,即符号的品质或多或少同时存在;另一方面,产品设计的修辞不同于语言文字的修辞,它涉及使用者五感的多样性,始源域符号中的指称关系可以被设计师削弱直至消失,去符号化后的符号对象在产品使用环境内成为提供可供性信息的纯然物。使用者通过身体五感的刺激完形获得直接知觉,设计师再使之成为产品使用功能及操作的指示符。

至此,始源域符号在目标域产品文本中,经过晃动符号指称关系的方式,可以形成依次渐进关系的三种编写方式:联接→内化→消隐。在寻找关联的修辞类型中,与三种编写方式对应的修辞格依次渐进的方式为:联接—明喻、联接—转喻→内化—隐喻→消隐—直接知觉。

5.2.5 对指称关系的"晃动"达成三种编写方式的依次渐进

"联接、内化、消隐"三种编写方式是始源域符号的指称在文本编写时,向目标域所在的产品系统结构规约一步步妥协与融入直至指称物消失的过程。这一过程的操作手段是始源域符号与目标域符号,在产品系统规约基础上协调后的结果。协调的方式可以借用深泽直人在《设计的生态学:新设计教科书》一书中所提及的"晃动"概念,更准确且形象。他在书中"行为与痕迹——从晃动到张力"一段中提出,无意识设计需要去寻找日常生活的行为与现象的痕迹,在设计过程中将它们"不合适之物变得刚刚好合适"是设计的精髓(后藤武等,

2016）。

结合符号学，对深泽直人提出的"晃动"概念，可以在寻找关联类的修辞类型研究中，简要表明以下四点：

（1）"晃动"是对设计师在修辞两造间的符号指称重新加工改造时极为形象的操作行为表述，它是始源域符号映射到目标域产品文本，与相对应的产品符号相互协调的具体方式。具体操作加工方式为，设计师以不同程度削弱修辞两造指称物（对象）的还原度，降低指称所携带的原产品系统规约独立性的方式，以达到符号进入文本内编写的适切性。

（2）根据结构主义修辞的始源域服务目标域原则，大多以晃动始源域符号指称，以适应目标域的系统结构规约，但目标域的符号指称也大多会以相同的晃动方式，在系统规约的控制范围内，与其达成协调统一。对始源域符号指称晃动的幅度，可以从"联接—明喻"或"联接—转喻"，渐进到"内化—隐喻"，直至始源域符号指称物的消隐，形成直接知觉。

（3）对符号指称晃动的方式，以及指称晃动到怎样的程度，由设计师的能力元语言、设计师对文本的意图定点、产品系统结构规约，以及使用群集体无意识规约共同决定；晃动到"刚刚好合适"的程度，是始源域与目标域双方符号的指称关系，在产品系统结构规约基础上达成的协调适应的程度，更是设计师形态语言表述为感知的能力体现。这个"刚刚好合适"的程度是不可量化的，它由设计师的能力与使用者对文本的解释共同判断。

（4）只要是修辞文本，无论怎样晃动始源域符号指称，所形成的修辞文本结构内必定存在始源域与目标域两种符号指称。这是所有修辞文本的本质特征，也是判断产品是否使用修辞的唯一标准。两造指称共存即深泽直人提及的"重层性"，重层性带来文本表意的张力。

最后，可以为下一节的论述做一个简要的梳理：结构主义产品修辞文本的编写中，始源域符号在目标域文本中晃动可以获得依次渐进的三种编写方式：联接→内化→消隐。在寻找关联的修辞类型中，与三种编写方式对应的修辞及表意类型为：联接—明喻、联接—转喻→内化—隐喻→直接知觉。前两类讨论的是社会文化符号间的意义解释，最后一类讨论的则是文化符号转向为生物体的直接知觉。

5.2.6 "联接、内化、消隐"三种编写方式对应的修辞格

符号在产品文本中的联接、内化、消隐三种编写方式，都是符号与产品文本进行修辞编写过程中，设计师对始源域符号指称加工改造后，成为产品文本不同的表意方式与修辞格类型。它们是按照始源域符号在目标域产品文本中指称物的还原程度、系统规约的独立性，由强至弱进行的三种划分，并与三种划分匹配形成不同的设计修辞格与设计方法。它们之间存在着依次渐进的关系，即联接→内化→消隐。

寻找关联的修辞类型主要为明喻、转喻、隐喻三种。对三种编写方式的分析是本章的主要内容，因此为避免重复，且尽可能简要系统地将联接、内化、消隐三种编写方式内所包含

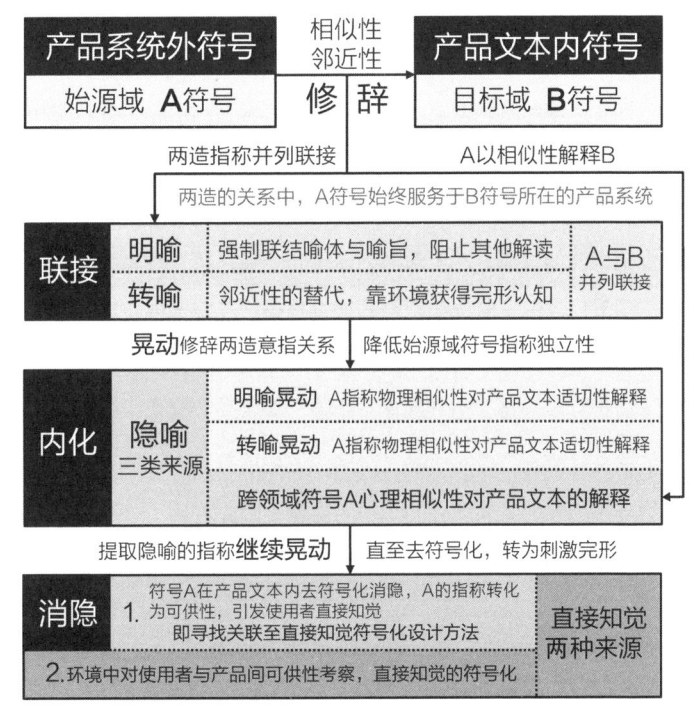

图 5-5　符号进入产品文本内的三种编写方式
资料来源：笔者绘制。

的各种修辞格类型，以及它们依次渐进的关系表述清晰，结合绘制较为完整系统化的图式（见图5-5），依次加以如下概述：

（1）联接编写方式对应明喻与转喻两种修辞格

修辞两造指称以联接方式编写，可以形成"联接—明喻"与"联接—转喻"两种修辞格：1. 始源域符号与目标域产品文本以指称的物理相似性联接，文本为明喻特征；2. 始源域符号与目标域产品文本以邻近性联接，文本为转喻特征。联接编写方式是将修辞的两造在编写中，最大限度地保留符号所在原系统的规约与各自符号指称物的还原度。也可以说，所有产品明喻与转喻文本，都是产品外的文化符号与产品内相关符号以联接的方式进行编写。

（2）内化编写方式对应隐喻修辞格

内化的编写方式必定是隐喻的。隐喻来自两造相似性映射后的意义解释。相似性分为物理相似与心理相似，因此，内化—隐喻有三种来源：前两种在联接—明喻和联接—转喻的基础上，晃动其始源域符号的指称，弱化其指称物（对象），并以适切性对产品文本内的符号进行相似性的选择，两者渐进为内化—隐喻；第三种是隐喻中最为典型的一种，也是产品设计运用最广泛的，它依赖于跨领域符号与产品文本内符号的心理相似性，通过映射方式对产品文本进行解释。因此，经晃动符号指称关系形成的隐喻不包含第三种，这一点尤其重要。

值得注意的是，由"联接—明喻"文本与"联接—转喻"文本渐进形成的隐喻，两造的相似性是建立在符号对产品文本内各适切项符号的选择，以及晃动双方指称关系后，达成基于物理相似性的意义解释的统一与协调，因此它属于外在的物理指称相似，而非内在的心理相似，因为这类隐喻仅是隐喻修辞中较小的部分，而心理相似是产品隐喻的主体。

（3）消隐编写方式修辞消失，感知转向知觉

无意识设计中直接知觉的来源有两种：一种是本身就存在于产品系统环境中，通过使用者与产品间可供性的考察所获得；另一种来自修辞编写的内化—隐喻方式中，一个文化符号

以指示为基础的物理相似性对产品进行隐喻修辞，设计师将这个符号在产品使用环境中，晃动其符号指称，使之消隐后成为纯然物，通过可供性获得直接知觉。这两种不同的来源路径，构成无意识设计中利用直接知觉进行设计的全部。

　　消隐是无意识设计两种跨越类型中的一种设计方法——"寻找关联至直接知觉符号化"。它从"内化—隐喻"文本的始源域符号指称出发，通过对指称关系的晃动消隐，转化为在非经验化环境中的可供性，使用者以此获得刺激完形的直接知觉，达到产品功能与操作目的。消隐仅针对隐喻文本中物理相似的指称，而不针对心理相似的感知，这是因为生物属性的直接知觉，只会作用于物理属性的指称层面，而不会是感知的文化层面。

5.3 寻找关联中"联接"编写方式的修辞符形学分析

在结构主义产品设计范围内，联接式编写方式包含明喻、转喻、提喻三种设计修辞。但前文已表述，寻找关联特指产品系统外部的文化符号与产品文本间的相互解释，而提喻的始源域符号来源于产品系统内部，故不在寻找关联类修辞方式的讨论范围内。

5.3.1 联接编写方式中的明喻与转喻的共性与差异

寻找关联类的修辞方式中，明喻与转喻的产品修辞都是联接式的编写方式：明喻以符号间强制性的指称相类，进行两造的联接；转喻以产品类型的邻近性，进行两造符号间的指称替代。

（1）"联接—明喻"与"联接—转喻"文本编写的共性

同为联接编写方式的明喻与转喻有着对修辞两造符号处理手法的共性：

第一，两造指称物的高度还原与各自系统规约的独立。无论是明喻的映射还是转喻的替代，始源域符号指称物的还原度和其系统规约独立性都以不同方式得到较大程度的保留。具体表现为：始源域符号以指称并列的方式与目标域产品文本内的符号进行联接，始源域符号并没有完全按照目标域系统结构规约进行编写，而依旧保留其原有系统结构内那些指称关系的显著特征，以及原有指称物的状态属性，这些特征与属性被解释后，成为其原有系统规约的独立性体现。

第二，两造指称物高度还原带来的差异性是文本张力的来源。明喻与转喻两造符号间的指称差异成为相互对抗的力量，并被协调平衡在合一的表意文本中，差异性在对抗时的平衡状态，即联接式文本的表意张力。为获得文本的表意张力，以联接方式进行编写的两造指称还原度形成的指称差异，是设计师最终表达的目的，而明喻两造间物理相似性的映射，转喻两造间的替代，都是达成这一目的的途径。

第三，"联接"不是始源域符号与目标域符号的简单拼装或替代。修辞是符号与符号间的意义解释，也是符号与符号间意指关系、指称关系达成最终协调与统一的结果。因此，设计师为了达成双方符号指称关系的协调统一，会同时改变修辞两造指称物的特征与属性。虽然所有联接编写都围绕修辞两造符号指称物的还原度、各自系统规约的独立性展开，但在实际的文本编写中，没有绝对还原的指称物，也没有绝对独立的各自系统规约。

本课题是在结构主义产品设计的论域下进行的讨论，因此联接编写方式的主体性以文本意义的传递为目的，文本编写必须符合产品设计系统内的各类元语言规约。介入系统结构进行文本编写的符号，其向系统结构规约的妥协与适应，系统结构内符号同时与之的适应，是保证系统结构稳定与完整性的基础。联接编写方式的明喻与转喻在符号进入文本内编写的方式，就如同两种比重、颜色各异的烈酒倒入同一个酒杯中，形成上下分层的鸡尾酒。两种酒的口味与属性并未改变，只是按照比重，以多与少、上与下结构关系被设置在一个"合一"的酒杯中。

（2）"联接—明喻"与"联接—转喻"文本编写的差异

虽然转喻与明喻都以两造指称物的高还原度作为最后的文本呈现方式，但两种修辞文本的表意目的与解读的心理机制各不相同。明喻的物理相似性以对照的相类方式，进行符号与产品间指称的相互解释。明喻是两个符号间指称的对照，转喻则是两个符号间指称的替代。

明喻文本两造的高还原度指称物共存，两者以物理相似性进行对照，以相类的方式获取意义解释；转喻则依赖于同范畴、不同类型的两个产品之间的邻近性，进行符号指称的替代，在替代的过程中保持各自指称物的高还原度，以便在适合各自的环境中获得整体指称的认定。狮身人面像是典型的转喻，人头替代掉了狮头（也可以说狮身替代了人身），当遇到"人的系统环境"，他被认为是人，遇到"兽的系统环境"则是狮。

笔者大胆地做出这样的推论：与其说转喻的联接是邻近性产品符号间指称替代方式的联接，倒不如说是两个邻近性产品系统规约的联接，这样可以抛开作为联接的指称物，转而从两造各自系统的规约入手，对转喻符形学的讨论更为有利。

虽然明喻与转喻最终的解读方向都以指称物的矛盾与冲突指向产品整体对象，但明喻是在产品系统规约的基础上获得对矛盾、冲突的开放式解释，转喻则需要依赖于使用环境进行经验完形，对两个指称物所属的系统做出取舍后，给产品整体指称一个准确的判断。正如学者李勇忠（2005）认为的，转喻是在同一理想化认知模型中的运作，以完形的方式获得符号间映射替代后的指称判定。

5.3.2 "联接—明喻"的文本编写符形分析

5.3.2.1 文本编写符形分析——以《牛头干酪研碎器》为例

菲利普·斯塔克于1992年为意大利阿莱西（Alessi）公司设计了一款牛头干酪研碎器（见图5-6），他将勺子设计成较为逼真的牛角造型，容器则是简约的牛头造型。逼真的牛角与简约的容器形成不协调的冲突感。使用者可以轻松解读出"一款像牛头的干酪研碎器"，但很难理解"逼真牛角"与"简约牛头"之间在造型上的对抗、冲突、不协调。使用群能力元语言无法依赖于产品设计系统内的规约获得解释，便释放出强迫需要解答的获意压力，文本的表意张力随之加强，表意具有方向单一，却多元化的解释倾向。

为此，有一些学者将这款作品归纳到后结构主义的范畴，这并非没有道理，但不准确。笔者更希望这类作品应用结构主义的编写方式，但同时用后结构主义的意义多元化解释加以

图5-6 《牛头干酪研碎器》
资料来源：菲利普·斯塔克（1992）。

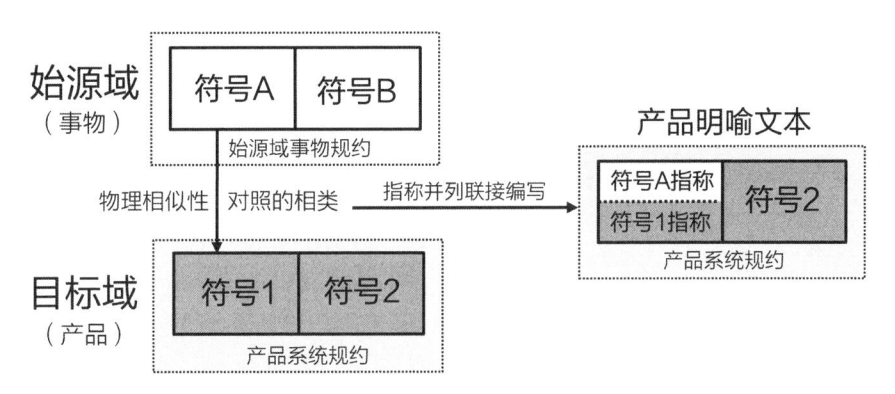

图 5-7　产品明喻联接方式编写的符形图式
资料来源：笔者绘制。

讨论。最后，笔者绘制了"产品明喻联接方式编写的符形图式"（见图 5-7），作为对明喻分析的总结。

5.3.2.2 两造的指称差异化是明喻文本张力的来源

明喻式联接以物理相似为基础，追求始源域符号与目标域产品文本在对象上的相类。修辞两造最大限度地保留了各自指称物的还原度，这就带来了在同一文本内两造指称对象明显的差异性，这就是明喻文本的张力来源。具体表现为：

（1）两造符号的指称关系与各自系统规约，并非原封不动地照搬，设计师将始源域符号以映射方式介入产品文本内编写时，为服务于产品系统，会按照产品文本自携元语言对始源域指称做必要的修正，但可以还原其指称物的那些特征被保留下来。这些特征不符合产品系统的规约，但与产品文本联接为合一的文本。那些外来符号的指称特征势必会与产品文本系统规约产生差异化的冲突、对抗，设计师也会通过五感的体验途径加以强化突出。正因以上差异特征，形成明喻文本张力之所在。

（2）为保证结构主义文本意义的有效传递，一方面，产品明喻两造的相类建立在使用群集体无意识规约基础之上；另一方面，始源域符号进入目标域产品文本编写时，在保证产品系统结构完整与稳定的前提下，强化指称物的还原度，突出两造指称关系的差异与冲突，让使用群能力元语言在可以解读明喻表意与产品类型的基础上，对那些没有按照产品系统规约进行编写的指称关系释放出更强的释意压力，并求得文本的表达张力。

明喻两造的差异化无法按照产品系统规约进行明确解读，解读内容呈现开放倾向，也就形成了联接—明喻文本意义内容解释的多元化倾向。但要强调的是，只要以文本意义有效传递为目的的产品设计，都是结构主义文本编写方式。

5.3.2.3 "联接—明喻"与"内化—隐喻"的差异比较

明喻与隐喻在语言文字的修辞中非常容易判别，那些凡是用"似""像"之词的比喻皆是明喻，产品修辞的明喻与隐喻较难辨别。有学者认为，两者的判断应放置在产品的解读者一端，由解读者对修辞中两造的相似性类型（物理相似或是心理相似），以及指称独立性程度加以区分是明喻或隐喻，这不无道理。然而，如果以讨论文本编写与解读的意义有效性作为主体，两者的辨别应放置在结构主义的论域中进行，而不能将其放至后结构主义的文本任意解读为主体的境地。

明喻认为始源域与目标域两事物之间的相似性是对照关系的"相类"，而隐喻认为两者相似性是一致的"相合"（张丽，2006）。修辞学与认知学普遍认为明喻与隐喻的差异在于：

（1）修辞学认为，两造的相似性按照存在的类型可分为物理相似与心理相似。明喻相似性来源于两类：一类是事物与事物间物理性的形态相似，即两造指称的对象相似；另一类是修辞的编写者在事物间的表达层上建立一种强迫性比喻关系，强迫性导致文本意义的窄幅解读，同时也强迫性地设定了解读的方式与内容（胡易容、赵毅衡，2012）。

（2）隐喻既有形态的物理相似也有感知的心理相似，认为即使是物理相似，两造间也应是一致性的"相合"，而非明喻那种对照关系的"相类"。为达到两造间一致性的相合，始源域符号的指称关系必须经过晃动，以此降低、弱化指称物的还原度，对目标域进行一致性的相合解释。这也表明，晃动始源域符号的指称，降低其指称物还原度与系统规约的独立性，是联接—明喻渐进为内化—隐喻的途径。

（3）隐喻除了晃动物理相似的符号指称还原度获得的符号间一致性相合外，心理相似是隐喻最常用的符号联结与解释手段。它以跨领域事物间的心理相似性进行符号间映射后的意义解释，其追求的是两造间达成以感知为解释基础的一致性相合关系。为此，赵毅衡认为，与明喻的指称形态比对的物理相似不同的是，隐喻的心理相似在解读上具有开放性，不像明喻那样具有单一的指称目标，以及强迫性的解释方向（胡易容、赵毅衡，2012）。

5.3.2.4 "联接—明喻"通过指称晃动渐进为"内化—隐喻"的可能性

由上述分析，笔者希望推论出：以两造指称联接方式的明喻，通过指称关系的晃动可以转化成为内化方式的隐喻。在皮尔斯符号"对象—再现体—解释项"的三分式中，明喻依赖于物理的形态相似性，达成符号与产品文本"相类"的对照关系。其修辞文本的解读方向指向产品的指称。

隐喻既有物理相似的隐喻，也有心理相似的隐喻。隐喻的物理相似不同于明喻，它是被设计师晃动始源域指称关系后，削弱两造对照关系的"相类"，由联接方式的并列转为内化方式的一致性"相合"，文本的解读方向指向产品的心理感知。无论物理相似还是心理相似的隐喻，它们解读的指向都是两造指称一致性"相合"后的意义解释。

于是，原本以物理相似的联接—明喻文本，可以通过晃动始源域指称，转化为内化—隐喻文本。根据以上讨论分析，笔者绘制了"联接—明喻与内化—隐喻编写差异与渐进转化方式"图式（见图5-8），作为清晰且形象化的总结。其目的是希望设计师从"被修辞控制"转向"对修辞的能动改造"。

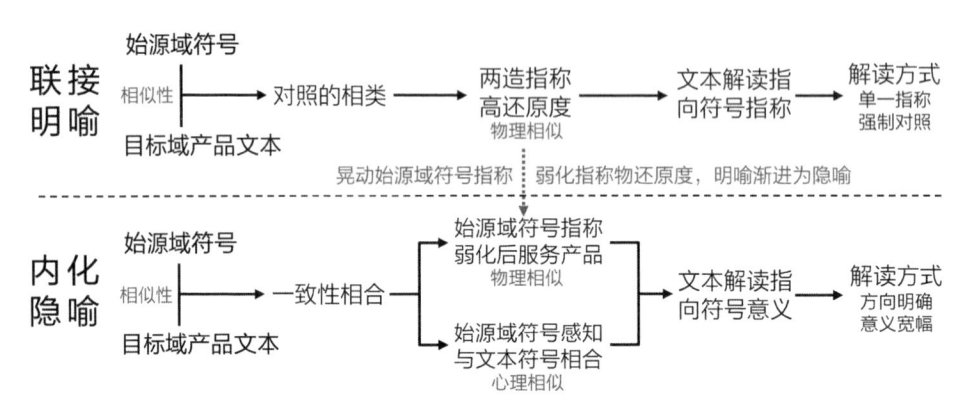

图 5-8 "联接—明喻"与"内化—隐喻"编写差异与渐进转化方式
资料来源：笔者绘制。

5.3.3 "联接—转喻"的两种文本编写符形分析

5.3.3.1 邻近的不同类型产品间指称的替代

用转喻进行思维与交流的方式是人类日常生活的重要组成，它是我们思维与谈论日常事件的方式,并构筑了文学艺术符号象征论的基础(魏在江,2007)。拉顿和科维克瑟斯(Radden,G. & Z.Kovecses, 1999)认为，转喻是建立在感知与经验基础上的理想化的认知模型中，始源域的概念实体为另一个目标域的概念实体提供认知的心理通道的过程。这个过程通过直接的联系，按照邻近关系的原则构成，邻近关系两造的指称替代是转喻的主要任务。两造的相互替代形成符号文本不完全的系统，它呈现一个系统整体被隐藏的那部分，并需要依赖于环境进行完形的指认（郭鸿，2008）。

潘瑟和桑伯格（Panther. Klaus-Uwe & Linda Thornbur, 1999）按照两造间的转换内容，将转喻分为三类：概念间的相互替代的指称转喻；表达方式间相互替代的述谓转喻；语言行为间相互替代的言语行为转喻。莱可夫认为，以上三种转喻类型涉及最多的是关于两造间指称的问题（李勇忠，2005）。对于指称性，雅柯布森认为，当符号文本表意的功能性侧重于对象时，符号文本具有较强的指称性，意义明确地指向外延，符号的对象即意义指向的目的所在（张骋，2018）。

赵毅衡（2016）认为，转喻在非语言符号中大量使用，转喻的本质是"非语言"的，几乎都是两造间指称的问题。产品设计的转喻也大多是指称转喻，即同范畴、不同类型的两个产品，依赖于邻近性进行相互间的指称替代。可以被进行替代的邻近性指称包括产品所属的类型、使用功能、操作行为、体验方式、形态肌理等。转喻后的两造成为合一的表意文本，通过产品的使用环境提供使用者各种经验与规约，依赖于经验完形的方式，对适合环境的产品文本整体指称进行判定。

5.3.3.2 环境下经验完形的解读心理机制

完形心理学又称格式塔心理学，完形组织法则是格式塔心理学对所有实验进行佐证的知觉组织法则，它注重经验与行为的整体性研究（于仙，2018）。完形心理学将行为分为个体在环境中活动的"显明行为"与个体自身内部活动的"细微行为"，主要研究个体的显明行为。完形适用于时间、空间、知觉以及所有心理现象，它们遵循将零散的经验材料组织成完整的整体的原则。

首先，建立在完形心理学理论基础之上的生态心理学也认为，个体对任何事物的认识都不能脱离环境，环境中诸多的信息为个体完整地认识事物提供可以完形的经验基础，个体的行为也与环境产生密切的关系；其次，环境对个体认识事物的完形过程存在着"确认"与"排除"的同步，即环境既提供个体对事物完形的诸多经验，也同时排除事物中非环境经验的那些存在的要素。

完形心理学家爱德加·鲁宾于1915年绘制的正负反转图形《花瓶幻觉》（高懿君，2017）（见图5-9），如果没有下图中黑色或白色的环境存在，"人脸"与"花瓶"始终处于持续不断的选择与对抗状态。当目光注视白色环境时，看到的是花瓶，人脸作为白色环境的组成部分被排除；当注视黑色环境时，则看到的是人脸，花瓶作为黑色环境的组成部分被排除。

环境对产品转喻的完形作用，可以按完形心理机制的先后顺序概括为：1.环境为使用者

图 5-9 《花瓶幻觉》
资料来源：搜狐百科编辑（2009 年 1 月 19 日）。

提供完形的经验信息；2. 使用者对两造系统规约及指称物的取舍；3. 获得适合于那种环境下的产品整体指称判定。

5.3.3.3 产品间的显著度差异是转喻编写与解读的前提

转喻是两个产品间指称的替代。修辞学认为，事物之间存在显著度的差异。在转喻的选喻与文本解读时，修辞两造间需要存在显著度的差异，转喻才能成立。显著度是知觉心理学的概念，它发生在事物与事物间的识别比较之中。显著度高的事物容易吸引人的注意、易识别，在认知中被优先处理，并可以激活显著度低的事物，这是转喻的一般规律（沈家煊，1999）。

转喻两造的产品间，显著度分为"产品间客观先验的显著度"与"环境提供经验完形的显著度"。这形成两种转喻文本的不同编写方式：1. 前者显著度是事先就已经客观存在的，产品间先验性的显著度差异由使用者的社会属性与生物属性共同决定；2. 后者显著度是指，原本产品间显著度差异不明显，两者进行转喻编写后，使用环境提供了可以完形的经验信息，最先出现的使用环境适合哪个产品，它的显著度就高于另一个。两者的解读心理机制都是依赖于环境提供的信息获得完形，达成对转喻文本指称整体的判断。

5.3.3.4 两种显著度的联接—转喻文本编写符形分析

对联接—转喻的符形学分析，要依据转喻设置的两种方式，分别进行讨论：一种是依赖于产品间先验存在的显著度，在使用环境中进行指称的激活，获得产品整体指称判断，称为"产品间显著度客观存在的转喻"；一种是环境提供完形的经验，通过两造之间取与舍的方式，获得整体指称的判定，称为"环境提供经验完形获得显著度的转喻"。

（1）第一种：产品间显著度客观存在的转喻

从产品间显著度差异客观先验存在的视角，笔者绘制了此类转喻文本编写的符形图式（见图5-10）并如下分析：

第一步，一个显著度低的产品（始源域）借助与之相比显著度高的邻近产品（目标域），依赖于其文化经验或生物认知优先的"特权"，以指称替代的方式进行联接；第二步，编写过程中，始源域与目标域两产品在一定程度保留各自系统规约独立性的基础上，双方指称物的还原度得到较大程度的保留；第三步，在使用者对文本解读时，借助显著度高的产品指称对另一方的指称进行激活。激活的前提是，必须具有激活低显著度产品的使用环境，环境提

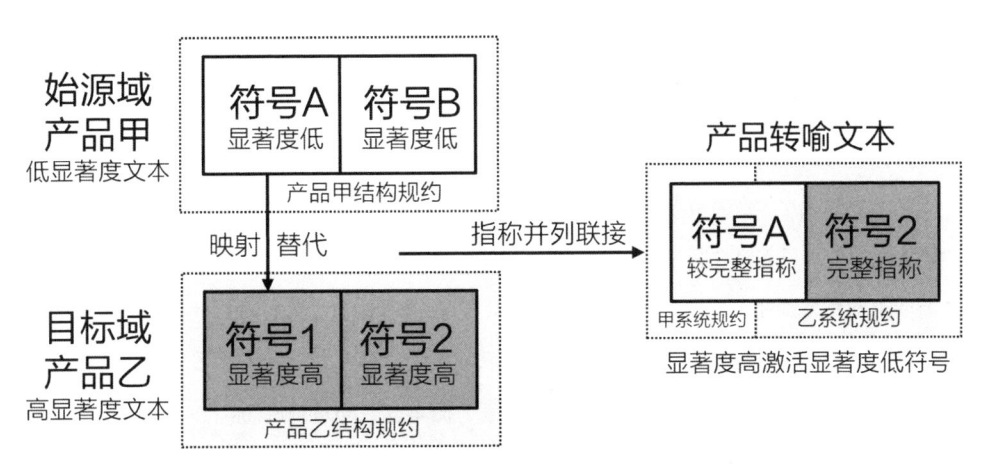

图5-10 产品间客观先验显著度转喻符形分析
资料来源：笔者绘制。

图 5-11　高显著度肥皂盒对低显著度海绵刷的激活
资料来源：恋恋时尚家居（2014）。

供经验完形的信息，使用者才能获得低显著度产品的整体指称判定。

肥皂盒与海绵刷是邻近且不同类型的两产品（见图 5-11）。前者作为常态化放置的容器比后者作为偶尔的清洗工具显著度要高。海绵刷可以作为始源域映射在高显著度的目标域肥皂盒上，并对肥皂盒"容器"指称进行替代。转喻后的文本，无论对于肥皂盒或海绵刷都是不完整的产品指称，只有在各自的使用环境中才能给出完形的判断：在常态的放置环境下被解释为"海绵刷的肥皂盒"，在刷洗工具的非常态环境下则是"可以装肥皂的海绵刷"。

产品间显著度先验的转喻，在文本编写时会出现两造指称的主次之分，显著度低的"海绵刷"为获得高显著度"肥皂盒"的激活，指称关系在编写时向"肥皂盒"靠拢，只有这样，才能便于使用者快速地判定高显著度产品指称，以此为基础激活低显著度的产品。这就形成低显著度产品的系统规约在编写时会向高显著度产品系统规约进行的必要妥协，妥协的方式即是对始源域"海绵刷"的指称晃动，直至适应"肥皂盒"的系统规约。

（2）第二种：环境提供经验完形获得显著度的转喻

深泽直人为意大利 Magis 品牌设计的 Substance Chair 坐具（见图 5-12），是典型的环境

图 5-12　Substance Chair 坐具
资料来源：Naoto　Fukasawa (2015)。

提供经验完形获得显著度的转喻。凳子和椅子同属不同的坐具类型，两者作为文化符号没有客观存在的先验显著度高低之分。深泽直人选取了一款典型靠背椅的"椅面"与一款典型凳子的"凳腿"，转喻联接成一新的坐具。

在没有使用环境的家具店，它可以是"一把像凳子的椅子"，也可以认为它是"一张像椅子的凳子"，它可以同时分属于椅子与凳子两个不同的商品类别。客户来购买坐具时，大多按照需要的使用环境进行产品挑选：公司采购者会以隆重的会场环境为挑选标准，认定它是"一把简约的椅子"；夜宵店老板会以露天大排档的环境为标准，认为它是"一张舒适的凳子"。此坐具在没有具体产品整体指称的情况下，提供给客户两种环境皆可能的挑选机会。

笔者以 Substance Chair 坐具为例，绘制了"依赖环境完形获得显著度的转喻编写符形分析"图式（见图 5-13），并对此类转喻编写步骤做以下分析：

不同于"产品间显著度客观存在的转喻"，这类转喻的文本编写、两造的系统规约呈现更强的独立性，从而形成两造指称物的高度还原。究其原因：1. 两造既然互不依赖于对方的激活，各自使用环境出现的概率均等，因而没有必要向对方的系统规约妥协；2. 两造指称只有形成如此大的对抗性独立，使用者才有机会在适合两造的各自环境里，依赖于环境提供的生活经验，迅速获得产品整体指称的完形判定。完形判定是取舍的共存，认定它是"椅子"的同时，便会舍弃"凳子"的判定。

5.3.3.5 "联接—转喻"文本表意的张力分析

联接—明喻的文本表意张力来源于两造指称物还原度、各自系统规约独立性在合一表意文本中的差异性表意；联接－转喻则是两造指称替代后，通过完形方式获取产品整体指称

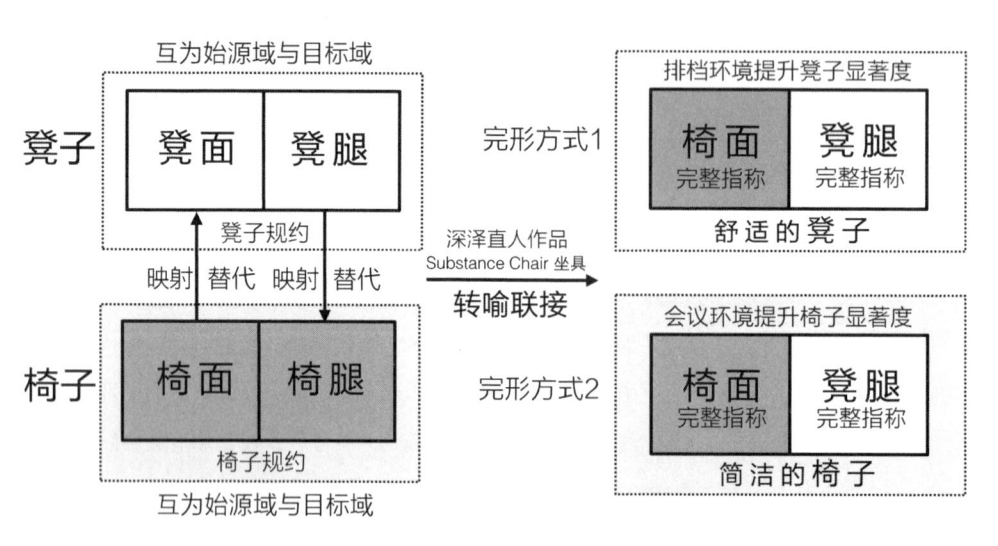

图 5-13 依赖环境完形获得显著度的转喻编写符形分析
资料来源：笔者绘制。

时产生的两造指称物之间的对抗冲突，以及对它们系统规约在环境下的"取"与"舍"的纠缠。转喻文本的解读是一个推理的机制，它受控于人们的认知经验，同时又反映了人们的认知经验。

　　转喻文本解读时的表意张力，主要受到以下 5 点影响：1. 转喻文本的表意张力由两造间的距离产生。当两造间的距离越近，相互的作用力越大，文本表意张力越强；距离越远，相互作用力越小，文本表意张力越弱（沈家煊，1999）。2. 源于两造指称关系在编写时的修正程度，两造指称物还原度越强，系统规约越独立，张力越强，反之张力越弱。3. 如果没有环境提供的经验，转喻很难进行产品整体指称的完形，环境内可供完形的经验信息越缺失，文本表意张力越大。4. 环境提供的经验与转喻两造指称对各自所在系统的完形匹配关系越完整、越简单，文本表意的张力就越弱；反之张力则越强。5. 因为转喻反映了使用者的认知经验，不同的使用者在使用环境适合的情况下存在经验完形的能力差异，从而导致转喻文本的张力在解读时各异。

5.4 寻找关联中"内化"编写方式的修辞符形学分析

内化的编写方式必定是隐喻的,隐喻的编写也必定是始源域符号在产品系统内进行的内化方式编写。隐喻活动的本质特征是始源域符号与目标域产品文本间相似性的关联,并获得理据性的意义解释;隐喻文本的本质特征是修辞两造在文本内可辨识与相互融合。束定芳(2000)列举了《大英百科全书》中对隐喻特征最为明显的一条:隐喻与明喻之间不仅存在着形式上的差别,而且有着"质"的不同, 隐喻不但可以辨认(identify)两种事物(注:深泽直人提出的重层性),同时可以融合(fuse)两种事物。"融合"在产品隐喻文本的编写中,即始源域文化符号通过设计师晃动其指称关系的方式,在产品文本内以"内化"的方式进行编写。

5.4.1 寻找关联类 "内化—隐喻"文本的三种不同来源方式

(1)隐喻研究对"相似性"的讨论

第一、亚里士多德最早提出隐喻"替换论"观点,隐喻是以同义域里的一个词语替代另一个词语。之后的"比较论"则是亚里士多德隐喻观的衍生,他认为隐喻的实质是比较,通过对来自两个义域的词语进行相似性比较建立起联系,以事物间的"相似性"作为隐喻研究的基础(胡壮麟,2004)。"比较论"以"相似性"为基础研究隐喻的方式,被之后的隐喻研究保留,并不断修正。

莱可夫和约翰逊对"比较论"的"相似性"做了以下三点质疑:1. 亚里士多德的隐喻是针对语言的研究,没有涉及思维与行为问题;2. "比较论"的相似点是两事物比较过程中先前已经存在的相似点;3. "比较论"并没有说清楚另一类相似——心理相似,也没有告诉我们如何创造相似点(胡壮麟,2020)。莱可夫和约翰逊强调,语言的隐喻是人们在思想上建立了联系,而不是基于词语的类型层级(胡壮麟,2004)。

第二、理查兹是隐喻研究"互动论"的创始者,他认为隐喻的实质是互动,两个分属不同义域的词语在语义上相互作用,最后产生新的语义(胡壮麟,2020)。理查兹在1936年出版的《修辞哲学》一书中,首次提出隐喻由"喻体"与"本体"组成的术语;同时指出,隐喻中的两个词义相互影响、相互启示才能把握其意义（胡壮麟，2020）。这表明：1. 隐喻文本中，修辞两造的指称必须共存，且始源域与目标域的共同作用，才能获得隐喻的意义解释；2. 隐喻活动具有两个词汇所在系统间的互动关系；3. 隐喻的意义受到解读者及语境的影响。由于理查兹的"互动论"从隐喻的两造结构出发，讨论隐喻认知的互动与统一关系，被隐喻研究者所广泛采纳。

第三，20世纪60年代，布莱克从亚里士多德"比较论"的"相似性"存在的问题出发，结合理查兹的"互动论"展开深入的讨论。他将研究的重点放在相似点的创新上。他认为，隐喻是将两个事物的系统同时在大脑思维中激活，两事物的系统产生互动，两者的意义产生变化后进行语义的重新组织。布莱克提出隐喻的"过滤作用"，两个事物间能用到的语义被过滤出来，用不到的则被放弃，过滤对两事物的语义选择同时进行（胡壮麟，2020）。赫斯曼在相似点的创新上提供三点意见：1. 所指的独特性。隐喻创造出了新的所指，这个所指既不同于始源域，也不同于目标域。2. 外部语言概念。隐喻创造的新所指的属性不是语言范畴的，隐喻不能用纯语言学的方法进行分析，隐喻涉及思想与概念的新范畴。3. 个体性。隐喻是个体对事物创造性的解释，事物的对象与品质所组成的意指关系是动态且任意的，但意义的解释不是单纯的主观过程，符号的表意活动受到外部语言部分（文化环境）的客观影响（胡壮麟，2004）。

最后，对隐喻的"相似性"可以总结为：1. 对相似性的讨论是以文学与修辞学为本的传统隐喻理论，以认知科学研究隐喻的转向，即语言隐喻向认知隐喻的转向；2. 相似性始终是隐喻对两件事物进行联系的依赖基础，跨领域的相似性是隐喻文本编写的前提；3. 相似性从存在的方式上可分为物理的相似性、心理的相似性，从运用的方式上可分为客观存在的相似性、主观创造的相似性；4. 隐喻文本的编写不是相似性的简单替换，它涉及隐喻两造所在系统间的互动（所有的修辞编写都具有系统性特征）；5. 隐喻虽是个体对事物的创造性解释，但隐喻受到文化环境的影响，环境提供隐喻意义内容与方向。

（2）"内化—隐喻"文本的第一种来源

跨领域的心理相似性映射是"内化—隐喻"文本的第一种来源方式，也是隐喻主要的来源方式。明喻与隐喻虽然都依赖于相似性，但明喻的始源域与目标域之间的相似性是对照关系的"相类"，隐喻的始源域与目标域之间的相似性则是一致性的"相合"。明喻的相似性来源有两种：1.两事物客观存在的物理相似；2.编写者强迫性地建立两事物间的比喻关系。

隐喻"相似性"的来源，既有形态的物理相似，也有感知的心理相似。心理相似是隐喻文本最主要的来源方式。隐喻认为即使是物理相似，两造间也应是一致性的"相合"，而非明喻那种对照关系的"相类"。那些以物理相似性的隐喻如何达到两造间一致性的"相合"，则引出"内化—隐喻"文本的第二种来源。

（3）"内化—隐喻"文本的第二种来源

在物理相似性的"联接—明喻"文本基础上的改造，是"内化—隐喻"文本的第二种来源方式。如果始源域与目标域之间的相似性是物理相似性，且相似性呈现"相类"的对照关系，那么几乎可以认定其为明喻。在明喻的基础上，编写者可以对其改造，使得两造间物理相似性由之前对照关系的"相类"转向一致性的"相合"。

具体改造方式为：1.由于明喻的两造指称保留着较高的指称物（符号对象）还原度，及各自系统规约的较高完整性，因而，为达到两造相似性的一致性"相合"，明喻文本中始源域符号的指称关系必须经过晃动，以此降低或弱化指称物的还原度，及其所属系统规约的独立性；2.始源域符号对目标域文本系统内所适切的符号，以内化的方式进行编写，对两造"物理相似性"进行一致性的相合改造。至此，物理相似的明喻"联接"编写方式，完成向心理相似的隐喻"内化"方式转向。

（4）"内化—隐喻"文本的第三种来源

在"联接—转喻"文本基础上的改造，是"内化—隐喻"文本的第三种来源方式。转喻依赖于同范畴、不同类型的两个产品之间的邻近关系进行符号指称间的替代，在替代的过程中，修辞两造保持各自指称物的高还原度，及各自系统规约的较高完整性，其目的是以便在适合各自的环境中获得整体指称的认定。

同为"联接"编写方式的明喻与转喻，在对两造指称关系的编写方式上，有着共同的处理手法：1. 两造指称物的高度还原与各自系统规约的独立；2. 两造指称物高度还原带来的差异性是文本张力的来源；3. "联接"不是始源域符号与目标域符号的简单拼装或替代。

转喻是在同一理想化认知模型中的运作，以完形的方式获得符号间映射替代后的指称判定，它需要双方各自的环境，提供完形的经验信息，转喻文本的整体指称才能达到"转换"的效果。于是有可能会出现以下两种情况：1. 两造指称所属环境始终没有出现，使用者凭借经验对转喻文本的整体指称做出判断，转喻文本的张力呈现最大值；2. 只出现两造指称所属环境中的一种，另一指称所属环境始终未出现，转喻则有可能向明喻转向。因为明喻的第二种相似性来源于"编写者强迫性地建立两事物间的比喻关系"，使用者会以此进行明喻方式的解读。

环境提供修辞解读的内容与方向，转喻会因两造指称所属环境中一方环境的缺失，转向明喻的解读方式。因此，在"内化—隐喻"文本的第二种来源基础上，"联结—转喻"也可以通过同样的指称处理方式，向"内化—隐喻"转换。但要指出，与明喻转向隐喻不同的是，转喻转向隐喻以达到始源域指称在目标域系统内的一致性"相合"，并非对"相似性"指称关系的改造，更多的是对邻近性指称关系在目标域系统的内化处理，本章的5.6配有教学案例加以详细说明。

由此可以看出：1. 转喻至隐喻的转换，是转喻—明喻—隐喻的改造过程。虽然"明喻"这一环节通常会被省略，但其完整的认知修辞过程必定存在，它是文本编写者放弃转喻的完形可能，并在两造"强迫性地建立两事物间的比喻关系"所形成的明喻基础上进行始源域指称关系的改造，以内化方式与目标域文本系统协调统一；2. 转喻依赖于 A 与 B 两个指称关系的相互替代，两者是并列的关系，且皆具有较完整的指称物还原度，及系统规约的独立性。这样，转喻转化为隐喻就有了两种可能：A 作为始源域，服务于目标域 B 文本系统，B 作为始源域，服务于目标域 A 文本系统。

对"内化—隐喻"文本的三种来源讨论表明：1. 再次验证了符号与产品文本编写有联接、内化、消隐三种编写方式。始源域符号的指称在目标域文本中经过晃动可以形成三种编写方式的依次渐进，并获得新的修辞格。2. 从产品修辞的文本编写角度而言，各类修辞格文本的编写实质，是修辞两造指称关系的改造方式，以及它们在目标域文本系统内的协调统一方式。3. "内化—隐喻"作为三种编写方式中可以称为"终极"的编写方式，因为其不但以弱化、消减符号指称为表现形式，同时其对"相似性"的选取（第一种来源）以及改造（第二种、第三种来源），无不显示出对客观存在的物理相似性的抛弃和对主观创造的心理相似性的追求。

5.4.2 隐喻文本的编写与解读特征

隐喻在人类的认知方面有两大作用：创造新的意义；提供看待事物的新视角。传统隐喻理论将隐喻视为一种修辞格的类型，但如果将隐喻作为人类思维组织的工具，隐喻则是一种重要的认知现象（束定芳，2000）。隐喻是跨领域的事物间相似性的意义映射，它也是人类对新概念探索和阐述过程中一种重要的工具和手段（束定芳，2000）。郭振伟（2014）对此分析为，隐喻必须在两个不同领域的事物间才得以发生：一方面，相似性是沟通两个不同领域事物的关键，隐喻是相似性与差异性的辩证统一；另一方面，构建新奇隐喻必须强化两个不同领域事物之间的差异性。因此，隐喻文本中的相似性与差异性是辩证统一的。

莱可夫等认知语言学家认为，所有的隐喻都必须遵循相似性原则。在隐喻活动中，相似性源于人们的感知，我们依赖于感知的联想对两种不同的事物产生关联，解释、评价、表达我们对客观世界的主观感受。因此，相似性实际上是认知的结果，而不是修辞的专属（郭振伟，2014）。对隐喻文本的编写与解读特征可做以下几点分析。

（1）相似性的分类：物理相似与心理相似

物理相似性：也称为客观相似性，指始源域和目标域两造间在形状、功能等客观上的共有特征。客观的物理相似主要指修辞两造间可以通过人类的五感较为直观地感受到的相似，构建隐喻时这种客观相似性比较容易获取。

心理相似性：又称为主观相似性，指始源域和目标域两造间在主观感受上的相似。主观的心理属性是两造的事物作用于人的感官和心理后形成的主观认识，两造间这些感知的相似性，则需要借助人类的抽象思维，经过联想、判断、推理等理性认知才能构建成功（郭振伟，2014）。钱钟书认为，尽管隐喻的相似分两种类型，但人们在构建和理解隐喻时，都是靠人的主动感知和体验才得以实现（郭振伟，2014）。

钱钟书更重视心理相似性，他认为隐喻应该注重情感价值，而不是观感价值，两造间不能单纯形似，而应该在联想的基础上寻找神似，隐喻必须进入人们的认知结构中，寻找对隐喻结构的解释（郭振伟，2014）。心理相似是以抽象思维、联想方式生成的，具有开放自由、不受现实束缚的特征，施喻者可以彰显个性的想象空间，在任意两事物之间都可以建立心理感知层面的相似性联系（郭振伟，2014）。

（2）任何事物间都可以创造性地建立相似性

钱钟书认为，隐喻是非逻辑的感知表述，就逻辑性而言，事物的本质原本不同，是根本无法相互关联的；但从文学艺术作品的隐喻角度而言，则可以摆脱逻辑的束缚，即使再遥远、再毫无关联的两个事物都可以通过施喻者的想象，进行相似性的隐喻，进而使事物产生关联（郭振伟，2014）。因此，任何事物之间都会存在或多或少的相似性，一种来源于客观存在的物理相似，另一种来源于感知形成的心理相似。完全基于物理特征的相似性是明喻，而不是隐喻的，这早已为人们所接受（赵艳芳，2001）。

（3）相似性需要文本编写与解读双方的共同认定

陈汝东（2005）认为，虽然隐喻的相似性在许多情况下是修辞者的主观创造，但只要读者认可本体和喻体之间的相似关系连接，隐喻就可以成立。施喻者对隐喻的相似性创造如果可以被解喻者解读，那么施喻者必须在解喻者所在群体的集体无意识所构建的文化规约中进行相似性创造。相似性是一种感知，即符号的意义，符号意义有效传递的关键是由接收者一方建立的元语言系统规约决定修辞的编写。因此，设计师对相似性的创造性解释，必须限定在使用群集体无意识经验实践所建构的系统规约内进行结构主义的产品文本编写。任何希望相似性可以被有效解读的隐喻设计，都是结构主义的文本编写方式。即使相似性呈现开放式的意义解释，也是有效性传递基础上的意义多元。

5.4.3 符号进入文本内编写的适切性原则

始源域文化符号以适切性方式在目标域产品文本内的编写，从两造指称关系的改造而言，始终围绕指称物的还原度，以及原系统规约的独立性展开，以此获得始源域符号在目标域系统结构内不同方式的协调与统一。这种处理方式，既是设计师主观意识在文本编写过程中的表达，也是设计师对结构主义产品设计表意有效性的妥协。关于始源域文化符号进入目标域产品文本内编写的适切性原则，可以通过以下4点进行阐述。

（1）罗兰·巴尔特的适切性概念

适切（appropriate），即贴切度、合适度、适当、理据程度等意思。罗兰·巴尔特（2008）认为，修辞过程中，介入系统的符号与文本内符号的相互解释应遵循适切性原则。产品文本的编写是按照结构主义的系统规约，并被限定在"适切性原则"下进行的符号间意义的选择与文本的编写。从符号文本的传递活动而言，适切性也可以称为结构主义文本编写中意义传递的理据性。

一方面，适切性原则是按照某种合适度描述收集对象，只需要强调这个意义解释与材料之间是否存在那些重要的特征，进而排除其他的、暂时可以被忽略的所有特征。对于这些重要的特征，巴尔特称为"适切项"（罗兰·巴尔特，2008），适切性的实质是研究一个符号的对象对另一个符号解释过程的意指作用。

另一方面，所有修辞最初阶段只关注两造对象间具有的意义解释关系，很少过早涉及对象的社会文化因素、心理因素、个性化因素等非适切项因素。于是那些非适切项因素就会被排斥在系统之外；而这些因素可能都会被编写者创造性地解释后，成为适切项进入结构系之中，同时它们的位置与功能都会按照意义系统的结构进行排列（罗兰·巴尔特，2008）。巴尔特从另一个角度阐明了非适切项可以经过编写者主观的改造成为适切项，具有对文本意义解释的适切性，这也再次表明，隐喻相似性的主观创造是对非适切项进行的适切性改造。

（2）适切性在内化—隐喻文本编写中的两种表现

罗兰·巴尔特对符号文本编写活动中意义解释的适切性描述，以及适切项被设计师主观能动地创造性发掘，在产品隐喻设计文本编写中，可以进行以下两点表述：第一，相似性符号介入产品系统结构，与产品文本内的符号进行相互解释时，要关注两者在意指关系的贴切度、适切度，即符号间的适切性、理据性。理据性的评判标准是，是否符合使用群集体无意识所形成的文化规约，即能否被使用者解读。巴尔特把具有理据性解释的两个符号称为适切项。第二，那些原先没有相似性贴切度的符号间意指关系，经过设计师主观能动地创造，可以成为具有理据性的适切项。主观创造的适切性，在文本表意时更具张力。

因此，内化—隐喻的适切性运用就包含了两种方式（见图5-14）。方式一：设计师通过一个符号A与产品文本内某个符号B之间的相似性，进行适切性的描述；方式二：设计师通过一个符号A，创造性地寻找产品文本内所有具有适切项的符号1、符号2、符号3进行相似性的描述。

佐藤大的作品《猪鼻存钱罐》中（见图5-14左），猪鼻子以相似性解释存钱罐文本内投币口，可以理解为始源域一个符号与目标域产品文本内一个符号间的适切性解释。莱可夫和约翰逊指出，一旦隐喻将事物间各种蕴含的关系联系在一起，对我们日后看待某个事物会产生影响并指明了方向（束定芳，2000）。当"猪"与"存钱罐"形成固定搭配的隐喻后，猪的"鼻子"再去解释存钱罐的"投币口"，便是顺理成章的理据了。通过固定搭配隐喻中始源域猪的局部特征，再去修辞存钱罐，其之所以可以被使用者"顺理成章"地解读，是利用已有修辞活动中的经验，进行完形的认知机制。

村田智明的作品《男性化酒具》中（见图5-14右），设计师针对男性化这一概念，分别对酒具文本中多个符号进行相似性改造：不锈钢材质、磨砂的肌理、挺拔的造型、厚重的

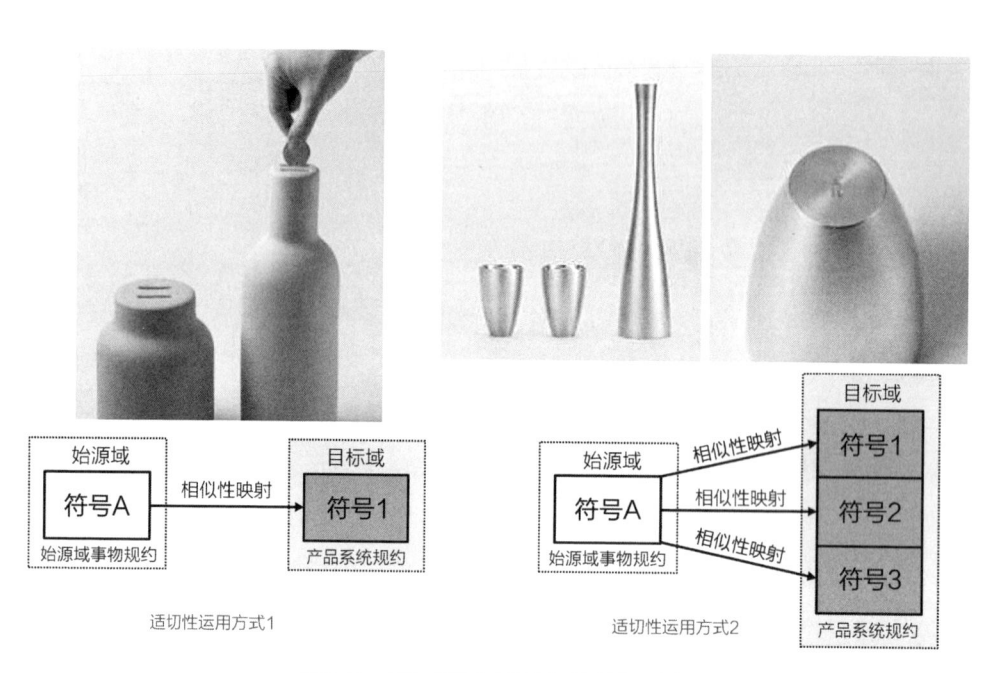

图 5-14　内化—隐喻文本编写中适切性的两种方式
资料来源：左上，DaiSato（2015）；右上，Tomomei Murata（2010a）；左下、右下，笔者绘制。

质感等，主观且创造性地挖掘出与"男性化"产生相似性的各种适切项内容。这件作品是较为典型的始源域一个符号与目标域产品文本内多个符号进行相似性隐喻修辞的例子。

（3）适切性具有产品系统化的特性

隐喻涉及始源域符号所在系统在目标域整个系统内部的关系转移，隐喻的映射具有系统性（束定芳，2000）。这对产品隐喻而言表明以下两点：第一，皮尔斯普遍修辞理论推导的产品设计，是一个符号与产品内相关符号的修辞解释，在具体的修辞编写操作过程中，是这个符号所涉及的原系统的各种关系，以映射的方式被转移到产品的系统当中；第二，隐喻修辞中的所有适切性，都是始源域符号针对目标域整个系统的"适切"。适切方式也正是本章所提及的，始源域符号指称通过晃动的方式，弱化指称物的还原度，降低始源域符号所在系统规约的独立性，达到在产品文本的"内化"编写方式。

（4）适切性是设计师主观意识的表达与选择

一方面，主观创造的适切项的各种相似性，是设计师个体感知能力与经验的彰显，每一位设计师寻找的相似性各不一样；另一方面，就如同命题作文一样，即使不同的设计师面对相同的相似性，但在目标域产品文本内寻找的各适切项符号也会各不一样。因而，产品修辞因设计师不同，不但呈现修辞两造不同的创造性解释，而且适切性在产品文本内的编写方式也各不同。这种差异性丰富的局面，也是产品修辞的魅力所在。

5.4.4 "内化—隐喻"文本编写的三阶段流程

产品隐喻文本编写按活动的次序可分为三个阶段：选喻、设喻、写喻（见图5-15）。

（1）选喻：设计师跨领域的选喻距离

理查兹在《修辞哲学》一书中认为，隐喻的始源域与目标域间的差异性和它们的相似性具有同等作用，始源域与目标域间的距离远近，与隐喻文本表意的张力大小成正比。相似性是隐喻显性的映射和判断依据，而两造间的特殊作用来自它们之间的差异性，而非相似性，它是隐喻产生新奇效果的重要来源（Richards L.A.,1936）。钱钟书（2002）在理查兹基础上补充认为"远取譬，合而仍离，同而存异"。

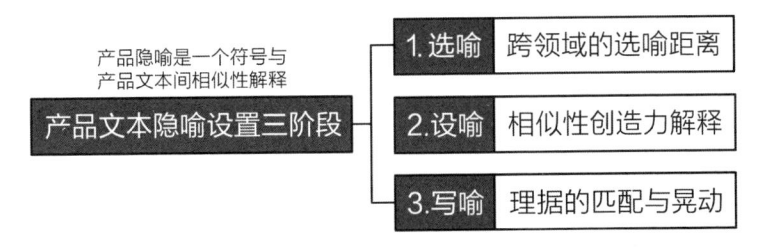

图5-15　产品隐喻文本编写的三个阶段
资料来源：笔者绘制。

钱钟书（2002）在论述隐喻时提出"以彼喻此，两者部分相似，非全体浑同"，钱钟书修辞理论研究者郭振伟（2014）补充认为，事物间不存在整体相似，而是它们局部品质在感知上存在相似性，相似性仅存在于局部，这是隐喻存在的基础。

同类事物之间的相似性会更多，不同类型事物之间的相似性会较少，但相似性多的同类事物之间不能形成隐喻，只能成为明喻；跨领域的两事物差异性会很大，没有明显的相同之处，但依赖于施喻者发现，并创造出相似性，形成的隐喻最具新颖效果。

（2）设喻：相似性创造力的解释

对隐喻修辞两造的相似性，莱可夫和约翰逊认为，虽然隐喻包含了物理相似性和心理相似性两种类型，但所有隐喻的相似性都依靠人的主观感知去发现和创造（Lakoff. & M.Johnson,1980）。束定芳（2000）对此解释为，尽管在此之前人们不会发觉始源域与目标域两个截然不同的事物之间存在任何的相似或关联，但施喻者将两者并置在一起，依赖于其主观的感知能力创造出两者的相似性关联；另外，钱钟书非常强调施喻者的创造力，他认为施喻者需要在远距事物间创造新奇的、尚未被发现的相似性（郭振伟，2014）。他对隐喻的跨领域特征称为"譬喻以不同类为类"（钱钟书，2002）。同时，隐喻必须遵守舍弃差异，凸显相似的原则（郭振伟，2014）。

对隐喻修辞两造之间的相互关系，束定芳（2000）指出，隐喻的意义表达是始源域与目标域互动的结果，始源域的特征经过映射转移到目标域，但目标域特征决定了始源域哪些局部的特征可以转移。目标域对始源域起到"过滤"的作用，目标域系统在过滤始源域符号的过程中，会强调自身的某些特征，并同时抑制或掩盖其他特征。同时他强调，在隐喻修辞活动中，始源域的意义主宰着隐喻文本的意义内容和方向（束定芳，2000）。这也证实了隐喻的认知方式：我们通常用熟悉事物（始源域）的某种感知，去解释一个不熟悉事物（目标域）的某种品质。因此，熟悉事物（始源域）的那种感知作为隐喻修辞文本的意义主导。

对隐喻修辞的具体操作方式，王文斌（2007）提出，隐喻的"冲洗"方法，即施喻者凭借个人认知经验，对两造事物各类品质有目的地选取，荡涤不相关的旁枝侧节，存留两造最为突出的感知相似点，进行符号化意义解释，这样才能获得准确、明晰、自然、协调、恰当等特征的隐喻修辞。

（3）写喻：理据的适切与指称的晃动

明喻的相似性是事物间对照关系的"相类"，而隐喻的相似性则是一致性的"相合"。钱钟书强调，构建隐喻时要使得相似性达到"切至"的效果，做到"切至"才会让读者在相似点被点明后，体会到"合则肝胆"的感觉。"合"并不是两个事物完全等同，而是"合而仍离，同而存异"（钱钟书，2002）。所有的适切都是一种感知层面的适切，而不是物理属性的适切。对于产品隐喻而言，一方面，原本不具有与产品相似性解释的事物，可以经过设计师创造性解释后，成为相似性的适切项；另一方面，符号在产品文本内部寻找到所有可以与之相似性适切解释的符号。晃动是符号的相似性适切地选择产品文本内各个符号，并以内化的编写方式融入产品系统进行解释的具体操作手段，也是始源域符号在目标域产品文本中"内化"方式编写的途径。

最后，针对选喻、设喻、写喻三阶段所构成的完整隐喻过程，科恩从隐喻的社交功能提出，使用隐喻的重要目的是获得亲密度。这种亲密度包含三部分内容：1. 文本编写者发出的含蓄邀请；2. 文本解读者付出代价（解读者能力元语言的释意压力）地接受邀请；3. 邀请所形成的感知传递，使得编写与解读双方承认属于同一团体。隐喻性语言只有针对相互间知识、信仰、意图和态度非常一致的编写者与解读者双方才能被理解（束定芳，2000，页147—148）。因此，对于无意识设计活动中产品隐喻的选喻、设喻、写喻三阶而言，都必须统一在由使用群集体无意识构建的产品设计系统三类元语言的规约范围内，这是结构主义产品文本修辞表意有效性的前提保证。

5.4.5 "内化—隐喻"文本表意的张力分析

隐喻具有意图定点的明确方向，但解释内容是开放的。内化—隐喻相较于联接编写方式的明喻与转喻的文本表意张力分析更为多样复杂。笔者从设计师对隐喻文本的编写流程，试对其表意张力进行分析：

（1）选喻距离带来相似性基础上的更大差异。产品隐喻的始源域和目标域间的相似性与差异性具有同等作用。产品外的符号与产品之间的距离越远、跨度越大，相似性与差异性就更加显得"似是而非"地突出且统一，形成文本较强张力。理查兹认为，相似性是隐喻显性的映射依据，但修辞的特殊作用来自它们之间的差异性，两造的差异性是隐喻张力的来源之一（Richards LA，1936）。他为此做出形象的比喻，随着隐喻两造之间的差异性增大，其产生的张力是弓箭拉弯的弧度，是引发文本表意张力的源泉（束定芳，2000）。

（2）相似性中设计师个人情结参与创造。一些艺术化倾向的产品隐喻则侧重于在表意可被传递的基础上设计师个体情结对产品的解释，这时符号对产品的相似性解释极具创造力且个性化，使用者在解读时，使用群能力元语言会释放更大的释意压力，文本因此具有较强张力。

（3）相似性的适切编写。它是对相似性再次创新的过程，这个阶段会有两种方式加强表意的张力：第一，那些与始源域没有适切性解释的文本内符号，经过解释后成为可以被相似性解释的适切项；第二，设计师对相似性在产品文本内寻找所有可以被解释的符号，成为适切项。这样，主观能动的设置比起原有就具有适切性的意指关系更具张力。

（4）晃动两造指称关系后的内化编写方式。经过晃动后的两造指称物的还原度下降，始源域符号的系统规约也倾向于目标域，在两者的辨识度降低的情况下，释意压力加大，文本表意张力增强。

5.5 寻找关联中"消隐"编写方式的符形分析

  一个文化符号以指示为基础的物理相似性对产品进行隐喻修辞。设计师通过晃动这个始源域文化符号指称的方式，消隐其符号属性，使其成为在产品使用环境中可供性的直接知觉，再以直接知觉符号化进行文本的编写。消隐—直接知觉编写方式就是无意识设计方法第三大类型"两种跨越"中的"寻找关联至直接知觉符号化设计方法"。这种设计方法在第六章（详见 6.5.3）会有具体案例进行文本编写的符形分析，以及在第八章（详见 8.4.2）的设计验证中，笔者的设计作品再次对此进行符形分析。因此，本节为避免重复分析，省略案例，只着重讨论消隐方式在文本编写时的符形分析。

5.5.1 指称可以被"晃动"消隐的条件与无意识设计方法的对应

  （1）只适用于对物理性相似的隐喻指称晃动

  "消隐—直接知觉"是一个文化符号以指示为基础的物理相似性对产品进行隐喻修辞，对其去符号化后，在产品使用环境内转化为可供性信息，使用者以刺激完形的方式获得直接知觉的过程。前文也提及，只有在非语言环境下，修辞的指称关系才可能在晃动中消隐，始源域的指称物（对象）才能由符号信息转化为生物属性的可供性刺激信息。它们以个体的五感为体验而获得，成为直接知觉。

  隐喻的相似性有物理相似与心理相似两种，消隐—直接知觉编写方式只能在物理相似的隐喻基础上进行指称晃动。结合图5-16加以三点分析：

  第一，皮尔斯将符号进行三分，为"对象—再现体—解释项"，延森在其基础上细分了三者间的关系，形成三种媒介倾向：1. 对象—再现体：是符号载体事物与符号品质特征之间的关系，具有"信息"的倾向；2. 对象—解释项：是符号载体事物与符号意义感知之间的关系，具有"行为"的倾向；3. 再现体—解释项：是符号品质特征与符号意义感知之间的关系，具有"传播"的倾向（克劳斯·布鲁恩·延森，2012）。

  第二，符号的意义是抽象的，必须靠"对象—再现体"组成的指称关系获得意义的解释，物理相似与心理相似的隐喻，也都是通过指称关系进行意义的解释。但不同的是：物理

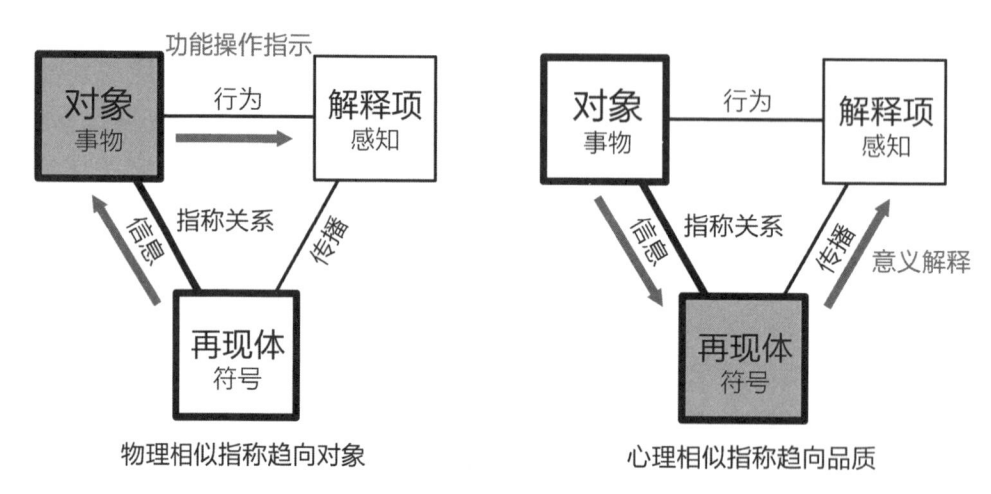

图 5-16 物理相似与心理相似的隐喻指称趋向
资料来源：克劳斯·布鲁恩·延森（2012）。

相似的指称关系趋向指称物，即对象，依赖于修辞两造对象外在特征的相类信息产生感知（见图5-16左）；而心理相似的指称关系则趋向符号的品质，即再现体，依赖于修辞两造指称关系中与感知相似的品质信息形成意义解释（见图5-16右）。因此，物理相似最后的表意倾向行为指示，心理相似最后的表意倾向感知传播。

第三，之所以心理相似性的隐喻无法晃动始源域符号指称关系，转化为消隐—直接知觉的原因是：1. 心理相似的指称关系不像物理相似通过对象与解释项获得相似联结，而是以事物可以解释的再现体品质与解释项获得感知解释；2. 当晃动始源域符号指称关系，直至其消失，虽然对象转化为纯然物依旧存在，但因其品质消失，符号随之消失，感知也即刻消失；3. 除非剩余的纯然物在产品系统内提供给使用者知觉上的可供性信息，但这又回到了直接知觉可供性具有的行为指向的物理相似性，而非原本心理层面的相似了。

（2）消隐—直接知觉编写方式与无意识设计方法的对应

深泽直人从产品与使用者在环境中的知觉—符号关系出发，将无意识设计分为"客观写生"与"寻找关联"（重层性）两大类。笔者在其基础上扩展了第三类为"两种跨越"。这一类可细分为两种设计方法，分别为"直接知觉符号化至寻找关联"与"寻找关联至直接知觉符号化"。这两种方法中的"寻找关联至直接知觉符号化"的文本编写，就是修辞指称关系被晃动到的消隐，成为直接知觉的可供性刺激信息的模式。

"寻找关联至直接知觉符号化"设计方法的文本编写方式为：在以物理相似性进行隐喻修辞的基础上，持续晃动始源域符号的指称，使其去符号化后，仅保留纯然物的属性特征，这些属性特征在产品系统环境中成为一种可供性的刺激信息，使用者可以通过这些刺激信息，获得直接知觉，设计师再将可供性形成的直接知觉在产品中设置为指示符，指向以功能与操作为主的行为表达。

5.5.2 "消隐—直接知觉"的文本编写符形分析

消隐—直接知觉的编写可分为三个步骤（见图5-17）：第一步，一个文化符号以指示为基础的物理相似性对产品进行隐喻修辞。在产品使用环境中，设计师对文化符号的指称进行晃动时，指称物还原度不断降低，直至指称关系、原系统规约消失后，对象以去符号化的纯然物存在。第二步，这个纯然物在非经验化环境中与使用者形成一种生物属性的可供性信息，使用者获取这些信息后，经过刺激完形获得直接知觉。第三步，设计师再将这个直接知觉在产品文本中加工为表达指示目的的符号，即完成了消隐—直接知觉编写方式，也是无意识设计两种跨越类型中的"寻找关联至直接知觉符号化"的设计方法。

在隐喻文本中，只有那些始源域符号与产品目标域之间存在具有以指示为基础的物理相似性，才能经过晃动指称关系，消除其对象的符号化，成为具有某种刺激信息的事物。最后，可以形象地将其比喻为：消隐—直接知觉是对以物理相似的隐喻文本中的始源域符号的漂洗过程，漂洗掉其所有的颜色，这些颜色是社会文化染上的符号感知。

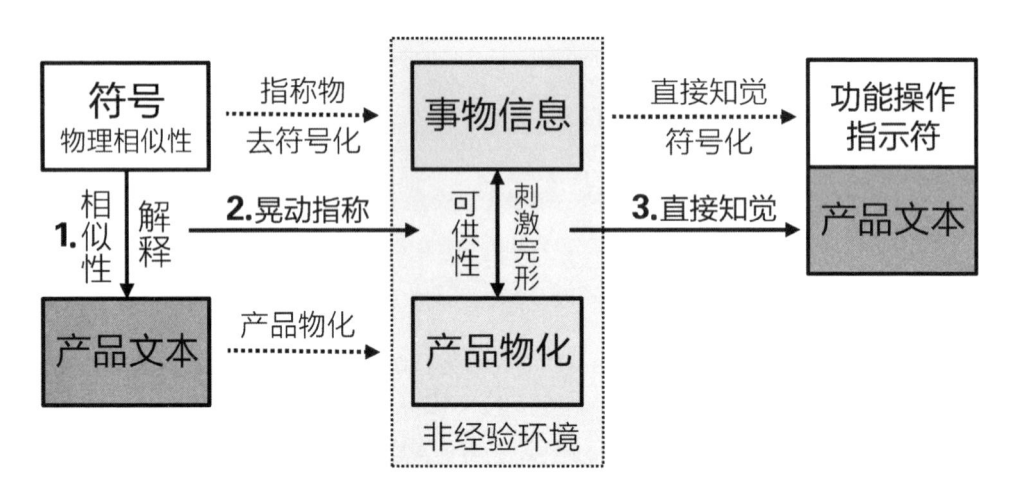

图 5-17 消隐—直接知觉的文本编写符形分析
资料来源：笔者绘制。

5.5.3 "消隐—直接知觉"编写方式对设计活动的价值

设计界长期以来对使用者与产品之间关系的研究，一直割裂为"使用者生物属性—人机工程学"与"社会文化属性—产品语义表达"两种研究方式。直到二十世纪五六十年代认知科学的发展，催生了认知心理学的产生，它打破了人的生物与文化属性长期二元对立的局面。但由于认知心理学过于依赖人工智能技术与计算机技术,希望通过在实验室对个体进行抽象感知的数据采集，利用计算机输入、分析、判断出知觉的形成，这成为其一种弊端。

这种弊端影响到 20 世纪 70 年代在日本兴起的感性工程学的发展。它希望通过对个体的研究，将感知量化后所得的数据与它们之间的关系运用到工程技术之中，完成人机之间良好的操作与感知功效。但此弊端依旧存在：其一，知觉与行为的所有数据都来源于个体的原有经验，因此数据收集的模式适合改良设计，而非创新。其二，缺乏个体生物与社会文化之间的贯通。无意识设计的直接知觉符号化的设计方法是贯通生物知觉与社会文化的有效渠道。其三，他们希望建立以数据库为依托的人工智能，任何云数据都是有限的感知，其限制了设计师为主体设计活动的个性化意义解释与新的体验。

与建立在感知数据量化的感性工程学研究方法不同的是，消隐—直接知觉编写方式，其建立的源头基础并不是使用者的知觉，而是社会文化环境中符号与产品间物理相似性的隐喻修辞，通过符号指称向直接知觉方向的加工，形成这样的循环（见图5-18）：符号与产品修辞—符号指称消失—可供性直接知觉—行为功能指示符—符号与产品修辞。

这个循环不但将人的生物属性与文化属性、产品的文化符号与纯然物的二元对立格局得以贯通，同时也可以避免产品深陷在文化符号环境中，进行无休止的感知累加。这个循环完全可以使得产品回到功能与使用者身体接触与体验的最初本源状态，在本源的基础上寻找到适合这个产品的新符号，以此再去对产品进行修辞，不但又回到文化社会，而且又探寻到对产品进行感知解释的新天地。

图 5-18　产品与使用者各自突破二元对立的循环方式
资料来源：笔者绘制。

5.6 以案例验证"联接—内化—消隐"的渐进与修辞格的转化

产品设计各类修辞格在编写时的文本操作实质，是对始源域符号指称进入目标域产品文本内的不同改造方式。以联接、内化、消隐三种不同方式对始源域符号指称进行改造，可以达成不同的修辞格。因此，对设计修辞的研究与教学实践，笔者摆脱以往对修辞格的选择依赖，而是以产品文本外部始源域符号进入产品文本内，其指称关系以联接—内化—消隐的三种不同方式，进行适应产品系统规约的编写，以此讨论在三种不同编写方式下，始源域指称关系经过"晃动"改造后，获得修辞格依次渐进的关系。笔者在 2016 年开始在本科及研究生教学中展开尝试。

5.6.1 在转喻文本基础上进行"内化—隐喻"至"消隐—直接知觉"的渐进编写

（1）"小桌—衣架"是典型的"联接—转喻"修辞文本

2015 级欧阳玲同学的作品《小桌—衣架》（见图 5-19）是典型的转喻修辞文本，其典型性表现在：第一，在一个完整的小方桌的桌面上有一个也近似完整的衣架，两者以指称较高还原度，及各自较为完整的系统规约联接呈现。第二，如果缺失使用环境，对于这件作品的整体指称无法判定为"可以挂衣服的方桌"还是"可以放置物品的衣架"。第三，当适合挂衣服的环境出现，其被完形判定"可以放置物品的衣架"；当适合放置杂物的环境出现，其被完形判定为"可以挂衣服的方桌"。

这类转喻文本的解读机制是系统环境下的完形，两造指称物的高还原度与各自系统规约的独立性，是在适合修辞两造使用环境下迅速得以判定产品文本整体指称的前提，在选择判定整体指称时两者相互否定。另外，在转喻文本中两造指称可以清晰分辨，也可较为完整地剥离。

（2）转喻两造指称剥离后具有两种方向继续内化、消隐的可能

《小桌—衣架》是欧阳玲在 2018 年完成的，因其具有两造指称物较高还原度与各自系

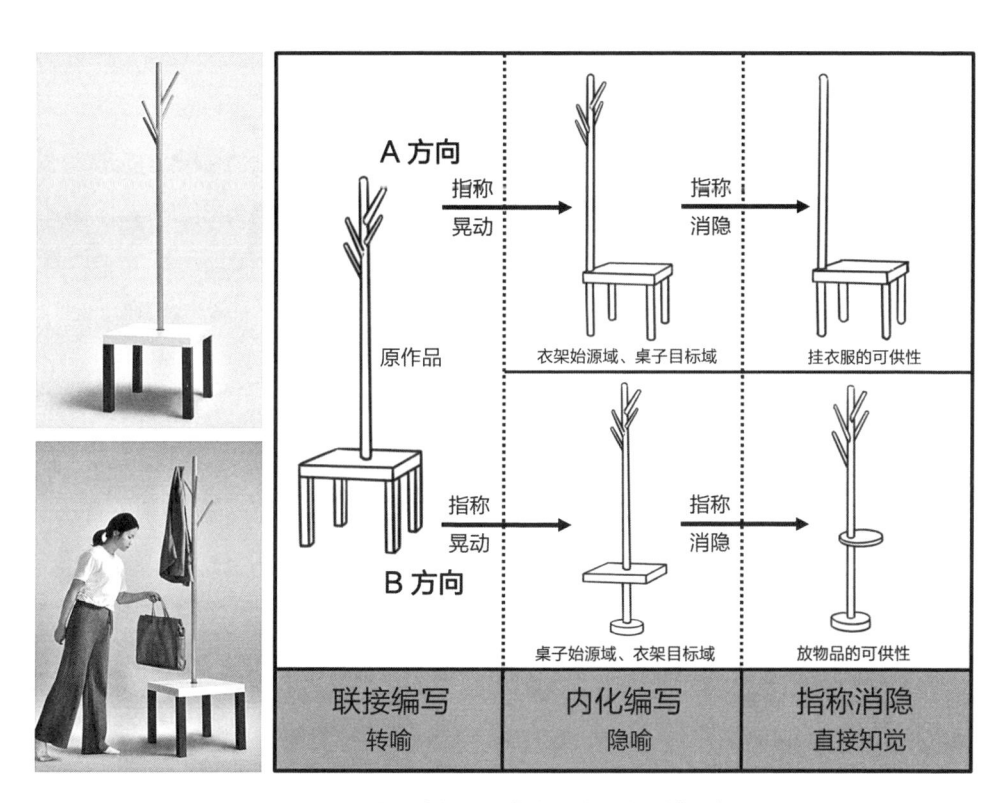

图 5-19 "联接—内化—消隐"的渐进与修辞格的转化案例
资料来源：左，《小桌—衣架》；右，笔者绘制。

统规约的独立性，笔者在 2020 年的"产品设计的感知原理"课程训练中，继续让 2017 级的学生在其作品基础上，通过对转喻文本两造指称的剥离，再次选择两者不同的修辞方向，经过始源域符号指称晃动，进而获得隐喻文本；再在隐喻文本基础上，继续晃动始源域指称，消隐为直接知觉符号化的设计文本。具体操作要求与步骤如下：

第一步，《小桌—衣架》是两个邻近的、不同类型的产品，以联接—转喻的修辞格进行指称替代方式的文本编写，首先厘清

第 5 章　无意识设计寻找关联类的修辞方式　　205

文本内重层的两造指称，并对两者进行各自系统规约的剥离，即"衣架"与"小方桌"在转喻文本中的指称剥离。

第二步，剥离后的"衣架"与"小方桌"的符号指称，皆具有较强的指称物还原度与各自系统规约的独立性，希望在原有文本的基础上，它们双方可以按照互为始源域与目标域的方式，再次进行双向的内化—隐喻修辞，形成两种修辞方向：A 方向的隐喻——"衣架"作为始源域，晃动其指称，以映射的内化编写方式服务目标域"小方桌"，形成"A 隐喻文本"；B 方向的隐喻——"小方桌"作为始源域，晃动其指称，以映射的内化编写方式服务目标域"衣架"，形成"B 隐喻文本"。

A 方向隐喻与 B 方向隐喻可以同时成立的原因是：这件作品的转喻建立在使用环境提供完形经验的基础上，联接—转喻文本的两造指称关系是邻近性的替代联接方式，且各自指称具有高还原度与系统独立性，允许双方在晃动自身指称关系后，以服务对方产品系统结构的方式，进行相互间的再次内化—隐喻修辞。

第三步，A、B 两方向形成的各自内化—隐喻文本中，已通过设计师对始源域指称的晃动，降低了它们各自的指称物还原度及系统规约的独立性；在此基础上，设计师继续晃动始源域符号指称，使其去符号化后，在各自产品的系统环境中转向为可供性的直接知觉，以直接知觉符号化设计方法完成"A 直接知觉文本"与"B 直接知觉文本"。

5.6.2 方向 A："内化—隐喻"修辞渐进至直接知觉符号化

A 方向是指，《小桌—衣架》转喻文本修辞两造剥离后，"衣架"作为始源域，"小方桌"作为目标域，以此为服务方向，展开的内化—隐喻、消隐—直接知觉的文本编写。

（1）A 方向的内化—隐喻的文本编写

转喻文本渐进至隐喻文本的操作实质是原本依赖邻近关系，通过指称替代连接在一起的两个产品的部分指称，转而改为其中一个以内化方式服务于另一个。这就要求作为始源域的那个产品必须通过晃动其指称的方式进入目标域产品文本，以适应其系统规约的要求，即以适切性的编写方式内化于对方的系统结构。

A方向的内化—隐喻文本具体编写方式可做以下表述：首先，从原联接—转喻文本《小桌—衣架》中剥离出的两个独立指称中，"衣架"作为始源域服务于目标域"小方桌"；其次，晃动"衣架"符号指称，使其主杆的结构内化为桌腿的延伸部分，即小方桌的一条桌腿延伸后是一个完整的衣架造型，衣架服务于小方桌的系统结构，这时新的隐喻文本会被使用者判定为"配有衣架的小方桌"。

（2）A方向的消隐—直接知觉符号化文本编写

新的隐喻文本"配有衣架的小方桌"可以继续晃动始源域指称成为消隐—直接知觉文本的前提是，隐喻文本必须是物理相似且具有行为操作或行为指示的符号文本，只有通过指称关系中的对象端，获得行为指示解释的符号文本，晃动指称去符号化后，对象才能转化为直接知觉的可供性，进行消隐—直接知觉的文本编写。

A方向的消隐—直接知觉文本具体编写方式可做以下表述：第一，在"配有衣架的小方桌"内化—隐喻文本中，设计师继续晃动"衣架"符号，使其去符号化，即指称物的还原度降低至纯然物，在"小方桌"的环境系统中仅仅具有直接知觉的可供性；第二，具体操作为，去除衣架上支出的挂衣钩，使其成为一根桌腿延伸出来的长棍，这个棍子的高度正好提供给使用者在那个环境中可以挂衣服的"可供性"；第三，挂衣服的可供性被生活经验判定为具有功能指示的"示能"，其符号化后与"小方桌"进行文本编写，即获得"可以挂衣服的小方桌"的产品整体指称判定。

将原本具有物理相似性的修辞，通过晃动始源域指称后成为可供性的纯然物，再以直接知觉符号化方式进行文本编写，这一完整过程就是无意识设计两种跨越类的"寻找关联至直接知觉设计方法"。

5.6.3 方向B："内化—隐喻"修辞渐进至直接知觉符号化

B方向与A方向唯一不同的是，《小桌—衣架》转喻文本修辞两造剥离后，"小方桌"

转为始源域，"衣架"则作为目标域。A、B两种方向仅始源域与目标域互换，编写方式与规则一致，因此下文不再重复赘述，仅表述具体的操作内容。

（1）B方向的内化—隐喻的文本编写

从原联接—转喻文本《小桌—衣架》中剥离出的两个独立指称中，"小方桌"作为始源域服务于目标域"衣架"；晃动"小方桌"符号指称，使其弱化并保留一个方形"桌面"的符号，"桌面"符号遵循"衣架"的系统规约进行指称修正，它被贯穿在衣架的主杆上，其高度与原"小方桌"桌面一致，这时新的隐喻文本会被使用者判定为"配有桌面的衣架"。

（2）B方向的直接知觉符号化文本编写

在新的隐喻文本"配有桌面的衣架"基础上，继续晃动始源域方形"桌面"符号，使其符号化消隐，即"小方桌"产品系统内，那些可以被认定为"桌面"大小、形状、厚度、材质等各类原有规约消失，晃动为可以提供置物的"圆盘"造型，它与衣架进行文本编写后，即获得"可置物的衣架"的产品整体指称判定。

5.6.4 作为修辞格编写与转换的有效操作工具

首先，笔者要明确表明这样一点，对始源域符号在目标域文本内，通过联接—内化—消隐三种不同编写方式，以及它们可渐进的关系所形成对应的不同修辞格训练，其研究目的一方面是对无意识设计寻找关联类修辞方式的创新研究，另一方面是希望其可以成为有效的产品修辞格文本编写与转换工具。其创新处在于，暂时搁置各种产品修辞格的讨论，转而从设计师对修辞两造的符号指称改造方式入手，探讨因指称关系的能动改造所带来的修辞格间的转换，从被动地选择修辞格转向主动地改造修辞格。

其次，作为具有主观改造修辞的文本编写工具而言，其价值及有效性仅存在于文本编写实际操作中，修辞文本的表意质量并不是由工具所决定的。在此案例的A、B方向训练中，可以清晰地看到：1. 在内化—隐喻文本编写过程中：对于转喻文本的选择、转喻文本两造指称的剥离、剥离后的修辞两造进行内化—隐喻时指称的晃动程度、目标域对始源域适切的映射方式；2. 在消隐—直接知觉文本编写过程中：始源域符号持续晃动直至去除文化符号规约、在目标域系统环境内对使用者直接知觉的考察、可供性之物修正后的符号化文本编写。以上这些都需要依赖于设计师个体的能力得以展开并继续。

5.7 本章小结

皮尔斯逻辑－修辞符号学认为，符号间的意义解释是普遍的修辞。深泽直人提出的客观写生与寻找关联两大无意识设计基础类型中，寻找关联是指产品系统外的一个文化符号与产品间的修辞。对其的研究方式，本章创新地还原到文化符号与产品文本通过两造指称关系进行解释的基础动力源，继而对两造指称关系的设置、指称物的还原度与各自系统规约的独立性展开操作方式的分类讨论，最终获得联接、内化、消隐三种编写方式所形成的修辞类型，以及三种编写方式之间的渐进关系所达成的修辞格之间的转换，以此作为设计实践的有效操作方法。这是笔者结合符号学在产品设计领域的首次尝试，也是本课题对寻找关联类修辞方式的研究路径。本章同时将产品各种修辞格的文本编写方式统一概括为：一个符号进入产品系统结构内，与相关符号进行解释时，两个符号间的指称关系在系统规约下，以不同方式进行的协调与统一。

三种编写方式以符号感知的不同认知方式为理论基础，它们各自所对应的修辞格之间并不是毫无关联的，可以通过设计师晃动始源域符号指称，达成联接－内化－消隐的依次渐进关系，并形成修辞格之间的转化。"晃动"从符号学角度而言，是设计师对始源域符号的指称关系在产品文本内编写过程中有计划地改造，使之可以在不同修辞格之间持续渐进的操作方式。至此，设计师真正做到从被修辞控制的被动，转向通过始源域指称改造方式主动控制修辞的局面。

始源域符号在产品文本内联接、内化、消隐三种编写方式的研究，不但可以从理学上有效分析无意识设计寻找关联类的各类修辞的符形实质，以及它们对修辞两造符号指称关系的加工操作手法；同时，三种编写方式对两造指称关系的晃动，成为相互间形成渐进的手段，尤其当修辞始源域符号指称关系被晃动至消隐后，转为可供性的直接知觉，与产品进行修辞的文化符号的感知意义，转化为纯然物的可供性。这不但是无意识设计两种跨越类的"寻找关联至直接知觉符号化"的设计方法，同时也是对无意识设计贯穿使用者文化属性的符号世界至其生物属性的可供性领域的有效验证，以此形成完整的无意识设计系统方法的贯通。

最后，需要补充并强调的两点是：

第一，本章是以始源域符号的三种编写方式及其渐进关系，对无意识设计寻找关联类常用修辞格进行文本编写的符形分析。由于无意识设计是典型的结构主义文本编写方式，因此反讽修辞格不在讨论范围内；又因为深泽直人提出的寻找关联类强调的是产品系统外的文化符号与产品文本间的修辞，提喻也被排除在讨论的范围内。但这不排除依赖于此方法，对反讽与提喻进行符形学研究的科学性与有效性。因此，无意识设计寻找关联类的修辞方式，并不是对产品设计常用修辞格的覆盖，但始源域符号在目标域产品文本内的三种编写方式，以及三种编写方式之间的渐进关系，适用于所有修辞格的符形研究。

第二，一方面，寻找关联类的修辞方式并没有对结构主义产品设计常用修辞格进行全覆盖，同时各类修辞格之间存在渐进的变化，以及修辞格之间的区分存在使用者判定的模糊边界；另一方面，本课题对无意识设计系统方法的类型补充及方法细分，按照符号规约的来源，及文本编写目的进行分类细分。因而，在接下来的第六章中，对寻找关联类设计方法的细分并未按照修辞方式进行，而是按照符号与产品间修辞的方向，以及这两种方向的符号规约来源及文本编写的目的分为两种：文化符号修辞产品、产品修辞一个文化符号。

第 6 章 无意识设计方法细分及其文本编写流程与符形分析

无意识设计首次通过使用者所处的三类环境，以使用者对产品"知觉—经验—符号感知"的完整认知过程，将其生物属性与文化感知进行贯穿。其设计活动围绕在三类环境中的四种符号规约展开，四种符号规约具有的"先验"与"既有"特征，保证了文本表意的精准与有效传递；符号规约在产品文本编写系统内编写时，必须符合使用群集体无意识规约的判定，这两点是无意识文本表意有效性的基础，也是其典型结构主义文本编写方式的特征体现。

深泽直人按照使用者在环境中与产品的知觉—符号关系，将无意识设计分为"客观写生"与"寻找关联"（重层性）两大基础类型：前者围绕产品系统内部新生成符号规约的意义传递进行文本编写；后者则是文化符号与产品文本之间相互的修辞解释。由于深泽直人对无意识设计方法的分类过于笼统，本章将按照四种符号规约的来源，以及它们在产品文本中的编写方式、表意目的，对已有两大类型进行补充，并对类型进行设计方法进行再细分，对各设计方法进行文本编写流程以及符形特征分析。

对无意识设计系统方法的细分及文本编写的符形分析，其实质是建立在结构主义产品设计活动基础上，对产品文本表意有效性的方法总结，使之成为设计师在产品表意活动中行之有效的系统化工具。

6.1 深泽直人对无意识设计的分类

6.1.1 人文主义质化研究方式进行方法分类的实质

谢立中（2019）提出了人文社科可能性的四种研究范式：实证主义的量化研究、实证主义的质化研究；人文主义的量化研究、人文主义的质化研究。一个课题往往以某种研究方法为主，其他研究方法为辅助。正如在本书的绪论中提出本课题采用的质化研究方法那样，深泽直人对无意识设计方法的研究，主要是按照人文主义的质化研究方法进行的主观分类。这是因为：

（1）人文主义的质化研究对研究者的要求

现象学理论的创始人胡塞尔提出一种研究者个体对其生活世界的研究范式，即研究者个体的主观经验通过不自觉的筛选过滤，获得较为纯粹的主观经验（梁丽萍，2004）。如果将量化研究视为一门可以通过反复练习，便可提高研究水准的技术，那么质化研究更像一门艺术，它不但需要研究者对研究对象具有丰富的经验，具备研究的基本素质，更需要研究者凭借对研究对象的敏锐洞察，去发掘研究素材的价值（陈阳，2015）。

深泽直人对无意识设计人文主义的质化研究，依赖的是其长期实践的主观经验，去理解研究使用群的意义解释及系统构建。因此，选用人文主义的质化研究方式需要研究者不但具有丰富的设计实践经验，同时要求其按照自身积累的主观经验，展开一系列对使用群生活环境以及行为心理的描述与解释工作。

（2）人文主义的质化研究对研究方式的要求

第一，对现实环境下进行研究的要求。深泽直人（2016）提出，无意识设计需要将产品与使用群之间的关系放置在特定的环境场景中进行讨论，这与结构主义符号学文本传递理论中语境元语言提供文本编写、解读的系统规约相一致，同时对环境的重视也是胡塞尔普遍完形机制理论的积极体现。

第二，对所收集资料的整理归纳研究方式。人文社科领域的量化研究通常遵循实证主义的研究方式，强调以科学技术方式，通过数据采集后的分析，揭示事物的客观性本质；质化研究则依赖于现象学、诠释学、符号学互动理论为哲学基础，探究依赖于研究者个体经验搭建起的人类意义活动的系统关系（梁丽萍，2004）。深泽直人借助日本传统俳句用语，对描述客观存在事物的方法，称为"客观写生"类型；借助修辞学中修辞表意时两种不同品质事物共存的方法，称为"重层性"（笔者更名为"寻找关联"）。

（3）人文主义的质化界定与陈述

第一，概念的非量化。格尔茨与马奥尼（2016）认为，质化研究依赖于事物本质的内在意义来界定和使用概念。谢立中（2019）补充认为，质化研究讨论概念的核心是事物的本质属性，质化研究也会采用数据的统计，但对概念的定义更加独立于可测量的数据。深泽直人对无意识设计方法的质化研究中，其研究的概念是非量化的，其"客观写生"与"重层性"都是描述性的特征界定，而非数据化的统计界定。

第二，陈述的非量化。质化研究者对最终的研究表述采用非量化的方式陈述研究结果，其陈述是逻辑推理模式。它与量化的实验统计法不同，被称为质化推理法（谢立中，2019）。一旦涉及使用者对产品感知的意义解释（符号学领域的讨论范畴），量化陈述对研究成果是没有任何价值的。深泽直人深知这一点，其对"客观写生"与"重层性"的概念界定，以及分析陈述，都呈现出一种逻辑推理的准确性、有效分类的模糊性。

深泽直人提出的两种无意识设计基础类型的逻辑推理准确性在于，提供并普及广泛的设计活动，使之成为有效的方法工具；有效分类的模糊性是因为，任何设计活动都存在不同的系统结构，其系统结构内的三类元语言随具体的设计活动而表现出变动不居的特征，质化方式的模糊性，是希望激发设计师处理具体设计项目的主观能动性。

6.1.2 从"表面经验"与"知觉—符号"出发的两种质化分类方式

深泽直人对无意识设计分别按照吉布森视知觉理论与直接知觉的可供性概念进行了两种质化方式的分类：一种是从产品与介质的边界所形成的表面经验出发进行分类；另一种是从产品在环境中与使用者的知觉—符号关系出发进行分类。

（1）第一种质化方式分类：产品与介质的边界所形成的表面经验

吉布森的视知觉理论认为，所谓的表面，是空气这一介质与事物之间所形成的界限，所有事物的形态都依赖于这个界限得以判断，事物与介质间的界限都成为我们识别事物的经验。

从吉布森视知觉理论的介质与表面经验入手，深泽直人提出基于形态及材质表面处理的无意识设计方法，分为四种：表面经验、表面经验的修正、表面经验的表现、表面经验的混合（后藤武等，2016）。

如果用吉布森的直接知觉理论结合符号学中意义解释的修辞手法，我们可以清晰地看到，深泽直人"无意识表面经验设计方法"中，四种设计类型的实质分别为：1. 表面经验——环境中的事物通过个体生物属性的可供性获得信息的刺激完形，这是直接知觉在产品中的利用；2. 表面经验的修正——直接知觉被个体的经验进行修正，并成为具有感知的符号；3. 表面经验的表现——被修正的符号与另一个符号之间所进行的修辞；4. 表面经验的混合——具有叙事特征的多个符号间多重的修辞表意。

（2）第二种质化方式分类：产品在环境中与使用者的知觉—符号关系

深泽直人分别按照对产品系统内客观存在的行为、心理进行描述，以及外部事物对产品的修辞解释，将无意识设计分为两大类：客观写生与重层性。为与作为设计方法的"客观写生"表述统一，笔者将"重层性"更名为"寻找关联"。

符号学作为一门研究人类感知的哲学已历经百年，流派与研究方向众多，但都在讨论这样的两个问题：符号的感知意义是如何产生的；一个符号的品质是如何被另一个符号进行意义的解释。深泽直人的这种分类方式与符号学的研究目的具有高度的一致性，它明显涉及与符号学相同的两个问题：产品符号的感知意义是如何产生的；产品文本内符号的品质是如何被一个外部符号进行意义解释的。

深泽直人提出的"客观写生"与"寻找关联"分别与这两个问题相对应。

客观写生类讨论两种符号意义的产生：1. 直接知觉在生物属性的环境中，经过生活经验的分析判断，在文化符号环境获得意义解释，成为携带感知的符号；2. 集体无意识的原型经验在环境中，通过必要的设置被唤醒，以经验实践后的意义的解释，成为携带感知的符号。

寻找关联类则侧重于两种方式的意义修辞传播：1. 设计师创造性地用产品系统外部的文化符号对产品文本内相关符号进行修辞解释；2. 设计师依赖于产品文本自携元语言文化规约

去解释一个社会现象或事物。

6.1.3 深泽直人对"客观写生"与"寻找关联"两大基础类型的描述

"客观写生"与"寻找关联"是无意识设计系统方法的基础类型，本课题"两种跨越"类型的补充，以及各类型的设计方法细分，都是以两大基础类型为基础展开的。

（1）客观写生：对已有的客观事物的描述过程

客观写生是对产品使用环境中使用者行为与心理的客观描述。深泽直人借助日本文学家高滨虚子《俳句之道》一书中的核心术语"客观写生"来命名这种设计方法，它是对客观存在的事物进行描述的过程（后藤武等，2016）。日本的俳句由中国古代汉诗的绝句经过日本化后发展演变而来，俳句多以描写客观存在的事物作为每日的小诗，而它的特点也正是对客观事物的描述，避免添加作者的主观情感。俳句对客观事物写生的方式一直影响着日本文学，乃至日本当代设计。

俳句的"客观写生"是对客观事物的描述，无意识设计的客观写生则是对使用群在产品原有系统内各种行为与心理的描述。俳句描述客观通过语言，无意识设计对客观的描述则依赖于符号规约，它本身既充当了设计的语言，同时也成为设计传递的目的。因此，客观写生的实质是对认知过程中那些客观存在的先验特征进行符号化的感知传递。

（2）寻找关联：作品中可以分离出两种事物的重层性特征

寻找关联可以简单概括地认为是产品外部某一事物的感知对产品系统内部符号进行的解释性描述，即产品的修辞。深泽直人将其称为"重层性"，作为设计文本最后呈现的姿态，他的命名是非常形象的；但笔者为便于将"客观写生"一起放置在设计方法的操作层面讨论，将"重层性"更名为"寻找关联"，以保持设计方法的一致性。

深泽直人提出的重层性是指使用者在一件作品中可以分离出的两种事物的品质特征，而这两种品质特征被设计师设置得具有相互的关联，且协调统一、共同呈现。这与理查兹对思维是否运用比喻的判断标准不谋而合。他认为，要判断思维表达是否使用了比喻，可以通过分析它是否出现了本体和喻体，本体与喻体是否共同作用产生了一种包容性的，以及两种互相作用的意义（束定芳，1997）。因此，深泽直人的"重层性"是对所有产品修辞的统一表述，从符号的修辞而言，重层性就是修辞文本中两造指称关系共存的客观体现。但无意识设计的修辞不是普通产品设计修辞的概念，它更强调产品修辞的重层性应是在使用群的集体无意识规约构建的产品设计系统内各类元语言规约协调统一后的最终呈现。这是由无意识设计结构主义典型特征所决定的。

深泽直人对"客观写生"与"寻找关联"的分类表述过于笼统，本章的目的是在前几章无意识设计理学分析的基础上，从符号规约的来源与生成方式、符号规约在文本中的编写方式对原有类型进行方法的细分，同时在深泽直人提出的两大基础类型上进行有效的类型补充。

6.1.4 课题选择"客观写生"与"寻找关联"作为研究基础的理由

（1）无意识设计活动贯穿使用者知觉至符号感知的整个过程

客观写生与寻找关联作为无意识设计系统方法的基础类型，它们打破了阻隔使用者生物属性与文化属性间二元对立的壁垒。生物属性的直接知觉可以在社会文化中获得经验解释，成为服务于产品的更多的文化符号，这一方面表明，无意识设计对使用者生物属性与社会文化属性的贯通方式，正是个体对事物从知觉—符号的完整过程，而这一过程又在无意识设计的各类方法中运用得淋漓尽致。

另一方面表明，为丰富产品的文化属性，不单单可以依赖产品系统外部的文化符号与产品进行修辞解释，产品系统内使用者生物属性的直接知觉符号化可以作为新符号的来源，提供探索产品文化属性的新方向；同时，无意识设计贯穿了使用者直接知觉、集体无意识原型的生活经验、社会文化符号的感知三部分，是使用者通过产品认知、感知世界的完整过程。

（2）两造指称关系的重层是无意识设计符形研究的路径之一

如果讨论符号与产品间意义解释的理据性以及社会文化因素等是修辞的符义学研究范式，那么讨论符号与产品间通过指称关系进行的解释方式、指称关系在编写时的具体加工方式等结构关系问题，则是修辞的符形学研究范式。

无意识设计的寻找关联，是产品与其系统外部的文化符号间的修辞。深泽直人有意避开修辞，而去讨论修辞中"重层性"的特征，其用意是不希望无意识设计被现有的各类修辞格规范束缚。一方面，符号与产品间修辞方式的意义解释，并非符号解释项与解释项之间的意义解释，而是两个符号各自指称关系所对应的感知与品质间的解释。感知是抽象之物，必须通过修辞两造可感知的指称关系加以承载，修辞两造指称关系是研究修辞的关键。另一方面，设计修辞应服务产品。上一章已清晰论述，始源域符号在产品文本中指称关系的不同编写方式，会带来不同修辞格间的转换，这也是设计师从被动地选择修辞格向主动地控制修辞格转变原因。

（3）厘清设计界长期以来的两种错误认识

设计界存在两种错误的认识：一是产品与艺术的区别，是结构与后结构编写方式导致的；二是符号与产品文本间的修辞，一定是符号服务于这个产品。为此，有必要从符号与产品文本相互服务的方向上做出辨析讨论。产品与艺术的区别、结构与后结构之间的区别并没有实质的联系，更不应该在同一个逻辑范畴内讨论。从产品与其外部感知的关系进行无意识设计分类，可以轻松地解答以上的困扰。

6.2 无意识设计类型及方法细分的质化研究

深泽直人按照使用者在环境中与产品的知觉—符号关系,将无意识设计分为"客观写生"与"寻找关联"(重层性)两大基础类型。两大基础类型涵盖了在三类环境中使用者知觉、经验、符号感知的全部认知过程与内容。无意识设计的全部设计活动以这些知觉、经验、符号感知所形成的四种符号规约为核心而展开。四种符号规约分别具有使用者生物属性的"先验"特征(直接知觉符号化、集体无意识符号化),以及使用群社会文化属性的"既有"特征(使用群社会文化符号、产品文本自携元语言),这既是无意识设计典型结构主义特征的表现,同时也保证了文本意义传递的精准与有效性。

6.2.1 无意识设计活动对三类环境的依赖

6.2.1.1 知觉、经验、符号感知形成对环境的依赖

人类的知觉、经验、符号感知无不依赖于环境。无意识设计两大基础类型贯穿于使用者直接知觉、集体无意识生活经验、文化符号感知三部分,对环境具有同等的依赖。

第一,知觉依赖于环境提供完形的信息。认知心理学认为,人的心理与行为需要生物基础与环境基础。生物基础是人类作为生物体与生俱来的,但生物基础需要在环境的作用下才能发挥其功能。环境是与生物体产生联系的外部世界,与生物体没有产生联系的外部世界不能称为环境(黄希庭,2007)。吉布森认为,环境提供个体足够多的刺激信息,通过刺激完形获得知觉。间接知觉论者则认为,环境内的信息模糊且片面,需要依赖个体原有的经验对它们进行假设与认定,以经验完形的方式获得间接知觉。

第二,集体无意识的原型是经验在环境中的沉淀。一方面,列维-斯特劳斯在研究结构时,发现集体无意识是在特定环境中日积月累的生活经验沉淀;另一方面,设计师在对使用者进行考察时,使用群的集体无意识经验原型也只有在特定的环境下才能被唤醒,通过经验实践,并被意义解释成为符号。

第三,符号的意义来源于环境内的经验解释。一方面,结构主义的核心任务之一是消除意义的自然属性,破坏意义的稳定属性,挖掘隐藏在指称关系背后的规约组成。世界是由

关系而非事物构成的，这是结构主义者看待世界的思维方式和首要原则（弗朗索瓦·多斯，2012）。这个原则表明：在任何特定的情境之中，每一个元素的属性本身不具备任何意义。元素的意义是由此元素在其所处的情境中，与其他所有元素的关系所界定的。进一步说：任何符号的意义解释都受控于环境及其环境内的结构。另一方面，符号学的语境论是对文本传递过程中外部影响环境的表述。语境是符号使用的外部环境，也称为"情境"。语境论认为，一个不完整的文本可以依赖于语境获得完整的意义解释，这是依赖外部环境的信息进行经验完形后，获得完整意义解释的过程。产品设计系统中的语境元语言为使用者提供产品文本的解释方向与基础规约内容。

6.2.1.2 无意识设计在三类环境中的工作任务

首先要强调，无意识设计活动中三类环境的划分不是对设计活动整体环境的分隔，而是将一个整体环境，分别从使用者直接知觉、生活经验、符号感知三个不同维度所做出的不同定义，即一个环境可以同时视为三种不同的属性组成。它们依次为非经验化环境、经验化环境、文化符号环境三类。三类环境也许具有同样的客观组成，但这些客观组成在不同的研究维度呈现不同的属性特征。

将环境划分为三种类型，是与无意识设计中使用者完整认知过程进行的环境匹配。这也是无意识设计研究区别于其他设计类型的特殊性之一。在第二章的文献综述中，已对三类环境做过详细的表述。在此，配合图6-1，对非经验化环境、经验化环境、文化符号环境三类环境在无意识设计活动中的贯穿关系做以下三点阐述：

（1）非经验化环境下的产品是"产品的物化"，即原本在文化符号环境中的产品去符号化，成为纯然之物。使用者生物属性在非经验化环境内，通过身体与物化的产品间的可供性信息，以刺激完形的方式获得直接知觉。但使用者生活在社会文化之中，生物属性的直接知觉通常都会进入生活经验中进行分析判断，继续完形为间接知觉。

（2）经验化环境是使用者生活经验的积累，它对来自生物属性的直接知觉进行经验化的选择、分析、判断，以经验完形的方式获得间接知觉。要强调的是，经验化环境中的经验

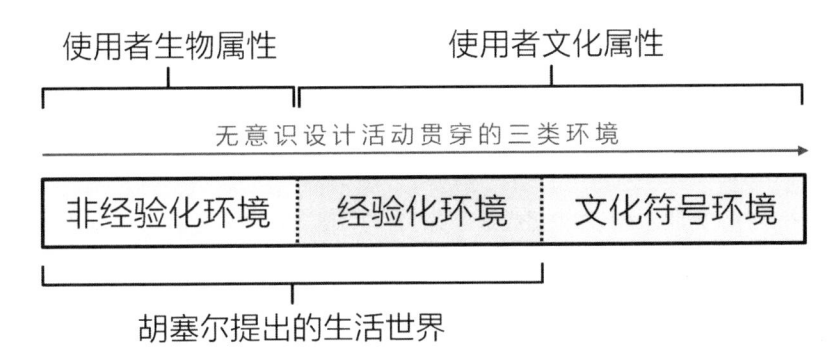

图 6-1 无意识设计活动的三类环境
资料来源：笔者绘制。

不是符号，但经验是为符号获得感知意义所提供的素材。美国传播学研究者威尔伯·施拉姆(Wilbur Schramm) 曾说过，所有符号的意义皆来自经验（蔡哲，2010）。胡塞尔提出的"生活世界"概念，可以视为非经验化环境与经验化环境的整合。

（3）文化符号环境中的活动都是对产品某种品质进行意义解释的符号化过程，它使产品成为携带感知的符号。产品之所以能成为符号，是日积月累的生活经验，在环境下对产品各种品质进行的分类、判断。产品符号化的感知则是一个外部符号对产品某一品质的意义解释，解释方式就是外部符号与产品间的修辞。

无意识设计对这三类环境的依赖与重视，是其他产品设计活动类型所不曾有过的；三类环境中任务的连贯性再一次表明，无意识设计在设计实践中对使用者知觉至符号感知的整个过程利用的完整程度，更是其他产品设计活动类型所不曾有过的。

6.2.1.3 产品系统与三类环境的关系

"产品系统"是本课题一个提及较多的概念，它是从皮亚杰系统结构的定义而衍生至产品设计活动的概念。产品系统在本课题中，具有以下的特点：

第一，产品系统的任意与临时性。产品系统内部的组成，以及组成间的相互规约关系是客观存在的。在每一次的设计实践中，设计师按照不同的研究内容与任务，将不同的组成以及组成间各类不同的规约关系，通过不同的选择方式，构建为一个系统结构。譬如，美院5000人中，可以将其中的潮汕学生划分为一个系统结构，讨论他们在校的生活习惯、群体社交、价值观念等；也可以将设计类专业学生划分为一个系统结构，讨论他们的学习方法、设计风格、教学特点等。因此，系统中的组成是客观存在的，组成间的各类相互关系是客观存在的，而对系统的划分及构建则是主观研究任务及目的决定的。

第二，产品系统的概念中，不但包含了按照研究内容、任务而划分的各类组成，以及它们相互间错综复杂的规约关系，同时也涵盖了环境的研究类型。再以上段为例，学校整体环境可分为生活环境、学习环境、教学环境三大类。讨论"潮汕学生系统结构"时，生活环境、学习环境就已涵盖在系统里面；讨论"设计专业学生系统结构"时，学习环境、教学环境也涵盖系统之中。这是因为，环境是组成间规约关系形成的基础、存在的前提。

第三，无意识设计活动贯穿于知觉、经验、符号感知三类认知方式，分别对应非经验化环境、经验化环境、文化符号环境。产品系统所包含的环境，是每一次设计实践活动中，与上述三类环境有所对应的那部分区域。

最后，产品系统与三类环境的关系可以这样理解：1. 设计师针对设计任务、目的，在三类环境中，按照产品与使用者之间的知觉、经验、符号感知，划分与之对应的产品形态、构造、功能、操作、体验等诸多产品要素，以及使用者与它们的生活经验与文化规约；2. 任何设计活动都会涉及使用群的文化符号环境，因为任何产品设计活动都是符号与产品间的修辞表意；3. 任何希望产品意图可以被使用者有效解读的设计（结构主义产品设计），都会涉及使用群的经验化环境，因为在此环境中，对每一次修辞的理据性认可，都是使用群集体无意识原型进行经验实践后的意义解释。

6.2.2 无意识设计作品资料收集的质化研究方式

6.2.2.1 两大基础类型的研究必须统一在符号规约的基础上

为了从使用者完整的认知层面讨论无意识设计，课题已在第三章讨论了两种知觉与无意识设计之间的关系，在第四章讨论了生活经验所形成的集体无意识在无意识设计活动乃至所有结构主义产品设计活动中的作用。也可以说，第三章、第四章着重讨论了"客观写生"基础类型中两种符号规约的形成，"客观写生"围绕产品系统内新生成符号规约的意义传递进行文本编写；第五章围绕文化符号与产品文本之间相互的修辞解释，对另一基础类型"寻找关联"进行了详细的讨论。

基于符形学的无意识系统方法研究所采用的是人文主义的质化研究方式。对使用者与产品间知觉、经验、符号感知完整的认知讨论，是研究无意识设计系统方法的主要方式，因此在研究的过程中会涉及生态心理学、精神分析学、格式塔完形机制理论等。但依赖于符号学对认知的完整性做出系统化的归纳总结是最为有效的：1.皮尔斯逻辑-修辞符号学认为，一个符号的意义需要通过另一个符号的修辞解释才能获得（赵星植，2017）。任何产品设计活动都是符号与产品间的意义解释，符号间意义的解释必须讨论两者的符号规约。2."客观写生"类的两种规约为：直接知觉的符号化与集体无意识的符号化；"寻找关联"类按照符号与产品的解释方向分为两种规约：产品系统外的文化符号与产品文本自携元语言。3.以使用群集体无意识为基础构建的产品设计系统内的三类元语言，是所有结构主义产品设计活动都必须遵循的规约。

因此，知觉—经验—符号感知作为使用者完整的认知内容与过程，它们在符号学中的统一，并非以符号学进行强制性的归属，而是所有类型的认知，如果需要进行意义的表达，都必须依赖于符号进行。

6.2.2.2 无意识设计资料的收集方式与范围

第一，笔者从 2014 年将无意识设计方法的研究内容逐步引入广州美术学院本科与研究生的课程教学之中。近五年来，笔者与各届学生收集四十余位日本设计师作品七百余件，每一件设计作品打印出小卡片，在深泽直人"客观写生"与"寻找关联"两大类型基础上进行设计方法的细分（见图 6-2）。

第二，资料的收集聚焦于日本设计师的原因在于：一方面，自 1993 年深泽直人首次提出无意识设计的概念后，作为一种有效的设计表意手段，无意识设计已在日本设计界广泛运用。一些年轻设计师在深泽直人提出的两类方法基础上不断拓展，呈现丰富且多元化的无意识设计表意方式及风格。另一方面，其他国家的设计师作品虽然也利用使用群集体无意识进行设计，但仅利用

图 6-2　各届学生对无意识设计作品卡片的分类
资料来源：笔者拍摄

无意识作为设计调研与作品验证的素材来源,这已在绪论中有所表述。

6.2.2.3 无意识设计资料分析互动模式的选择

资料的质化研究是一门艺术,它不可被复制,也没有严格的程序,研究者需要对研究对象具有丰富的经验,具备研究的基本素质,更需要凭借对研究对象的敏锐洞察,去发掘研究素材的价值,才能顺利展开质化研究(陈阳,2015)。本课题将全班二十余人分为4—5组,同时展开对七百余张无意识设计作品资料卡片进行"客观写生"与"寻找关联"的分类。资料分析采用"质化研究资料分析的互动模式"(见图6-3)。

互动模式分为资料收集、资料展示、资料浓缩、结论验证四个环节。从"互动模式"对资料的分析思路来说,它是一个循环往复、各环节有机联系的过程,尤其在资料收集之后的展示、浓缩、验证三个环节中,三者相互间均是双向的互动关系(陈阳,2015,

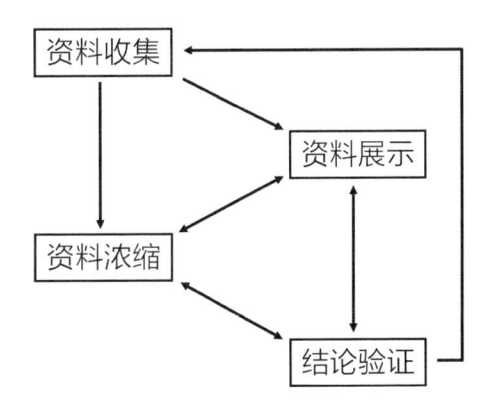

图6-3 质化研究资料分析的互动模式
图片来源:陈向明,2000

页 259）。

6.2.2.4 无意识设计资料分析互动模式的流程

（1）"资料浓缩"环节是对"资料收集"的七百余件作品进行整理、提炼，并初步将描述客观存在现象、行为经验、心理经验的作品归为"客观写生"类，将产品系统外部的文化符号与产品进行修辞解释的作品归为"寻找关联"类。这种初步的分类方式会在之后的讨论中进行调整。同时，在资料浓缩的过程中，必须对资料中符号规约的种类、来源进行细致地分析，达到"资料浓缩—资料展示"间的互动。

（2）"资料展示"不是字面的"展览、陈列"之意，而是在"资料浓缩"过程中列举出资料可以归属的一些类别，以及类别之间的界定方式及相互关系等，它是对资料进行细致分析后的类别归纳。"资料展示"的归纳类别可以在"资料浓缩"之后提出，也可以在"资料收集"之后提出。以上两种提出方式在本课题同时出现：

无意识设计两大基础类型事先已经提出，因此"资料展示"环节已有了"客观写生（A类）"与"寻找关联（B类）"的类型区分。

类型在分析过程提出：1. 在对资料进行符号规约来源及编写方式的分析中，存在既非A也非B的两种倾向作品。一种是从直接知觉符号化出发，再用产品外部的文化符号对直接知觉符号化文本进行修辞；另一种是一个文化符号与产品解释的过程中，通过晃动始源域符号指称关系，使之成为可供性的直接知觉。这两种倾向是对基础类型进行补充的资料来源，暂时合称为C类。2. 在"客观写生"的类型中，存在两种不同的符号规约来源：一种是使用者的直接知觉符号化；另一种是来源于使用群集体无意识的符号化，两者是在"客观写生"类的下一层级，设计方法层级的两种划分，暂时称为A1与A2。在"寻找关联"类存在符号与产品间两种不同的修辞方向：符号修辞产品的B1、产品修辞符号的B2。

（3）在"资料浓缩"和"资料展示"的互动基础上，可以获得以下初步的"结论验证"：存在与两大基础类型不同的另一设计类型C；"客观写生"类存在两种规约来源不同的设计方法A1、A2；"寻找关联"类存在两种不同解释方向的设计方法B1、B2。

之后，需要将这些"结论验证"重新带回到"资料收集"，以及经过"资料浓缩"和"资料展示"那里，以互动的方式相互验证，确保初步结论具备解释力，并可以进行不断地修正。最后，以简洁清晰的方式表述无意识设计类型补充、方法细分的"结论验证"，并通过符号规约的来源，以及文本编写流程及符形分析方式，对它们进行深度的解释与概括，这也是研究者深化思考的过程。

（4）质化研究资料分析的互动模式注重在现实环境中使用者与产品之间的认知关系，使用群所属的生活环境、社会与文化背景。无意识设计类型补充及方法细分的质化研究，不用数字而是依赖于文字或图式来展示研究结论，即使各种类型及方法之间具有因果关系，也只能从大致和模糊的角度来阐述并界定。因此，质化研究的目的不在于寻求变量之间的因果关系，而是提供深入、清晰和简洁的解释，以此来体现研究的深度（陈阳，2015）。

6.2.3 无意识设计的典型结构主义特征分析

首先要补充的是，符号学的"符码"与"规约"两个词，在大多数的情况下是同义、通用的，都是指文本编写意义与解读意义的规则，但"符码"侧重于某一个文本编写中意义的编写与解读的具体规则，而"规约"则侧重于这一类的文本编写与解读时社会文化环境中可以促成文本意义有效解读的那些规则。也可以认为：符码是规约在具体化实践中的操作，规约是符码意义有效性传递的泛化表达。本课题讨论的设计方法侧重于类型的设计而非个案的实践，因此选用"规约"一词较为恰当。

6.2.3.1 围绕四种符号规约进行精准与有效表意

赵毅衡（2016）指出，索绪尔语言符号学发展的结构主义，要求符号的编写与解释的意义事先被放置在具有共同文化生活的语境中谈论，符号及文本的意义编码发送与解码接收都受控于一种共同的语境，这也就要求符号意义的发送者与接收者只有按照符号及文本系统结构内先验的意指关系规则才能完成符号的表意传递。因此，结构主义的主体性是符号文本意义的有效传递。无意识设计之所以具有典型结构主义特征，表现在其设计活动全部围绕四种符号规约展开：直接知觉的符号化、集体无意识的符号化、社会文化符号、产品文本自携元语言。

（1）客观写生类——产品系统内部两种符号规约生成及其意义传递

以往设计界普遍认为，与产品文本进行修辞解释的那个符号，只能来自产品系统外部，或是仅限于符号文化环境既有的文化符号，但无意识设计客观写生类的符号规约来源打破了原有的狭隘认识。客观写生类的两种符号规约都生成于产品系统内部，直接知觉符号化与集体无意识符号化两种新生成的符号规约具有生物遗传与社会遗传的先验特征。正因如此，两者作为文本意义传递的内容，可以获得使用者精准的解读。

客观写生类的两种设计方法：

1. 直接知觉的符号化：其符号规约来源于非经验化环境中使用者生物属性的直接知觉，设计师对其可供性之物进行修正后，获得具有行为指示的指示符。

2. 集体无意识的符号化：在经验化环境中，设计师提供使用者可以唤醒其集体无意识原型的经验信息，以经验实践后的意义解释获得的新符号，这个符号进入产品文本内进行编写。

这两种符号规约是以潜隐方式存在的，它们具有生物遗传与社会遗传的先验性特征，两者奠定了客观写生类文本意义可以被精准传递的基础。

（2）寻找关联类——文化符号与产品系统内符号间的双向修辞

寻找关联，即产品的修辞。按照符号与产品相互修辞的不同方向，存在两种文化规约：社会文化符号、产品文本自携元语言。一方面，在使用群所在的文化符号环境中，产品通过与既有的文化符号间修辞的方式获得更多的意义解释，以此方式融入社会文化符号环境；另一方面，当产品日渐融入文化符号环境，其自身也从最初的功能符号向文化符号转向，并携带众多的社会文化约定俗成的符号规约——产品文本自携元语言，产品具有作为始源域解释其他社会文化现象的可能性。

寻找关联类依赖使用群所在社会文化环境中的两种既有文化符号规约，侧重于产品外部的文化符号与产品间相互修辞，修辞文本的编写在系统规约的控制下完成，以此获得文本意义传递的有效性。

寻找关联类的两种设计方法：

1. 符号服务于产品：设计师利用产品系统外部的一个文化符号作为始源域去修辞产品，依赖于设计师创造性的意义解释使两者具有理据性的关联。

2. 产品服务于符号：产品作为始源域符号，利用其系统内文本自携元语言社会文化约定俗成的符号规约，去解释产品系统外部的社会文化现象或事物。

最后，无意识设计围绕四种符号规约展开设计活动。一方面，这四种符号规约分别具有使用者生物属性的"先验"特征（直接知觉符号化、集体无意识符号化），以及使用群社会文化属性的"既有"特征（使用群社会文化符号、产品文本自携元语言）；另一方面，就无意识设计活动的内容而言，分别以产品系统内两种新符号规约的生成表意、系统规约控制下的两种文化符号修辞解释为设计内容。这既是无意识设计典型结构主义特征的表现，同时也保证了文本意义传递的精准与有效性。

笔者在后文补充的两种跨越类设计方法——"直接知觉符号化至寻找关联"与"寻找关联至直接知觉符号化"，分别是在客观写生与寻找关联基础上的贯穿及转换，依旧围绕这四种符号规约展开设计。

6.2.3.2 设计活动遵循产品设计系统内的元语言规约

由索绪尔语言符号学发展起来的结构主义是一种思考世界的方式，它最关注的是对结构的感知与描述（泰伦斯·霍克斯，2018）。结构主义把研究的重点放在以信息为单位的符号或文本上，探讨其结构组成与组成之间的关系规则问题。雷蒙·布东希望对结构的研究暂时搁置结构的静态、封闭、协调的特征属性，而重视作为符号文本规则的符码研究，他认为符码和结构之间的关系是主要的研究方向（斯文·埃里克·拉森、约尔根·迪耐斯·约翰森，2018）。这为结构主义主体性奠定了系统结构整体性的基础。系统结构的整体性，其组成以各类元语言规约方式存在，它们是对文本编写者与解读者的一致性约定。

结构主义产品设计的主体性是设计意图的有效传递。在产品设计修辞活动中，其实质是一个符号以怎样的编写方式服务于一个产品文本的系统结构，以此获得使用者的有效解读。

无意识设计更强调修辞的理据性应建立在使用群集体无意识规约基础之上。

　　无意识设计的典型结构主义特征，还表现在设计师参与产品文本的编写方式上：对于以使用群集体无意识为基础建构的产品设计系统而言，设计师是一个外来的"介入者"，其个体无意识情结与私人化品质参与到产品设计活动之中，必须与系统内语境元语言、产品文本自携元语言、使用群能力元语言三类元语言达成协调与统一。

　　产品系统规约与设计师主观意识表达的协调统一是限制与被限制的关系，当设计师主观感知在文本编写时最大限度地受到产品系统规约的限定时，文本表意则倾向于使用者的精准解读；当设计师主观感知在文本编写中逐步彰显时，系统规约对其限制则弱化，文本表意则倾向于使用者的多元化与开放式解读。文本意义解读的多元与开放并非后结构主义的解读任意性，而是在集体无意识规约限定方向范围内的宽幅解读。

　　需要补充的是，结构主义文本与后结构主义文本编写的本质区别是，文本编写与解读的规约是否有一致性的约定。所有的无意识设计都是结构主义的文本编写方式，设计师在编写文本前，其主观的个体意识都会在集体无意识原型的经验实践中获得认可。

6.2.4 无意识设计三大类型、六种设计方法的细分

6.2.4.1 四种符号规约为核心的类型补充及方法细分

　　从四种符号规约的来源，以及它们各自在文本编写时的目的，进行无意识设计类型的补充及设计方法的细分，既是对使用者认知产品方式的全面覆盖，也是研究无意识设计文本符形编写的有效途径。笔者在原有两大类型基础上拓展与细分，分为"三大类型六种方法"，它们各自对应的符号规约与编写目的见图6-4。

　　（1）客观写生类的两种设计方法细分方式

　　深泽直人借用日本俳句中的"客观写生"一词来命名这类设计。客观写生是设计师对使用群在产品原有系统内的各种行为与心理的描述。这类描述不带有设计师主观的意义解释，其内容是产品系统内使用者知觉与经验两种认知过程中先验的客观存在。这些先验的内容只

无意识设计三大类型	六种设计方法细分	符号规约来源	文本编写方式与目的
客观写生 符号规约生成与传递	1.直接知觉符号化	可供性的直接知觉	产品系统内部两种新符号规约的生成及新符号意义的传递
	2.集体无意识符号化	集体无意识原型实践	
寻找关联 符号与产品修辞解释	3.符号服务于产品	产品系统外文化符号	产品系统外部文化符号与产品内相关符号间双向的修辞解释
	4.产品服务于符号	产品文本自携元语言	
两种跨越 前两类方法的贯穿	5.直接知觉符号化至寻找关联	直接知觉与文化符号	产品系统外部文化符号对直接知觉符号化文本的再次修辞
	6.寻找关联至直接知觉符号化	文化符号转向直接知觉	产品系统外部文化符号与产品修辞过程中转化为直接知觉符号化

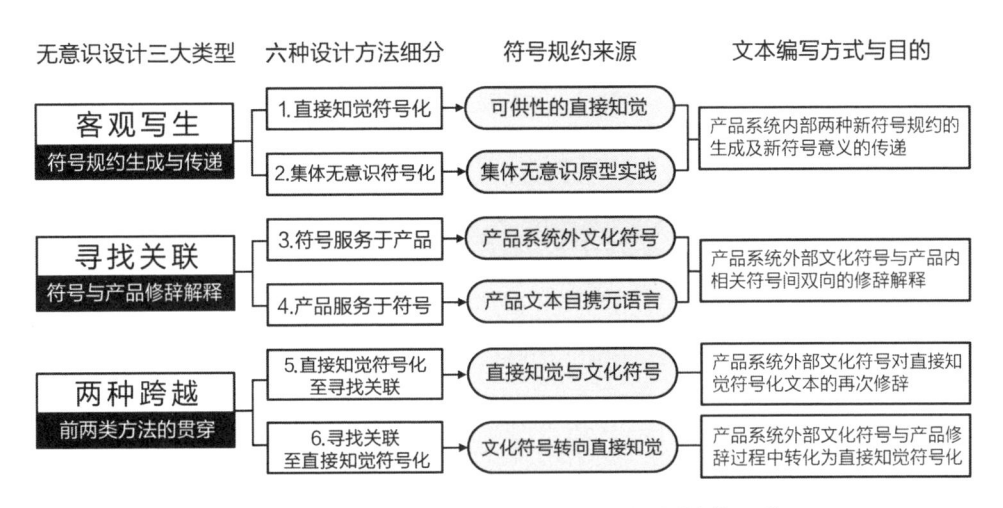

图 6-4　无意识设计三大类型六种方法对应的四种符号规约与编写目的
资料来源：笔者绘制。

有通过符号化后，才能在文本中进行感知的传递。因此，不同认知过程的先验内容，形成不同符号规约的方式，这是客观写生类方法细分的依据。

从使用者与产品在环境中的认知而言，产品系统内部可成为符号化的先验性认知有两种：第一，使用者生物属性的直接知觉，因其携带先天的遗传属性，成为客观写生传递的符号规约之一，它通过环境中使用者生物属性的身体与事物之间的可供性关系，被设计师考察后获得，这也是深泽直人从吉布森的生态心理学所受到的启发；第二，作为另一种先验存在的、可以被符号化传递的规约，是使用群对产品的集体无意识原型经验，它可以通过对使用群提供必要的信息，以经验实践后的意义解释方式获得。

因此，对客观写生类方法细分为"直接知觉符号化设计方法"与"集体无意识符号化设计方法"两种。

（2）寻找关联类的两种设计方法细分方式

对寻找关联类的设计方法细分方式，需要表明以下三点：1. 在第五章已详细表述，寻找关联类即产品的修辞，"重层性"是修辞两造指称关系在修辞文本内的共存，它是修辞的本质特征。依赖符形学，从修辞两造指称关系的改造以及共存的方式讨论产品设计修辞，是本课题首次的创新。2. 产品各种修辞格的文本编写方式可统一概括为：一个符号进入产品系统结构内，与相关符号进行解释时，两个符号间的指称关系在系统规约下，以不同方式进行的协调与统一。因而，设计师对始源域符号指称的改造，呈现"联接—内化—消隐"三种编写方式，以及三者依次渐进的可能，三种编写方式对应了不同的修辞格。3. 由于寻找关联类的修辞方式并没有对结构主义产品设计常用修辞格进行全覆盖，同时各类修辞格之间存在渐进的变化，以及修辞格之间的区分存在使用者判定的模糊边界，因而，本课题对无意识设计系统方法的类型补充及细分，按照符号规约的来源，及文本编写目的进行。

自深泽直人首次提出"无意识设计"的概念之后，越来越多的日本新锐设计师对其加以运用和尝试更多的拓展。例如，佐藤大擅长隐喻相似性的创造性解释；铃木康广则以产品作为始源域符号，对目标域事物与现象做出哲学的思考解释。寻找关联是一个文化符号与产品间的相互解释，这种解释是可以双向的，两者相互解释的方向则形成不同的设计方法：第一，符号服务于产品设计方法，社会文化符号规约去解释产品系统内的某个符号的品质，使产品向社会文化符号转向；第二，产品服务于符号设计方法，产品文本自携元语言的符号规约去解释社会文化现象或事物。产品与符号两者间服务方向的互换，实质是两者在修辞时始源域与目标域的角色互换。

（3）两种跨越类的类型提出及其方法细分

客观写生与寻找关联是无意识设计系统方法的两大基础类型，"两种跨越"类是笔者在两者基础上的补充。无意识设计沟通了使用者生物属性的知觉与文化属性的符号感知，是否存在着在客观写生或寻找关联基础上跨越的方式，即"直接知觉—生活经验—符号修辞"与"符号修辞—生活经验—直接知觉"的两种类型，对此，笔者收集大量的无意识设计作品，发现的确存在这样的两种跨越方式，分别将它们命名为"直接知觉符号化至寻找关联"与"寻找关联至直接知觉符号化"。以上两种跨越方法虽然归为一类，但两者操作方向正好相反：前者是从使用者直接知觉生物属性，向其社会文化属性谋求符号意义的合理性解释；后者则从社会文化符号与产品的修辞出发，探索在产品系统环境内，通过晃动始源域符号指称，直至去符号化后所能获得的生物属性的直接知觉。因此可以认为，两种跨越类的方法，是分别在"客观写生"与"寻找关联"两大基础类型上的贯穿方式。

6.2.4.2 四种符号规约的特征总结

无意识设计三大类型、六种设计方法全部围绕四种符号规约展开，笔者绘制了"无意识设计活动的符号规约种类与来源方式"（见表6-1）作为本节的总结。笔者补充的无意识设计第三大类型"两种跨越"，是在客观写生与寻找关联两大基础类型上的相互贯穿，新类型使用的符号规约来源与两大基础类型一致，仅是文本表意方式与编写流程的差异。

表6-1 无意识设计活动的符号规约种类与来源方式

设计类型	设计方法	符号规约名称	三类环境	产品系统	符号规约特征
客观写生	直接知觉符号化	直接知觉的符号化	非经验化环境	内部	产品系统内部新生成的两种符号规约
	集体无意识符号化	集体无意识的符号化	经验化环境		
寻找关联	符号服务于产品	社会文化符号	文化符号环境	外部	文化符号环境既有的两种文化符号
	产品服务于符号	产品文本自携元语言	文化符号环境	内部	
两种跨越	直接知觉符号化至寻找关联	1.直接知觉的符号化 2.社会文化符号	1.非经验化环境 2.文化符号环境	内部至外部	产品系统内部新生成的符号规约与系统外文化符号
	寻找关联至直接知觉符号化	社会文化符号转化为直接知觉的符号化	文化符号环境转向非经验化环境	外部至内部	产品系统外的文化符号向产品系统内的直接知觉转向

资料来源：笔者绘制。

6.2.5 三大类型的六种设计方法文本编写流程概述

无意识设计三大类型的六种设计方法的细分是依据四种符号规约来源进行的分类，本章围绕这种对应关系展开各类型与方法的文本编写流程与文本编写符形特征分析研究。在具体讨论之前，笔者绘制下图（见图6-5），分别列出各类型中设计方法的文本编写流程，并做

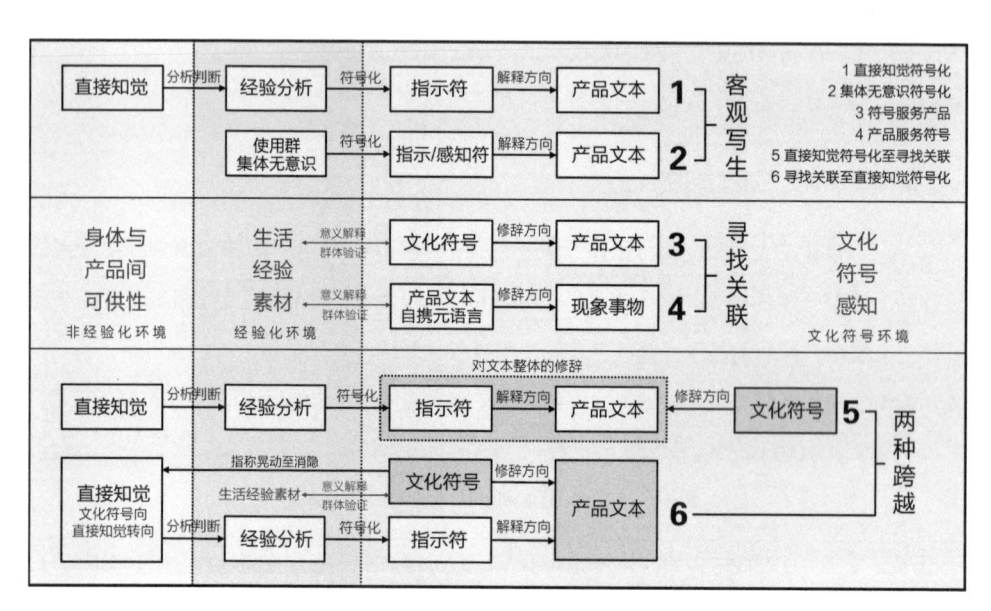

图 6-5　无意识设计类型的方法细分及文本编写流程
资料来源：笔者绘制。

类型及方法细分的概述（序号按照无意识的六种设计方法依次标注）。

（1）第一大类：客观写生类（产品系统内部两种符号规约的生成及其意义的传递）

1. 直接知觉符号化：非经验化环境下使用者生物属性的直接知觉，其可供性之物通过设计师修正后被解释为一个指示性符号，并参与原产品文本的编写，最终产品文本具有指示符的特征。

2. 集体无意识符号化：组成使用群集体无意识原型经验的有行为经验与心理经验两种，它们通过设计师在经验化环境中的设置被唤醒，被唤醒的经验以经验实践的方式，被意义解释后分别形成行为指示与意义感知两个方向的符号。这两种方向的符号再参与原产品文本的编写，最终产品具有行为指示或意义感知的文本表意特征。

客观写生类的两种设计方法分别围绕产品系统内部两种符号规约的生成及其意义的传递开展设计活动，其设计的创新就是新符号规约的生成与传递。

（2）第二大类：寻找关联类（文化环境内的文化符号与产品间相互的修辞）

3. 符号服务于产品：这是设计界普遍使用的修辞方式，使用群所属文化环境中的一个文化符号，去解释产品文本内某符号的品质。

4. 产品服务于符号：设计师利用符合使用群的产品文本自携元语言的符号规约，以修辞的方式解释社会文化现象事物的品质。这是艺术化文本意义有效传递的主要手段之一。

寻找关联类即特指产品的修辞，其两种设计方法将产品视为文化符号，分别与社会文化现象展开双向的修辞，以相互交融的修辞为手段，获得更广泛的文化感知。在符号与产品相互解释的过程中，两者关联的理据性必须获得使用群集体无意识的验证。

（3）第三大类：两种跨越类（客观写生与寻找关联基础上的双向贯穿）

5. 直接知觉符号化至寻找关联：产品系统内的一个直接知觉符号化的设计文本，因其在日常生活经验的解释下存在某种不合理，设计师便借用一个文化符号对其进行合理性解释。这种设计方法在文本编写时，分别使用了两个符号：直接知觉符号化的指示符；说服直接知觉符号化这个文本合理性的文化符号。

6. 寻找关联至直接知觉符号化：一个文化符号以指示为基础的物理相似性对产品进行隐喻修辞，设计师在产品使用环境内晃动其指称关系，直至消隐后成为可供性纯然之物，再进行直接知觉符号化的过程。其实质可以看作：一个文化符号被洗涤所有文化属性回归纯然物之后，再次以生物属性的可供性成为一个指示符的过程。

两种跨越类的设计方法是在客观写生与寻找关联基础上相互贯穿，真正做到了在使用者生物属性的直接知觉与文化属性的符号感知间游刃有余地转换。

6.3 客观写生类文本编写流程与符形分析

6.3.1 客观写生类文本编写的共同特征

（1）以新符号规约生成及其意义传递为目的的文本编写

无意识设计的客观写生类有两种设计方法：直接知觉符号化与集体无意识符号化。它们都以新符号规约的生成及其意义的传递为文本编写目的。

第一，文本意义的精准传递。

首先，直接知觉来源于使用者的生物属性，其具有先定性、普适性、凝固性的遗传特征。当直接知觉被经验化分析判断，成为携带感知的符号后，必定具有在那个环境下，使用群的任何个体都可以精准解读到符号意义的普适性特征。

其次，集体无意识是群体成员基于社会遗传基础，并在特定的社会文化环境中，不断形成的隐性且共通的经验积淀，它们构成集体无意识中的产品原型。集体无意识具有社会遗传与文化扩散的特性，原型在具体的环境中，通过经验实践成为感知的符号后，可获得群体内普遍性的精准解读。

第二，新符号规约的生成就是设计文本的创新。

所有产品设计文本表意的创新都是针对感知的创新。客观写生类两种设计方法是以产品系统内部新符号规约表意为目的，新符号的感知表意就是其设计的创新。两种新生成的符号规约都来源于产品系统内部，它们不像社会文化符号那样存在，必须通过每一次的考察实践，分别从使用者生物属性的直接知觉与生活经验形成的集体无意识中获取，这是先验的认知内容从隐性至显性化的过程。它们被符号化后所新生成的符号规约，也是产品系统内部感知创新的主要途径。因此，两种新生成的符号规约及其意义的传递，就是产品文本表意的创新内容。

（2）客观写生具有设计师主观参与的痕迹

深泽直人无意识设计中客观写生类的命名，受到日本俳句大师高滨虚子的影响，后者在其《俳句之道》一书中提到，长期对客观的写生，主观意识便不自觉地在写生中显露出来，随着客观写生能力的提升，主观意识也会随之加强（后藤武等，2016）。无意识设计客观写生是对客观存在之物在原基础上做出的筛选、判断，并对其有目的、有价值的主观修正。"写生"不是"复制"，它带有设计师主观的意识，参与到对客观的描述与修正之中。对此，分别从客观写生的两种设计方法加以讨论：

直接知觉符号化设计方法：1. 设计师依赖于个体生活经验对使用者生物属性的直接知觉进行考察、收集、分析、判断、取舍；2. 设计师凭借自身经验对直接知觉可供性之物修正后，使之携带"示能"，并可以被使用者解释为一个指示符号；3. 指示性符号进入产品文本编写系统内进行文本编写，它是设计师"主观参与"型的系统。

集体无意识符号化设计方法：1. 设计师提供环境内的信息，有选择地唤醒使用群集体无意识原型的经验实践方向与内容；2. 设计师对获得的经验实践内容进行主观修正，并对其意义进行解释，使之符号化；3. 符号化的集体无意识经验实践内容，已具有设计师主观意识的感知参与，但并不代表是设计师个体主观意识的表达，这与寻找关联类的产品修辞有着本质的区别；4. 这个符号与原产品文本进行修辞解释后，既是使用群原有生活经验的符号化，也是设计师主观能力元语言的加工与修正。

6.3.2 产品系统内部创建新符号规约的作用与价值

（1）两种创新符号在产品设计系统中的作用

直接知觉符号化设计方法与集体无意识符号化设计方法，两者从产品系统内部创建新符号的方式，对产品系统自身的作用表现在：

直接知觉符号化设计方法：1. 设计界过度依赖于使用者生活经验的考察，而忽视或放弃使用者生物属性的知觉研究。众多产品设计实验室数据采集的方式，会丧失掉使用者通过身体获取产品刺激信息，进而经过经验实践解释为符号的研究机会。2. 在非经验化环境中，从使用者生物属性的直接知觉出发，讨论产品本源的操作与体验新方式，以此创造新的、适合产品与使用者切身体验的新感知则势在必行。3. 直接知觉符号化正是以这种方式，为产品系统添加更多的功能与操作性的指示符号，以丰富、完善、修正产品与人在肢体操作过程中所引发的新感知。

集体无意识符号化设计方法：1. 来源于产品使用经验的符号创建，通过对原型的经验实践，唤醒使用者在使用场景中对产品隐藏的行为经验或心理经验，对其修正后使之明朗化，设计师将其解释为指示符或感知符号；2. 这样的解释方式，设计师的主观意识虽然参与符号的生成，但并非设计师个体意识的表达，使用者会这样解释感叹"这就是我要的那种感觉"，而不是"这是你强加给我的感觉"；3. 从集体无意识出发所形成的那个符号，与产品文本相互解释后，更具有对使用者使用行为与心理感受的契合度，这是产品系统外部的其他文化符号所无法比拟的优势。

（2）产品系统内部创建新符号的价值

设计界普遍认为，与产品进行修辞的符号都是产品系统外部的文化符号，把产品当作社会文化的产物，而忽略产品系统内部使用者与产品之间的各种关系。这种认识有利有弊。

利在于：产品系统外部的文化符号对产品的不断修辞，使得产品的文化属性不断加强，产品从单一的功能器具逐渐转向社会文化符号，并具有象征性含义。

弊在于：忽视其功能的本源，丧失使用者与产品建立在操作与体验的亲密关系，产品系统外部的文化符号对产品的过度解释，产品最终可能沦陷为文化环境中表达感知的文化工具。

从产品系统内部创建新符号的价值在第三章中已有详细的讨论，再次仅补充归纳两点：第一，因两种新生成的符号规约分别具有使用者生物遗传、社会遗传的稳定性与群体内部的普遍适用性，客观写生类文本能够获得使用者行为与心理的契合、文本意义的精准传递；第二，产品系统内部新符号规约的创建，使得产品回归到与使用者依赖于功能、操作体验建立起的亲密关系，并以此再次寻找更多的系统外文化符号的解释，产品向社会文化融入的渠道变得更为丰富。

6.3.3 直接知觉符号化设计方法

6.3.3.1 文本的编写流程

直接知觉符号化设计方法中，符号规约的来源直至它与产品的解释，整个设计活动是在产品系统内完成的。它依次贯穿了三类环境：非经验化环境—经验化环境—文化符号环境。其文本编写流程，可简单概括为：对使用者直接知觉的考察 → 设计师依赖经验进行分析、对可供性之物进行修正 → 成为一个指示符 → 与产品文本内相关符号解释 → 成为功能与操作的文本指示符。

文本编写流程可依次具体表述为（见图6-6粗线）：1. 设计师在非经验化环境内考察使用者与去符号化的产品之间的可供性信息，使用者通过可供性信息的刺激完形获得直接知觉，并引导其相应的行为与动作；2. 设计师在经验化环境中，依赖于使用群集体无意识的生活经验对直接知觉进行筛选、分析、判断，并对可供性之物修正后，使之成为具有示能的间接知

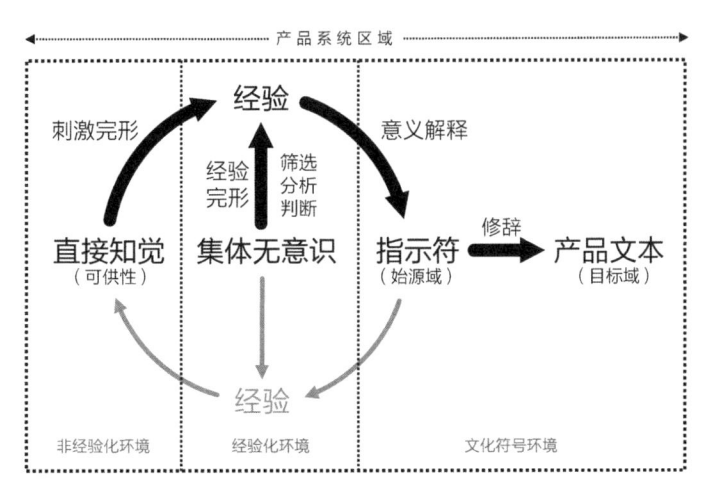

图6-6 直接知觉符号化文本的编写流程
资料来源：笔者绘制

觉；3. 在文化符号环境中，设计师将修正后的可供性之物（对象）与其示能的品质（再现体）组成一对"对象—再现体"的指称关系，获得意义的解释（解释项），成为指示性符号；4. 设计师将这个指示符在产品文本内与相关联的符号进行解释，最终成为产品文本的一个指示性符号。

6.3.3.2 文本编写的符形分析——以《可挂物的雨伞》为例

直接知觉符号化的无意识设计方法是深泽直人最擅长使用的方法之一，也是区别于其他产品设计师的主要风格特征。《可挂物的雨伞》是他运用这种设计方法最典型的案例（见图6-7）。

图 6-7 《可挂物的雨伞》
资料来源：深泽直人，2016

深泽直人观察到，雨天人们外出购物，进入室内或地铁时，都会不自觉地将塑料购物袋挂在雨伞柄上，于是他在雨伞柄设置了一个可以挂物的凹槽，便于购物袋挂在凹槽里。其文本编写的符形分析，按照三类环境中的文本编写任务展开讨论（见图6-8）：

（1）非经验化环境内的编写任务

吉布森坚持对使用者直接知觉的考察，必须将个体放置在真实的客观环境中，考察环境内事物与身体之间的可供性关系。伞柄上端与使用者肢体间形成可以挂购物袋的可供性刺激信息，使用者以刺激完形的方式获得直接知觉，引导其完成挂物的动作。此时的伞柄不再是文化符号，而是顶端可挂袋子的物体。

（2）经验化环境内的编写任务

经验化环境是使用者生物属性向文化符号转换的中间环境。日积月累的生活经验是这个环境参与设计活动的主要力量。设计师在这个环境中的两个任务是：

第一，对直接知觉引发的行为进行生活经验的筛选、分析、

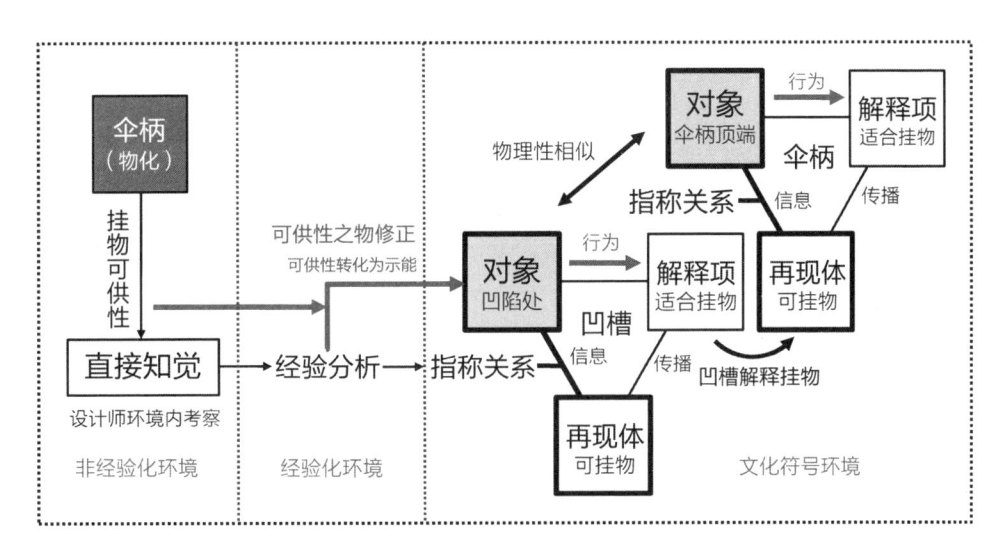

图 6-8 《可挂物的雨伞》文本编写的符形分析
资料来源：笔者绘制

判断。

人处在社会文化环境之中，不可能漠视生活经验对直接知觉的分析、判断，并以经验完形方式再次加工为间接知觉，这是个体生物属性行为进入社会文化环境之前的必经之路。因为不是所有被考察到的直接知觉都可以成为文本编写与传递的内容，那些被生活经验认为不合时宜的行为必定会被放弃。对直接知觉引发的行为进行筛选，其标准依赖于使用群集体无意识生活经验，对直接知觉行为做出合理性的判断。

曾有学生提出，有些人会拿衬衫衣角擦眼镜片，衬衫衣角提供我们擦眼镜的可供性。他要在衬衫衣角设计一个可以擦眼镜的眼镜布，但那位学生忽略了生活经验对这个行为的分析判断。试想，当撩起衬衫衣角擦眼镜，露出白花花的肚皮是多么尴尬的场景。

第二，对引发直接知觉的可供性之物的修正。

对直接知觉的利用存在两种选择：是将直接知觉所引发的行为原封不动地还原，还是在其基础上对可供性之物做出必要的修正。深泽直人选用日本俳句术语"客观写生"命名此类型是极为形象的解答。设计师既要客观描述直接知觉所引发的行为与现象，同时又要对可供性之物进行必要的修正。修正既是"写生"的过程，也是设计师主观意识的流露过程。

修正的标准是去除行为过程中无关的杂质，使其更适应使用者的肢体行为，以夸大或强化的方式成为具有生活经验的示能。"可供性"转化为"示能"，是使用者生物属性向生活经验的转换。示能是修正后的可供性之物的"品质"，它与修正后的可供性之物（对象）构成一组"对象—再现体"的符号指称。

深泽直人对伞柄挂物可供性的修正方式是：将顶端修正为更适合挂物的"凹槽"；使用者凭经验判断凹槽具有挂物的"示能"；伞柄顶端凹槽挂物是合乎情理的行为。需要补充的是，诺曼提出的"示能"不是符号，而是事物的品质，它虽具有对行为的引导能力，但并非像符号那样通过意义的解释获得，而是生活经验的完形判断，示能属于间接知觉的经验范畴。

（3）文化符号环境内的编写任务

直接知觉不带有文化属性与符号感知，它通过可供性之物的修正，使之具有生活经验的示能，建立符号指称关系，通过指称关系获得意义解释，成为"对象—再现体—解释项"完整的三元符号结构，只有完整的符号才能进入产品文本内进行编写。可供性之物伞柄，被修正为具有可挂物的示能，"凹槽"被解释为一个指示符，"凹陷处"是它的对象，"可挂物"是其品质，两者组成"凹陷处—可挂物"的一对指称关系，获得"适合挂物"的意义解释（解释项），这就成为一个完整的符号结构（见图6-8）。

"凹槽"符号进入"伞柄"文本中编写，依次从以下三点展开：

第一，延森在皮尔斯将符号三分为"对象—再现体—解释项"的基础上，进行了媒介关系的再次三重划分："对象—再现体"之间是信息的关系；"对象—解释项"之间是行为的关系；"再现体—解释项"之间是意义传播的关系（克劳斯·布鲁恩·延森，2012）。符号的意义解释都是通过指称关系获得的，有的倾向对象端表意，具有指示符特征；有的倾向再现体的品质端表意，具有意义传播特征。符号"凹槽"的结构为"凹陷处—可挂物—适合挂物"，其指称关系倾向于对象"凹陷处"表意，因而"凹槽"这一符号具有引导行为的指示符特征。

第二，"凹槽"可视为以物理相似的始源域符号，对目标域伞柄可挂物的品质做出解释。

根据符号在文本中的编写方式是对修辞两造指称的改造，以及始源域必须服务于目标域系统规约的原则，"凹槽"在伞柄上的形态处理以及行为操作方式，必须适应雨伞现有的系统规约，对"凹槽"的指称晃动是达到适切于雨伞系统规约的有效途径。

第三，指示符"凹槽"与伞柄进行物理相似性解释后，其指示性跟随文本编写进入伞柄中，成为"可以挂物的伞柄"，使得原本挂物的先验行为更加合理、舒适。最终的凹槽伞柄带有指示符的文本特征。

6.3.3.3 直接知觉符号化的文本具有指示符特征

赵毅衡指出，指示符是在物理上与对象产生联系，构成有机的一对，其主导意义是对象，即指称关系的表意源是对象本身。皮尔斯认为，指示符的目的仅告诉我们"在那儿"，提醒我们它的存在，吸引我们的目光停留在那里，指示符为我们指出对象，但不加主观的描写（赵毅衡，2016）。指示符最主要的特征是，符号与对象因为一些因果、邻近、部分与整体等关系形成相互提示，将接收者的注意力引到对象上。判断指示符的标准是，如果将对象移走，符号即刻消失。他补充认为，任何一个符号都具有规约符、指示符、像似符三种特征，对于其表意的特征分类，应当以三种特征在环境中更倾向于哪一类作为依据。

任何符号都具有指向对象的属性，划分的标准是按符号在表意过程中指示性所占的比重。直接知觉符号化的文本具有指示性特征在于：1. 修正后的可供性之物，通过指称关系倾向对象表意；2. 当这个指示符进入产品文本编写后，文本同样具有指示符的特征；3. 向使用者强化直接知觉所引发行为的合理性，修正可供性之物只是让原有的行为在产品文本中获得适应的感知意义。

6.3.3.4 可供性行为无须系统外的文化符号再次解释

直接知觉符号化的文本编写，是针对产品系统内先验的行为活动，只需对引发行为活动的可供性之物做出必要的修正，使之更适应行为操作与体验。因此，没必要用产品系统之外的文化符号做出再次的提醒与解释，否则会显得多余。

下图两件作品中（见图6-9），图左是笔者2004年的作品《T恤挂衣椅》，椅背做成T恤造型，提示衣服可以挂在上面。椅背在日常生活中本身即具有挂衣服的可供性，再拿"T恤"文化符号修辞这个行为，就显得多余了；图右是奥地利设计师Bruckner、Klamminger和Moritsch合作的名为《Falb椅》的椅子，他们将普通椅子的靠背一端高高上翘，这样的高度更便于随手挂衣服，同时衣服也不会拖在地上。

需要强调的是，不是所有直接知觉符号化后的产品文本都不再需要系统外部的文化符号再次进行解释，而是一旦文化符号去修辞产品文本，文本的意图将聚焦在文化符号与可供性行为间的意义解释上，原有文本指示性会随之弱化。若修辞表意过于强大，指示性甚至消失。但是，当直接知觉引发的行为在经验环境中获得否定的分析，则需要产品系统外部的一个文化符号对可供性行为进行合理化的解释，解释之后的行为似乎就变得合情合理了。这种操作手法是无意识设计"两种跨越"类型中的"直接知觉符

图6-9　《T恤挂衣椅》与《Falb椅》
资料来源：左，笔者作品；右，Bruckner、Klamminger、Moritsch（2004）

号化至寻找关联"设计方法，深泽直人将一款包的底部设计成鞋底造型的作品，是最为典型的例子，这件作品将在之后做详细讨论。

6.3.3.5 直接知觉符号化设计方法的评价标准

第一，设计师对使用者直接知觉的考察，必须将其放置在真实的客观环境中，考察环境内事物与使用者身体之间的可供性关系；那些依赖于问卷、图片等获得的数据分析并非使用者生物属性的直接知觉收集，而是使用者生活经验的间接知觉对产品的认识。

第二，产品是文化环境中的产品，任何被考察到的直接知觉及其引发的行为，都应该被再次放置到现实生活环境中，通过生活经验的分析判断，成为间接知觉。其目的在于，那些在现实生活环境中不合时宜的或不合情理的直接知觉行为应该被舍弃，或寻找一个文化符号将其解释为合理，这就是两种跨越类型中的"直接知觉符号化至寻找关联"设计方法。

第三，直接知觉符号化设计方法，是产品系统内部通过对可供性之物的改造所获得的指示性符号，也是产品系统中内部新符号生成的一种方式与来源。因此，直接知觉的符号化必须有目的与价值，其新生成的指示性符号必须服务于产品系统，达到让使用者在操作、体验时更具有适应性的目的。那些与产品系统无关的直接知觉及其引发的行为，则没有必要使之符号化，更没有必要添加到产品系统之中。

最后，直接知觉符号化设计方法可总结为（见图6-8中红色粗线）：它是在产品系统内部对直接知觉可供性引发的行为现象的"写生"，设计师对其写生的方式是对可供性之物进行适合于原有行为的修正，并使之符号化后编写进产品文本，以指示符的形式完成文本编写。因此，原有的使用行为与作品指示符间存在文本表意的张力。直接知觉符号化是由产品系统内部对系统规约进行指示符创新的途径。新符号规约的生成及表意，就是此类文本的设计创新。

6.3.4 集体无意识符号化设计方法

深泽直人无意识设计中的"无意识"是指以使用群进行划分的集体无意识。集体无意识不但是构建结构主义产品设计系统内各类元语言的基础；同时，客观写生类的集体无意识符号化设计方法更将其作为文本表意的传递内容。

6.3.4.1 集体无意识成为符号规约的机制

集体无意识由本能和与之相关的原型构成（荣格，1997）。原型是心理结构的动力来源，是意义领会和积累经验的方式。经验是个体在与客观事物的长期接触过程中，凭借感觉器官获得事物有关现象及其与外部联系的认识（邓运龙，2008）。集体无意识原型不是经验，个体或群体对原型的印象形成经验。原型要在具体的环境中，通过经验实践后的意义解释，才能成为携带感知的符号（申荷永，2012）。原型的来源多种多样，生活中有多少典型的环境，就有多少与之匹配的原型，原型的反复出现会将经验刻画在集体无意识之中（荣格，1997）。原型不但来自社会遗传，更多来自群体在相同的社会环境与相通的历史文化因素的作用下积淀形成。

产品是人类生活文化各种需求的产物，任何一种产品在其系统内都有所对应的使用人群，产品在使用过程中会形成各种经验，它们是使用群对于产品的印象。当它们在社会文化生活中反复出现后，即成为一种象征，原型即以这样的象征形式而存在。因此，产品的原型既不是经验，也不是符号，而是使用群体对产品日积月累的生活文化经验所形成的象征。

使用者对产品的每一次使用，都是使用群集体无意识原型经验实践的完形过程。原型既具有生活方式下后天形成的特征，也具有利用其先验性特征，通过经验实践后的意义解释，进行精准表意的优势。

集体无意识符号化设计方法，既不是集体无意识原型经验实践活动自身具有符号意义，也不是对集体无意识原型经验的直接符号化；而是设计师在产品系统环境内，向使用者提供可以唤醒使用群对产品的集体无意识原型经验的必要信息，使用者以完形方式进行原型的经验实践，设计师对实践的内容以及结果进行意义的解释，使之成为携带感知的符号。

组成原型经验的有行为经验与心理经验两种，两者被唤醒后通过经验实践的方式，被意义解释为行为指示与意义感知两方向的符号。这两种方向的符号再参与原产品文本的编写，最终产品具有行为指示或意义感知的文本表意特征。

符号的"对象—再现体"组成的指称关系，与符号"解释项"之间在表象上而言，关系是杂乱的，它们之间的"表层结构"在无法获得符号本质意义时，会求助于大脑的无意识"深层结构"。列维-斯特劳斯认为，表层结构受深层结构的无意识控制，集体无意识是系统结构内部规约的构建机制（A.J.格雷马斯，2011）。深层结构是个体在解释符号意义之前就存在的，这种先验性的无意识来源于日常生活的经验积累（文军，2002）。

6.3.4.2 文本的编写流程

集体无意识符号化设计依次在经验化环境、文化符号环境中完成，两类环境都在产品系统内部。它们是所有与产品的功能、操作、体验有关的内容，以日常生活经验方式存在，是形成使用群集体无意识中关于产品原型的经验来源。

讨论集体无意识符号化的文本编写流程，主要侧重于集体无意识转化为符号规约的方式。其文本编写流程可以简述为（见图6-10粗线）：设计师在经验化环境的产品系统内设置考

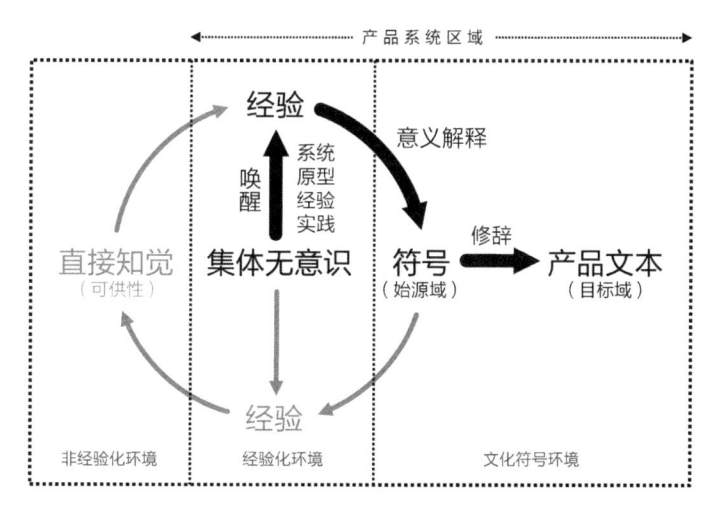

图6-10 集体无意识符号化文本编写流程
资料来源：笔者绘制

察内容→唤醒使用群集体无意识原型经验→使用群对原型经验的实践→原型经验实践的内容及结果被设计师符号化解释→这个符号与产品文本内相关符号解释。可概括为：使用群在产品系统内部的原型经验，通过经验实践的方式被意义解释，使其转向符号化的一个过程，形成的新符号再去解释产品文本。

6.3.4.3 文本编写的符形分析

集体无意识符号化的设计活动中，设计师主要聚焦于以下三点：1. 对使用群集体无意识的考察过程中，提供怎样的信息，唤醒使用群的集体无意识原型经验；2. 集体无意识原型在经验实践中的内容与结果如何修正，并对其意义解释，成为携带感知的符号；3. 这个携带感知的符号所具有的行为或心理表意倾向，如何与产品文本内相关符号进行解释，即符号与产品文本的具体编写（见图6-11）。

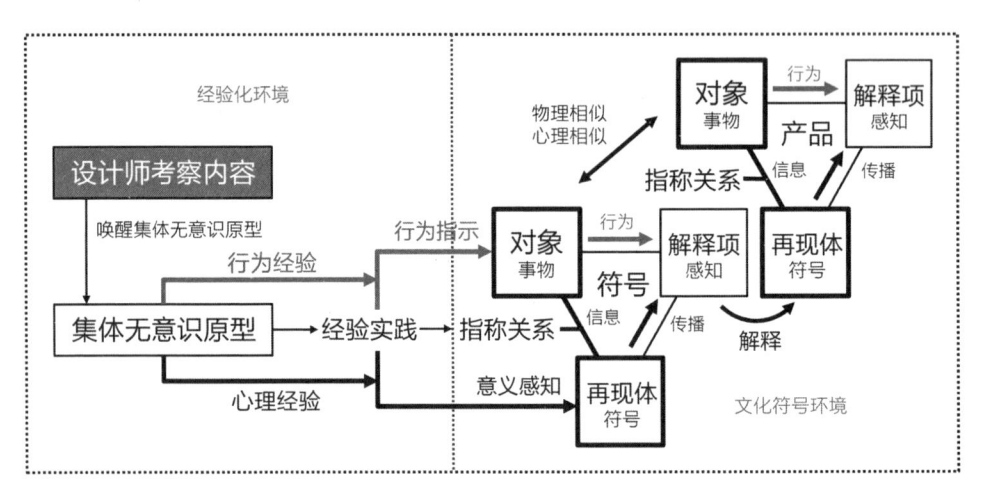

图6-11 集体无意识符号化文本编写的符形分析
资料来源：笔者绘制

（1）设计师对使用群集体无意识经验的唤醒

第一，虽然集体无意识隐藏在使用群对产品印象的原型之中，但如果遇到与产品系统相匹配的使用环境与必要的信息，那些隐藏的集体无意识会以经验实践的完形方式被再次唤醒。设计师所要做的是设置产品系统原有使用场景的必要条件，重新唤醒隐藏在使用群集体无意识原型中的经验积累的记忆。

使用群对产品的各种经验积累，都是在与之相匹配的产品系统中形成的，两者构成不可分割的整体。因此，设计师唤醒使用群集体无意识原型的经验实践活动，必须在产品系统内进行。强调原有的产品系统，是它必须与寻找关联类产品系统外的文化环境做出坚决的区别。

第二，集体无意识符号化讨论的是产品系统内部那些与产品相关的生活经验，而不是外部的那些文化符号，这与寻找关联类设计方法中的符号来源完全不同。以冰箱为例：炎热的夏季，把一杯水放进冰箱，会唤醒冰箱具有冰凉的知觉经验；面对饭后的一桌剩菜，会唤醒冰箱容积大小的经验；搬新家购买冰箱家电，会唤醒冰箱体积大小的知觉经验……这些都是原有产品系统内的各种先验经验，是客观写生讨论的内容。但如果将冰箱设计出复古风格、流线造型，则是产品系统外部的文化符号与经验，属于寻找关联讨论的内容。

第三，同一款产品，因不同人群的物质与精神需求，也会形成不同的经验积累，成为那个群体的产品原型。冰箱对家庭主妇而言，是饭菜存储的空间；而儿童则认为它是冰激凌与饮料隐藏的地方；原型的内容也由产品系统所在环境决定，冰箱放置在餐饮店，其原型也会发生改变。任何感知都来源于并存在于环境之中，任何符号的意义解释都是由环境提供解释的形式与规约内容。

第四，约翰·杜威（2013）反对将经验归为纯粹的认知组成，它还应该具有环境下个体感受到的各种情愫。集体无意识的唤醒是使用群内的个体在特定环境中的每一次经验实践活动，它都会因为个体情愫的差异而出现实践结果的差异。如同咖啡馆里播放忧伤的情歌，一对热恋情侣对歌曲理解为甜蜜一样，设计师考察的使用群体是普遍意义上的群体对象，虽然他们以个体形式存在，以个体方式参与进原型的考察活动，这也是普遍性与特殊性的差别。

（2）原型的经验实践及其符号化的形成

集体无意识的考察是使用群的经验完形过程。被考察者不必像考察直接知觉那样，必须置身客观真实的环境中。集体无意识的唤醒方式多种多样：视觉图片，文字信息，听觉、嗅觉、味觉等人类五感的所有的经验积累。设计师提供的经验信息被考察者接收后，他们会将这些零散信息迅速在脑海中选择与之匹配的原型，原型中的记忆经验会对外界信息进行分析、判断，形成完整的认识（林崇德等，2003）。这既是原型的经验实践过程，也是经验在实践中完形的过程。原型来源是多样的，其经验实践具有环境匹配的特性。设计师提供给考察者信息的内容与形式，取决于希望唤醒怎样的原型经验用于设计表意。

另外，考察者会自发主动地将环境内的情愫等主观因素参与到信息完形的过程中。因此，每一次对集体无意识原型的经验实践，都是在其原有经验基础上的再次修正或补充，这也是经验实践的实质与目的，产品的原型也正是以这样的经验实践获得修正和补充。设计师对原型经验实践的内容以及结果进行意义解释，就是产品系统内新生成的符号规约，这从另一个角度表述了"产品创新"的概念。

杜威（2013）指出，文学艺术所要表达的并非情感，而是带有情感化的符号意义，这些意义是在社会生活的经验交流与实践中被解释后得以实现的。因此，对原型的经验实践，最后目的是要在新获得的实践经验中分离出事物的对象及其品质，两者构成符号"对象—再现体"的指称关系，在指称关系的基础上才能获得符号的意义解释，即解释项。以上是经验通过完形的实践方式，成为符号结构的完成过程。

（3）原型经验符号化的两种倾向对产品的解释

组成原型的经验可以按照它们存在的方式分为"行为经验"与"心理经验"两种，在产品系统内部，对其唤醒后获得意义解释的两类创新符号也具有相同的类型趋向。

由延森在皮尔斯符号三分基础上进行的媒介关系再次三重划分可以看到，当两种经验被意义解释之后，会分别出现（图6-11中粗红箭头线与粗黑箭头线的区分）：第一，由"行为经验"导向"行为指示"的符号化解释，它的符号指称关系中，由"对象"一端获得在系统内创新的指示符的特征；第二，由"心理经验"导向"意义感知"的符号化解释，它的符号指称关系中，由"再现体"一端获得系统内创新的感知符号特征。这两类符号再分别与产品文本解释后，形成了产品文本表意的"行为"与"感知"的两种不同倾向。

6.3.4.4 行为指示与意义感知的两种文本表意倾向

第一种：文本的行为指示表意倾向——以 KEY 椅为例。

产品系统内集体无意识原型中的行为经验被唤醒后（见图 6-11 中粗红箭头线），通过经验的实践获得修正，其行为经验特征在之后的符号化"对象—再现体"指称关系中，以倾向于"对象"一端获得意义解释，即表现出"对象—解释项"的行为特征。这个符号再与产品文本内相关符号进行解释，完成具有行为指示的符号文本编写活动。

日本设计师薄上紘太郎发现，当人很悠闲的时候会靠着椅背，将椅子坐得很满会感到很舒适；而当与人交谈时，则会坐在椅子前端三分之一的位置，便于关注聆听。设计师对这样的无意识行为经验进行修正，设计了一款名为"KEY"的椅子（见图 6-12）。他将椅面前

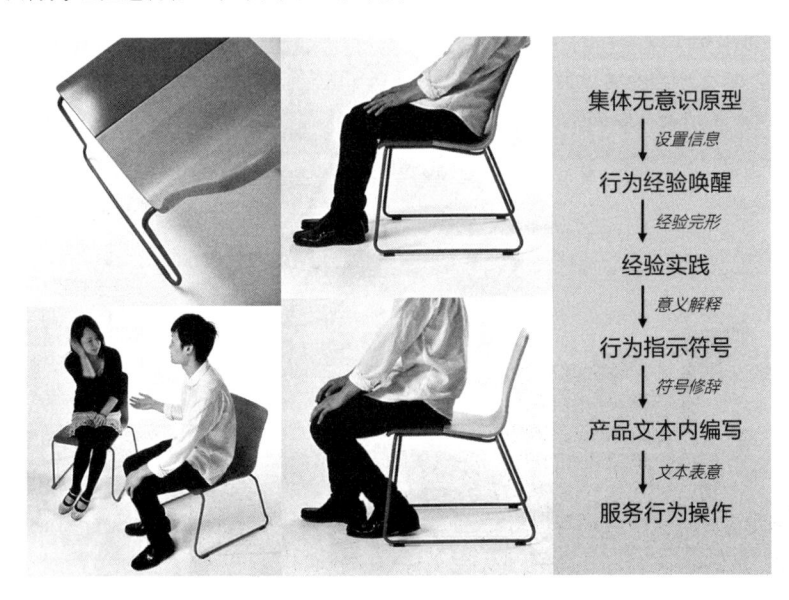

图 6-12　KEY 椅子
资料来源：Kotaro　Usukami（2015）；右，笔者绘制

段三分之一处改为红色，这样既符合了不同情境下的坐姿需求，同时红色也成为一种指示性符号。在图 6-12 右侧标明了集体无意识原型中行为经验被唤醒、修正，直至成为一个符号去解释产品文本的整个流程。

第二种：文本的意义感知表意倾向——以 Fireworks house 为例。

产品系统内集体无意识原型中的心理经验被唤醒后（见图 6-11 中粗黑箭头线），通过经验的实践获得修正，其心理特征在符号化的"对象—再现体"指称关系中，以倾向于事物品质的"再现体"一端获得意义感知的解释，即表现出"再现体—解释项"的意义传播特征。这个符号再与产品文本内相关符号进行解释，完成具有意义感知的符号文本编写活动。

日本秩父市每年的 12 月都会有盛大的烟花节，每到那天傍晚，大家都会在楼顶或高处欣赏烟火，这已是当地的传统。设计师佐藤大接到一位私宅客户的委托，希望全家能和年迈的母亲一起，不用出门就可以看到每年的烟花表演。于是，佐藤大将二楼朝向烟花表演方向的楼顶做成巨大的玻璃幕顶，美妙的烟花表演一览无余，他将作品命名为"Fireworks house"（见图 6-13）。

图 6-13 Fireworks house
资料来源：左，DaiSato（2005）；右，笔者绘制

从这件作品可以清晰地看到：每年的烟花节对于秩父市居民成为一种集体无意识的原型，在这个原型的积累经验中，就包含"如果在家就能看到烟花那该多好啊"的心理经验，设计师将这个心理经验，通过"玻璃幕顶"这一事物"对象"加以修正，并将其设置（文本编写）在二楼的阁楼顶面。当全家齐聚阁楼透过玻璃幕顶欣赏一年一度的烟花节时，会感叹"哇！这就是以前曾经希望的那样"。这是对组成原型的心理经验修正后的写生。

6.3.4.5 集体无意识符号化设计方法的评价标准

设计活动必须有目的与价值，衡量集体无意识符号化设计方法所编写的文本价值，可以有以下三点标准：

第一，原型经验分为行为与心理两大类，被符号化的原型经验必须服务于产品系统，即在产品系统中要有所担当，而不单单为了经验实践而去获取新的创新符号，那样就脱离了设计活动的初衷。

第二，修正后的原型经验是否符合使用群潜隐的集体无意识，即避免设计师过多的私人化品质参与其中（设计师私人化品质或多或少都会参与到文本的编写中，但必须通过集体无意识经验的审核）。

第三，对原型的经验实践过程是对原型的修正后，使之符号化的过程，绝不是对其符号化后的意义再次进行解释，否则会出现艾柯对皮尔斯符号无限衍义时所警告的"封闭漂流"现象，但这是国内一些设计师的通病。

最后，集体无意识符号化设计方法可总结为：使用者在经验化环境中的产品系统内，集体无意识原型在设计师所提供的信息刺激下，隐藏的原型经验被唤醒后获得实践的修正，并被设计师解释为倾向行为与倾向心理的两类与产品文本进行解释的符号。这两种符号规约，是生成于产品系统内部，除直接知觉符号化之外的第二种创新符号来源。其文本的表意张力表现为设计作品的经验完形与原有集体无意识原型经验之间的张力。

6.4 寻找关联类文本编写流程与符形分析

皮尔斯普遍修辞学概念认为，符号通过修辞方式成为另一个符号，一个符号的意义通过另一个符号的解释所获得。普遍修辞是符号间解释的唯一途径，它使得符号在社会文化活动中得以传播（赵星植，2018）。

产品设计活动是一个外部符号与产品文本内相关符号之间的相互解释，这种解释方式就是修辞。客观写生类同样也是利用修辞表意：直接知觉符号化设计方法中，当可供性之物修正后，成为一个符号与产品文本进行编写，就是修辞；集体无意识符号化设计方法中，当原型经验通过实践方式修正后，被解释为一个行为指示或意义感知的符号，这个符号再与产品文本进行编写，其也是修辞。寻找关联类是一个文化符号与产品内相关符号双向的修辞解释，分为符号服务于产品与产品服务于符号两种设计方法。

6.4.1 寻找关联与客观写生在方法细分上的区别

（1）寻找关联类设计方法细分的方式

以文化符号与产品系统间的两种服务方向进行方法细分。在大多数情况下，我们会利用熟知事物的感知去解释产品系统当中那些未知的品质，以此方式将产品逐步带入社会文化符号的意义世界，促成产品从最初的功能性使用工具向社会文化符号的转向；但是，也正是因为产品逐步成为文化符号，符号的规约补充进产品文本自携元语言，并以经验积淀的方式对集体无意识的产品原型进行完善修正，当它们逐步成为我们熟知的感知后，设计师与艺术家会用它们去解释那些我们不熟悉事物或现象当中的一些品质。因此，形成了符号与产品互为始源域与目标域的双向解释，也就形成了"符号服务产品"与"产品服务符号"的两种设计方法。

（2）客观写生与寻找关联在符号来源与文本编写目的上的区别

第一，新生成符号与既有文化符号的来源差别。

客观写生类的设计方法分为直接知觉符号化与集体无意识符号化：前者是对引发直接知

觉符号的可供性之物的修正，使之成为系统内部新的指示符；后者则是通过提供的信息唤醒使用群的集体无意识原型，使之在经验实践中获得意义的解释，成为系统内部倾向指示与感知的两类新符号。两者都是产品系统内新符号规约的生成，对于产品系统而言，也是由内部进行符号规约创新的主要渠道。

寻找关联类的设计方法分为"符号服务于产品"与"产品服务于符号"两种：前者依赖于产品系统外部的文化符号，以修辞方式解释产品系统内的某一品质；后者则依赖于产品文本自携元语言中约定俗成的文化符号，去解释社会文化中的现象或事物。它们是使用群所在的文化符号环境中，既有的文化符号与产品自身文化符号之间双向的修辞过程。

第二，新生符号的意义传递与两类文化符号间修辞解释的差别。

客观写生类的两种符号规约是产品系统内新生成的，它们的文本表意在于新生成符号的意义传递，新生成的符号规约对原有产品文本的解释，是对产品系统感知内容的进一步补充和完善。

寻找关联是传统意义的产品修辞，它是文化符号与产品间双向的修辞过程。寻找关联文本侧重于产品系统内外的两种文化符号间创造性的意义解释，是不同类型与来源的两类文化符号间通过修辞进行交流与融合的途径。

（3）寻找关联两种设计方法文本具有典型结构主义特征

寻找关联的两种设计方法，无论是符号服务于产品还是产品服务于符号，都属于结构主义文本编写方式。在符号服务产品设计方法中：设计师将产品系统外的一个文化符号，通过创造性解释，使之与产品建立关联，并获得使用群集体无意识的理据性认可，这个符号进入产品文本，按照产品系统规约进行编写，就是与使用者达成了符号规约的一致性；在产品服务符号的设计方法中：对文化现象或事物进行解释的符号规约，来自产品文本自携元语言，它是使用群约定俗成的符号规约结合。编写与解读规约的一致性，是修辞表意有效解读的基础。

一些学者将产品服务于符号的设计方法界定为后结构的艺术化文本表意，笔者对此持否定态度。首先，用结构与后结构作为设计与艺术的分野是毫无道理的，结构与后结构讨论的是符号传递前规约是否达成一致性的预设；其次，设计与艺术讨论的是文本表意所属的解读范畴与类型，它们不在同一个逻辑维度，无法达成相互的对应。

判断结构与后结构的唯一标准是：文本在编写与解读前，编码与解码的规约是否达成一致性的预设。无意识设计三大类型、六种方法都是规约被限定在使用者可以有效解读的前提之上的设计操作。

6.4.2 寻找关联类文本的两种重层特征

寻找关联就是产品的修辞，修辞文本的本质特征是重层性。寻找关联设计类型的重层不单单指两造指称的重层，同时还包括设计师主观意识在文本编写中与使用群集体无意识所构建的系统规约的重层。两种重层性是寻找关联类文本结构的本质特征。

（1）文本结构中修辞两造指称关系的重层

任何修辞格，都是符号与符号间的解释。符号解释项的意义必须通过"对象—再现体"所组成的指称关系获得。因此，所有修辞格都保留了两造指称关系重层的痕迹。在始源域符号进入目标域文本内，以联接、内化进行修辞编写时，无论怎样晃动符号指称，两造指称关系在文本结构中的重层始终存在。直至始源域指称晃动至"消隐"后，符号意义也随之消失，转而依赖于使用者的知觉获得对象的认知，这也是下一节要提及的两种跨越中的"寻找关联至直接知觉符号化"设计方法。修辞两造指称关系的重层在第五章已详细讨论，在此不再赘述。

（2）文本编写与解读过程中设计师与使用群元语言的重层

深泽直人反对产品修辞中刻意地叠加设计师的主观意识，并作为向使用者强加的意义传递，他所反对的主观意识强加，与寻找关联中设计师主观意识与产品系统规约的重层并不矛盾，这是因为以下两点：

第一，与客观写生类强调对客观存在事物进行描述所不同的是，文化符号与产品间的修辞侧重于设计师主观意识的表达：1. 在修辞过程中，设计师对始源域符号与产品文本内目标域符号的主观意识挑选与创造性的意义解释。设计师对修辞两造关联性解释的主观创造，既是新的感知符号的创新，也是感知表意设计活动的创新。2. 不同的设计师，即使利用同一个符号去解释相同的产品，也会得到不同的修辞解释。修辞两造关联性解释的差异，是设计师个体间主观意识的差异。

第二，结构主义产品文本意义有效传递的前提是，设计师能力元语言必须在产品设计系统内各类元语言共同协调下完成文本的编写。设计师个体无意识情结需要在集体无意识形成的系统规约中获得实践经验的解释，只有这样才能被使用者解读。这也表明设计师主观意识与使用群集体无意识构建的各类系统规约在协调统一下的重层特性。

如果设计师的主观意识并未与产品系统规约达成协调，或不再受其限制，修辞文本则倾向于后结构主义的意义多元化解读。意大利阿莱西设计品牌中的许多产品，都具有这样后结构的表意倾向。抛开产品系统规约的束缚，是设计师个性化解释产品的途径，但它必须以丧失文本意义的有效传递为代价。

（3）两种重层性在寻找关联类文本中的同时呈现

第一，修辞两造指称关系的重层，以及设计师主观意识与使用群集体无意识构建的系统规约的重层，在任何一件设计作品中都会同时存在，只是两种重层倾向性与强弱的区别。这是因为：任何修辞文本都依赖指称关系的共存获得相互之间的意义解释；设计活动是设计师个体的主观参与，任何主观参与的结构主义文本编写，都存在编写者与解读者双方能力元语言在差异化基础上协调统一后的共存。

第二，重层是合一表意的文本中，两种或对峙或矛盾或不同属性的表意力量，以指称关系，或以设计师个体与使用者群体的差异共存，它们是文本张力的来源。重层导致使用者解读文本时的释意压增加，文本表意的张力随之加强。张力是极为抽象的，但又因符号的表意、使用者的解读而客观存在。对文本张力的控制，是设计师文本编写能力的体现。

6.4.3 符号服务于产品的文本编写流程与符形分析

6.4.3.1 文本的编写流程

符号服务于产品的设计方法是产品设计领域运用最为广泛的方法之一，设计界一直将其称为"产品修辞"或"产品语义"。但因为文化符号与产品间修辞具有双向的可能，设计界讨论最多的是社会文化符号作为始源域对产品文本目标域内相关符号的修辞。

符号服务于产品设计方法的文本编写活动涉及经验化环境与文化符号环境。文本编写流程为（见图6-14粗线）：设计师根据使用群的生活经验，以集体无意识原型的经验实践方式→对其进行解释，使之成为文化符号→文化符号与产品系统内部的相关

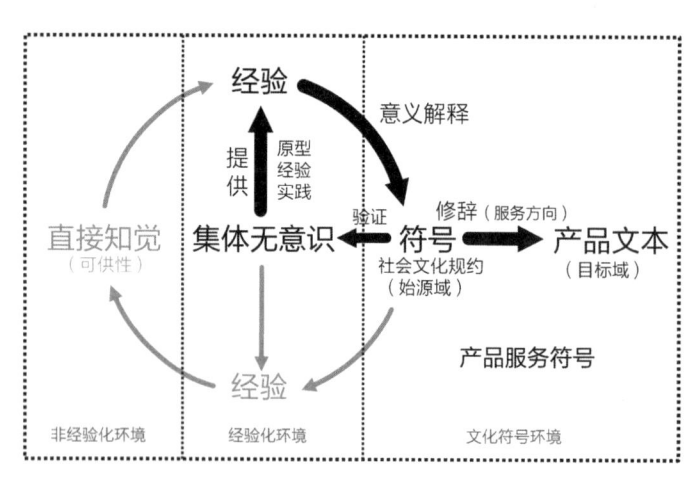

图6-14 符号服务于产品文本编写流程
资料来源：笔者绘制

符号做出创造性的关联解释→创造性的关联解释必须回到经验化环境获得使用群集体无意识原型经验实践的判定认可→文化符号以始源域的角色进入产品文本内进行编写。

文本编写的过程需要强调两点：

第一，符号的意义来源于对生活经验的解释：1. 文化符号的感知是对生活经验的解释。与产品进行修辞解释的文化符号，是设计师在使用群经验化环境中，对其集体无意识原型的经验实践筛选后的意义解释，也正因如此，在本章补充的无意识设计第三类"两种跨越"中，有"直接知觉符号化至寻找关联"；但不存在"集体无意识符号化至寻找关联"，因为符号本身就是集体无意识原型经验通过实践被解释后的结果。2. 设计师在创造性地用文化符号与产品间建立修辞的关联性、理据性，始源域文化符号介入产品文本结构系统进行编写过程中，都必须反反复复回到使用群的集体无意识经验实践中获得验证。以上两点保证了设计师能力元语言的创造性解释与产品系统规约的一致性，这是结构主义文本意义有效传递的基础。

第二，文化符号服务于产品系统的文本编写方式：1. 始源域的文化符号服务目标域的产品系统，必须按照产品系统规约进行适切性的解释；2. 设计师对始源域文化符号与目标域产品内符号的创造性解释，是其主观意识的彰显；3. 文本最后的呈现是设计师能力元语言与产品系统内三类元语言协调统一的结果。任何结构主义文本编写的最后呈现，都是系统内各元语言协调统一的结果。

6.4.3.2 文本编写的符形分析——以《洗面奶遥控器》为例

深泽直人的《洗面奶遥控器》是典型的"符号服务于产品"的修辞案例。在日常使用过程中，他发现遥控器与其他电子产品都是平躺在桌面，寻找起来不醒目，于是他将遥控器设计成洗面奶的造型，遥控器站立在桌面就变得醒目了（见图6-15）。洗面奶造型作为始源域符号服务于目标域遥控器文本，它的文本编写符形可做以下分析：

（1）洗面奶是遥控器系统之外的文化符号，洗面奶的造型与放置方式组成"造型—放置方式"的一组指称关系，这组指称关系被解释为"可站立"的感知。

（2）对于需要醒目的遥控器而言，洗面奶"可站立"的感知对此可以进行相似性解释。

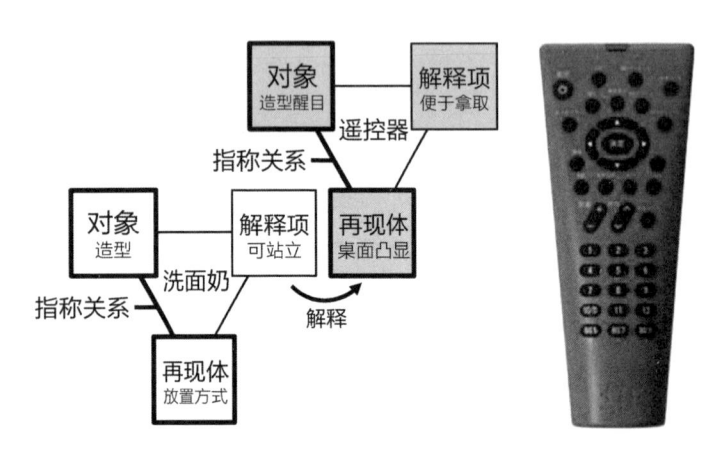

图 6-15 《洗面奶遥控器》文本编写的符形分析
资料来源：左，笔者绘制；右，深泽直人，2016

在解释过程中，不是始源域的对象或再现体去直接解释目标域，而是其"对象—再现体"组成的指称关系所获得的符号感知"解释项"，去解释目标域符号指称关系中的品质。

（3）相似性的映射，通过晃动其指称关系的方式，降低洗面奶指称物的还原度与其原有系统规约的独立性，其目的是按照遥控器的系统规约进行文本编写，服务目标域产品。

（4）最终的修辞文本具有洗面奶与遥控器两造指称的重层特征，重层程度取决于晃动指称关系时，对始源域符号指称物的还原程度，及其系统规约独立性保留的程度。同时，晃动程度可以有效地控制文本以明喻或隐喻的修辞格进行表达。即洗面奶与遥控器两者的相似性可以从"相类"晃动为"相合"，进而达成"相类—明喻"向"相合—隐喻"的修辞格渐进（第五章已详细表述，在此不再赘述）。

6.4.4 产品服务于符号的文本编写流程与符形分析

6.4.4.1 文本的编写流程

设计界普遍认为，产品设计活动是一个产品系统外部的文化符号进入产品文本内，通过修辞方式对产品的再次解释；但产品文本也可以作为始源域的姿态，去解释产品系统外部的一种现象或感知。这在后现代产品设计、思辨设计，以及艺术作品中被广泛使用。

产品文本自携元语言是某一群体集体无意识对某类产品在特定文化环境下约定俗成的解释与界定，即一个产品能够被群体认定为"是这个产品"的所有规约。产品服务于符号的设计方法实质是，设计师借用产品文本自携元语言中既有的社会文化符号规约，在解释一个社会文化现象或事物时，可以获得有效的解读内容和方向。产品文本自携元语言内既有的文化符号规约是文本编写与有效解读的依据。

其文本编写流程为（见图 6-16 粗线）：设计师在使用群的经验化环境中寻找行为或心理习惯→对其的意义解释是产品文本自携元语言约定俗成的文化符号规约→设计师将其与产品系统外部的文化现象或事物进行创造性的关联解释→这个创造性的解释必须回到集体无意识经验习惯中获得验证并修正→修正后的符号进入文化现象或事物的系统中进行编写。

文本的编写过程需要强调三点：

第一，选择产品文本内的符号作为始源域，去解释社会文化现象或事物，是对产品文本自携元语言约定俗成文化规约的依赖，其依赖的目的是获得修辞文本在解读时方向与内容的有效性。

第二，产品符号作为始源域在编写时晃动指称，产品符号对象的还原度以及产品系统的独立性降低，以适应现象与事物的系统规约。这一方面为了适切于目标域的系统规约；但更主要的是，只有刻意降低产品类型的辨识度，解读者才无法通过产品文本自携元语言做出产品类型的判定，在能力元语言的释意压力下，转向修辞意义的开放性解释。但文本意义的传递是有效的，因为依赖于产品文本自携元语言的文化规约，会为解读者提供有效的解读内容

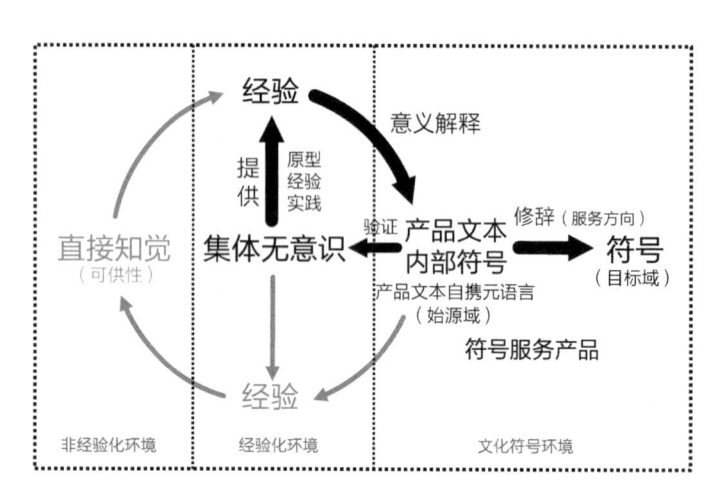

图 6-16 产品服务于符号文本编写流程
资料来源：笔者绘制

与方向，因此是结构主义的文本编写方式。

第三，修辞的始源域符号必须服务于目标域的原则，产品符号需晃动指称，以适应文化现象或事物的系统规约；刻意弱化产品符号的对象还原度及系统规约的独立性，是避免解读者再次按照原有产品类型的规约来分析解读，转向为修辞的开放性意义解释。以上操作导致文本呈现出非产品类型的表意特征，正因如此，一些学者将此类文本归为装置艺术或现代艺术。笔者在此没必要深究设计与艺术的边界问题，结构主义论域下的符号与文本间的表意方式与有效性才是本课题研究的内容。

6.4.4.2 文本编写的符形分析——以《水桶树桩》为例

铃木康広是日本当代设计界引人注目的年轻设计师，2001年毕业于东京造形大学设计系，现任教于武藏野美术大学。他的作品大多以产品为载体，以独特的观察视角、丰富细腻的情感表达，阐述产品与生活现象之间的叙事关系。这件《水桶树桩》是他的代表作之一（见图6-17），运用的便是产品服务于符号的设计方法。

铃木康广发现，当装满水的水桶震动时，会有一圈圈向外发散的涟漪，它很像树桩的年轮，于是他设计了一个像水桶一样的树桩，当震动树桩时便会出现不断向外发散的年轮。这件作品的文本编写符形分析可做以下表述：

（1）水桶作为一件产品，装满水震动会有一圈圈的涟漪，它具有向外发散的感觉。"水桶的震动"与"涟漪"作为一组"水桶震动—涟漪"指称关系，"发散的感觉"是解释项，即指称关系的意义解释，构成一个完整的三元结构符号。

（2）水桶涟漪发散的感觉就像"树桩年轮"的"圆环特征"。产品水桶是始源域，它去解释自然现象的年轮目标域时，必须按照年轮的系统规约进行文本编写。作者刻意晃动水桶的指称关系，降低其还原度和水桶系统规约的独立性，仅以保留水桶把手的方式，去适应树桩的系统规约。

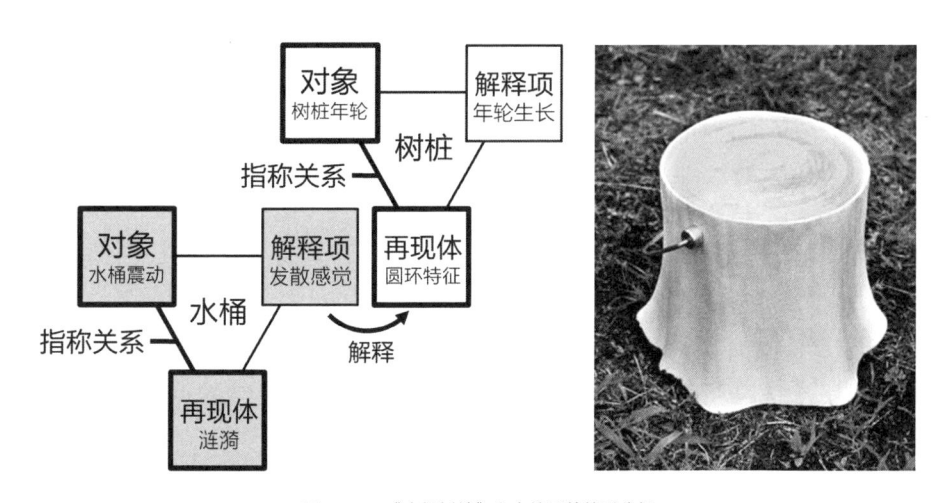

图6-17 《水桶树桩》文本编写的符形分析
资料来源：左，笔者绘制；右，Yasuhiro Suzuki, 2007

（3）把手是修辞两造指称重层性中水桶指称仅存的痕迹。最后文本的解读方向应是"一个像水桶一样的树桩"，而不是"一个像树桩一样的水桶"，这点极其重要。一旦文本的整体指称倾向水桶，那么又会回到用水桶文本自携元语言来分析判断这件作品，水桶解释年轮的目的则失效。因此，只有当产品系统规约弱化后，解读者的能力元语言的释意方向才会被迫向产品系统之外的表意主体滑动。

6.4.4.3 产品作为始源域去修辞文化现象与事物的优势

利用产品文本自携元语言内既有的使用群文化符号规约作为始源域，去解释产品系统之外的文化现象或事物的优势在于：

第一，产品文本自携元语言既有的规约内容是作品表意有效传递的依赖。

一方面，任何产品在系统结构确定的初始阶段，就有了明确的功能与操作规约，这些规约伴随着使用群的日常生活方式成为经验，进而成为集体无意识的产品原型，之后所有与之相关的生活行为现象，都会通过原型的经验实践获得意义的解释；另一方面，随着产品融入社会文化，并不断地与文化符号间进行意义解释，产品从单一的功能操作性符号向社会文化符号转向，那些反复被解释的符号规约成为产品文本自携元语言的一部分。产品文本自携元语言携带使用群既有的文化特征，因此，以产品为始源域对其他社会现象事物的解释，是对使用群既有的文化规约的依赖，以此为解释者提供明确的解释内容或方向。

第二，产品成为象征后具有极强且排他的意指特征。

赵毅衡（2016）认为，象征不是符号，而是一种修辞的变体，它通过反复出现，成为社会文化约定俗成的公认规约。当产品作为社会文化符号，在人们日积月累的生活经验积累中，形成了极为固定不变的感知规约，产品则可能会以一种象征的方式作为始源域的符号，去解释社会文化中的某一现象和事物，就如冰箱具有保鲜的象征性、风扇具有清凉的象征性，坐便器具有肮脏的象征性。一旦象征作为始源域符号，产品文本自携元语言中其他的符号规约都会被忽略。坐便器象征肮脏，去解释其他文化现象或事物，坐便器文本自携元语言内诸如造型、尺寸、款式、品牌等符号都会被忽略。可以认为，在特定环境下的产品一旦具有象征性，象征的意义成为产品系统当中显著度最强的符号规约，系统内的其他符号规约则会被象征的强显著度所忽略。

第三，产品自身规约具有社会各个群体共时性的感同身受。

结构主义符号学认为，文本的意义在传递过程中，意义编写与解释都必须是共时性的。产品作为日常生活的必需品，始终以一种共时性的文化符号形象伴随着人们的生活。随着时代的历时发展，产品又会获得新的共时性符号意义作为补充。利用产品作为始源域，就是利用耳熟能详的产品共时性文化特征去解释现象与事物，这会比拿一些远离我们日常生活的事物作为始源域，去解释一些现象更具亲切感。

第四，跨越种族文化障碍的意义解释一致性。

产品因功能与操作所形成的产品系统，具有广泛且一致的集体无意识原型特征。因此，当产品作为修辞的始源域时，只要具有相同集体无意识产品原型的任何群体，都具有对修辞文本意义解读的有效性。以使用功能发展而来的产品文化符号，具有跨国家、跨种族、跨意识形态的普适性的特征。

6.5 两种跨越类文本编写流程与符形分析

客观写生与寻找关联是组成无意识设计系统方法的基础类型。客观写生从产品系统内部的使用者生物属性与生活经验出发，展开对产品的新符号感知的扩充；寻找关联以产品系统外部文化符号与产品间双向的修辞方式，使得产品融入社会文化，获得更多的文化符号（符号服务产品），或依赖于其约定俗成的文化符号规约，解释社会文化现象或事物（产品服务符号）。客观写生与寻找关联是无意识设计将使用者生物属性与社会文化属性进行融合的完整手段。

"两种跨越类"设计方法不是笔者对无意识设计方法的创新，而是在深泽直人提出的"客观写生"与"寻找关联"两类方法的基础上，通过近几年对日本众多设计师作品资料的大量收集、分析、分类后，结合作品的文本编写流程与符形分析，在原有两种类型的基础上提出的补充。因此，两种跨越类的设计方法都是按照客观写生与寻找关联的表意方式进行的文本编写。与它们不同的是，两种跨越类设计方法在它们的基础上，继续形成操作方式上的双向贯通。

6.5.1 两种跨越类设计方法的研究方式

（1）客观写生与寻找关联类的双向贯穿

两种跨越类的设计方法是在客观写生与寻找关联两大基础类型文本编写方式的基础上，对两类设计方法之间的贯穿与再次转换，也是对使用者生物属性直接知觉—社会文化属性符号感知间的贯穿。其有两种设计方法：

第一，直接知觉符号化至寻找关联设计方法：直接知觉符号化后的产品文本，再去寻找产品系统外部的一个文化符号来解释文本的整体品质及合理性。该设计方法依次经历了非经验化环境—经验化环境—文化符号环境，从使用者生物属性的直接知觉贯穿至文化属性的符号感知。

第二，寻找关联至直接知觉符号化设计方法：也是第五章讨论的符号在文本中的三种编写方式中的"消隐"方式。一个文化符号以指示为基础的物理相似性对产品进行隐喻修辞，通过晃动文化符号的指称关系，使之消隐为在产品使用环境内具有可供性的纯然物，设计师再将可供性之物修正，并使之携带示能后，最终以直接知觉符号化的设计方法进行文本编写，文本具有指示符特征。该设计方法依次经历了文化符号环境—经验化环境—非经验化环境，从使用者文化属性的符号感知贯穿至生物属性的直接知觉。

（2）在客观写生与寻找关联文本编写符形基础上的研究

在讨论两种跨越类设计方法时，本节将采用简化的分析方式，即简化前文已讨论过的客观写生与寻找关联的编写流程与符形分析，重点讨论两种设计方法的以下内容：

直接知觉符号化至寻找关联的设计方法：不再去讨论"直接知觉符号化"的编写流程与符形分析，转而重点讨论已经编写完成的文本为何还需要一个外部的文化符号对其进行再次的解释，即文化符号对直接知觉符号化文本再次修辞的必要性。

寻找关联至直接知觉符号化的设计方法：首先，克里斯蒂娃的"文本间性"概念是讨论这种设计方法的前提条件与理论支撑；其次，不再讨论系统外部符号与产品间寻找关联的修辞解释，而将重点放置在外部文化符号通过消隐指称而转向为直接知觉可供性的方式。

（3）不存在"集体无意识符号化至寻找关联"设计方法的原因

两种跨越类设计方法分别是客观写生类中的直接知觉符号化设计方法，与寻找关联类的符号修辞产品设计方法之间不同方向的贯穿。客观写生类设计方法中还包含"集体无意识符号化"设计方法，为何不存在"集体无意识符号化至寻找关联"呢？

所有符号感知意义的来源都是对生活经验的解释。无意识设计是典型的结构主义文本编写方式，其生活经验的解释是符号感知形成的过程与来源。文化符号全部由使用群集体无意识原型的经验实践所获得，因此，在寻找关联类的设计方法中，那个与产品进行修辞的社会文化符号，本身就是使用群集体无意识经验实践后的意义解释。也可以说，寻找关联中产品系统外部的文化符号，就是集体无意识生活经验的符号化，因此不存在"集体无意识符号化至寻找关联"或"寻找关联至集体无意识符号化"的跨越。

6.5.2 直接知觉符号化至寻找关联文本编写流程与符形分析

6.5.2.1 文本的编写流程

直接知觉符号化至寻找关联设计方法，在"客观写生"与"寻找关联"两大类型的研究基础上，按照简化的方式表述，可依次分为清晰的①与②两部分（见图 6-18）：

①直接知觉符号化的编写流程（图 6-18 白色区域）：在产品系统内部考察使用者生物属性的直接知觉，通过设计师对可供性之物的修正，使之具有示能后，被解释为指示性符号，这个符号再与产品系统内的文本符号进行解释。

②寻找关联的编写流程（图 6-18 黄色区域）：设计师寻找

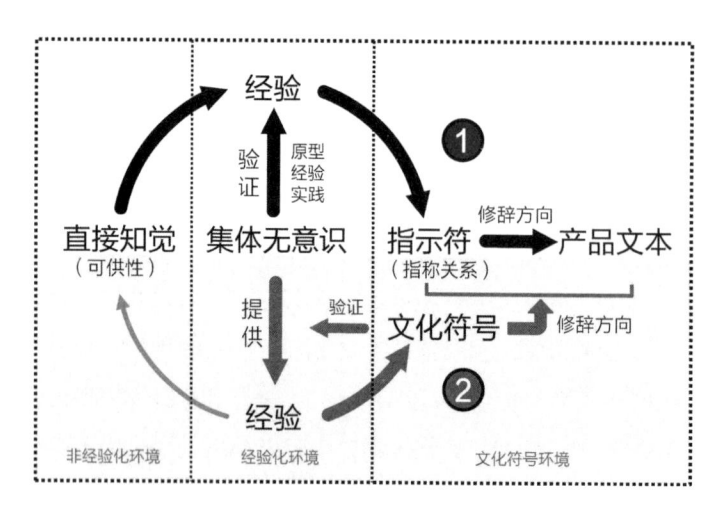

图 6-18 直接知觉符号化至寻找关联文本编写流程
资料来源：笔者绘制。

产品系统外部的一个文化符号对①的文本整体进行再次的修辞。因此，它是直接知觉符号化后的设计文本，再去寻找产品系统外部的文化符号，对其进行相似性的修辞解释。

之前对直接知觉符号化与寻找关联已有详细论述，在此不再赘述。

文本编写的流程顺序依次为：系统内可供性的直接知觉→对可供性之物修正后携带示能 →（成为一个指示符→与产品系统的文本符号修辞解释）→产品系统外部文化符号对此文本做出再次的修辞。需要强调的是，产品系统外部的文化符号是对直接知觉符号化文本整体做出修辞解释。

前文已表明，直接知觉所引发的行为，其生物遗传属性的先定性、普适性、凝固性特征已表明，它具有先验性特征，会直接引导使用者的行为，无须再用其他符号再次补充解释。但本节讨论的设计方法，需要再次寻找一个产品系统之外的文化符号，对直接知觉符号化的整体文本进行再次修辞解释，这是否与之前的讨论相矛盾呢？这是下一段需要表述的内容。

6.5.2.2 系统外文化符号对直接知觉符号化文本再次修辞的必要性

直接知觉符号化的设计方法横跨三类环境，设计师在经验化环境中，依赖于使用群集体无意识原型经验，对直接知觉行为进行筛选、分析、判断，并对可供性之物进行修正，使之携带示能，为其进入文化符号环境的意义解释做准备。那些在经验化环境中不符合使用群集体无意识的直接知觉及其引发的行为，大多被舍弃，就像前文提到有学生希望利用衬衫角擦眼镜一样。

但是，能否通过设计让"衬衫角擦眼镜"这个行为变得似乎合理呢？它之所以不合理，是因为衣角擦眼镜会露出肚皮，被解释为"不雅"的意义解释。如果在掀起的衬衫角内面绣上一对盯着肚皮看的大眼睛，是否能从"不雅"转为"诙谐"呢？相信一些年轻人会喜欢这样幽默的设计。需要强调的是，②寻找关联中（见图6-18）的文化符号解释的不是"衬衫衣角"这个符号，而是"衬衫衣角擦眼镜"的文本整体。因此，一些直接知觉符号化的不合理文本，通过一个文化符号再次进行相似性的修辞解释，之前的不合理被解释得就似乎合理了。

产品系统外部的文化符号能否把不合理的直接知觉行为说服至合理，则依次需要两点：1. 设计师能力元语言对符号与行为之间创造性的相似性解释；2. 需再次回到经验化环境，依赖于集体无意识原型的经验实践，对相似性的解释进行合理性判断。

6.5.2.3 文本编写的符形分析——以《鞋底包》为例

深泽直人于2003年创建了"±0设计品牌"，并担任该品牌的设计总监。在这个品牌的众多产品中，他设计的一款《鞋底包》（见图6-19）是典型的以直接知觉符号化至寻找关联为设计方法的案例。深泽直人发现，许多外出购物者在累的时候会把手拎袋暂时放在地上，干净光滑的地面提供给手拎袋一个可以放置的可供性，如果手拎袋底部做成平面，那么就适合放置了；但又带来一个新的问题，把底部修正为平面的手拎袋放置在地面是否会不雅观，或会弄脏购物袋。于是，他用一个鞋底的符号来解释把手拎袋放置地面的这件事，底部是鞋底的手拎袋与地面接触就合乎情理了。

图6-19 《鞋底包》
资料来源：深泽直人（2016，页95）。

以《鞋底包》为例，其文本编写的符形特征分析为：①直接知觉符号化；②寻找关联两部分，并以简化方式加以分析（见图 6-20）。

①直接知觉符号化文本编写的符形分析：人们常有将拎包放置在地面的直接知觉行为，设计师通过对包底可供性之物的修正，成为"平底"的符号，这个符号与原有的拎包进行解释，成为"平底的包"文本。在公共场所，将拎包放在地上毕竟不是一件文雅的事情，于是需要设计师利用产品系统之外的文化符号去再次解释它，使之合乎情理。

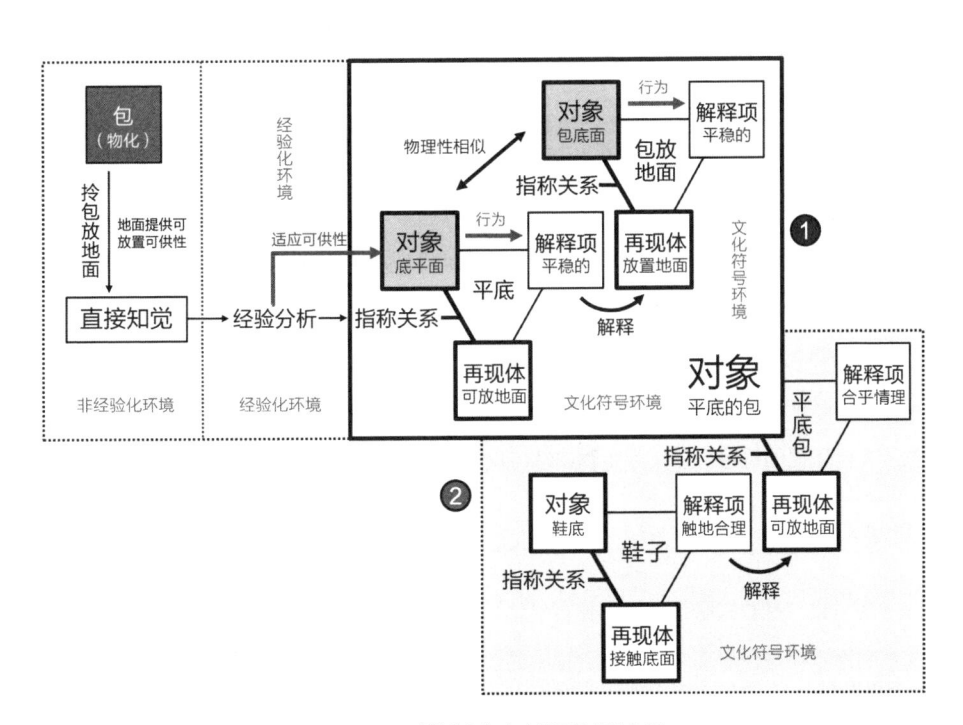

图 6-20 《鞋底包》文本编写的符形分析
资料来源：笔者绘制。

第 6 章 无意识设计方法细分及其文本编写流程与符形分析　　271

②寻找关联文本编写的符形分析：设计师在产品系统之外，寻找到"鞋底"符号去解释直接知觉符号化后的文本整体，即"平底的包"。此时，文本整体成为一个符号"对象"（图6-20中第1部分外围粗黑线的文本整体），与其品质组成一对"平底的包—可放地面"指称关系；鞋底作为始源域符号，其"鞋底—接触地面"的指称关系，获得"触地合理"的符号感知，这个感知再去解释平底包文本的再现体，达成最终"合乎情理"的解释项意义。

最后，对符号感知的合理性做以下三点补充：1. 符号感知的合理性是集体无意识原型中生活经验意义解释后的结果；2. 感知的合理与否在文化环境中不是绝对的，不合理的感知可以借用另一个符号解释，使之转向合理，反之亦然；3. 由上一点也验证了符号与真实性的关系：符号不是揭示世界的真实性，而是真实性地解释世界（赵毅衡，2016）。

6.5.3 寻找关联至直接知觉符号化文本编写流程与符形分析

首先要指出：1."寻找关联至直接知觉符号化"设计方法就是符号在产品文本中编写的联接、内化、消隐三种方式中的"消隐"方式。2. 消隐仅针对隐喻文本中物理相似的指称，而不针对心理相似的感知，这是因为生物属性的直接知觉只会作用于物理属性的指称层面，而不会是感知的文化层面。它需要依赖于以物理相似性的隐喻，并晃动始源域符号的指称，使其指称关系消隐后，成为产品系统环境内具有可供性的纯然物，再以直接知觉符号化的设计方法编写文本（详见第五章符号在文本中的三种编写方式）。3. 它是一个产品系统外部的文化符号，转向为产品系统内部直接知觉可供性修正后的指示符号的过程。这种设计方法提供了文化属性的符号可以成为生物属性可供性的方式与途径。

6.5.3.1 克里斯蒂娃文本间性对寻找关联隐藏的揭示

要讨论"寻找关联至直接知觉符号化"设计方法之前，必须提及"文本间性"的概念。文本间性不但是任何文本在编写过程中的普遍性，也是对这类设计方法中"隐藏"着的寻找关联设计方法的有效揭示。法国符号学家茱莉亚·克里斯蒂娃（1986）在《词语、对话和小说》一文中提出"文本间性"的概念，学界也称为"互文性"或"文本互涉"。她认为任何文本的编写都是对于之前引用语（quotations）的镶嵌，或者是再加工（mosaic）。任何文本的形成都以吸收和转换其他文本作为编写的基础（Kristcva，1986）。文本间性的概念明确了任何一个文本不可能独立创造而成，在编写时必定会受到其他文本的影响。克里斯蒂娃甚至认为，任何文本的编写都是对其他文本的吸收和转换；任何一个文本的表意也都会或多或少借助其他文本作为表意的参照（展芳，2017）。

克里斯蒂娃将文本间性分为"水平"和"垂直"两种：前者指一段对话与其他话语之间具有或多或少的关联文本间性；后者指一个文本对其他文本以来源方式或应答方式的文本间性。同时，她又将文本间性分为"狭义"与"广义"两种：前者指向结构主义或是修辞学的路径，将文本间性限定在结构系统规约范畴与修辞的形式范围内，讨论一个文本与其他文本之间在逻辑上的论证与相互涉及的关系；后者也被称为解构主义文本间性，将文本间性的研究范畴视为一个文本的编写过程中与最宽幅的社会文化文本之间的实践关系（吕行，2011）。

显然，本课题讨论的是"狭义垂直"的文本间性，即结构主义的无意识设计范围内的普遍修辞与文本间关联性的影响。产品文本在编写过程中存在两种方式的文本间性：一种是，设计师主动地寻找另一个文本的影响，使之成为修辞的始源域，并参与到文本修辞的解释活动中；另一种是，设计师在文本编写时被另一个文本所影响，并在编写的过程中有意削弱其影响的痕迹，即晃动那个符号文本的指称，直至消隐。寻找关联至直接知觉符号化设计方法要讨论的文本间性属于第二种。

6.5.3.2 文本间性的讨论是设计师编写的立场而非使用者解读的视角

一方面，本课题是站在设计师文本编写的立场，讨论结构主义无意识设计的文本编写与符形研究。对于文本编写以及传递的有效性，远高于使用者对文本意义的解读方式，这也是符形学研究内容与符义学研究内容的差异。克里斯蒂娃的文本间性概念在任何产品文本的编写过程中必定出现，其重要性在于厘清文本编写的流程，以及文本与社会文化间的相互影响关系。而在"寻找关联至直接知觉符号化"设计方法中讨论文本间性的价值在于，它明确指出：产品文本中，那些不属于原系统环境下的直接知觉符号化的来源，必定来自系统外部的一个符号与产品的修辞，即使使用者无法察觉修辞的过程，或也无法得知是哪一个符号与产品进行的修辞，但其在文本编写过程中的确存在，以及对其指称的晃动操作也必然存在。

另一方面，寻找关联至直接知觉符号化设计方法对于产品的使用者而言，解读到的只有最后的文本表意，即可供性之物修正后的指示符特征，而之前晃动始源域符号指称关系的操作不可能会被使用者看到。这些与解读无关的编写过程，不是使用者所解读的文本范围，除非以设计说明或文献的伴随文本方式特意标明。

6.5.3.3 文本的编写流程

按照简化的方式可将直接知觉符号至寻找关联设计方法概括为两部分：①寻找关联；②直接知觉符号化（见图6-21）。这两部分形成一个连贯的整体：产品系统外部的一个文化符号，经晃动指称，转向为产品系统环境内生物属性直接知觉的可供性。

文本编写的流程为：产品系统外部的文化符号→作为始源域修辞产品文本→设计师消隐其指称关系→指称物对象转为具有可供性的纯然物→设计师对可供性之物修正→成为一个指示符→作为始源域修辞产品文本。流程可简述为：（寻找关联的文本编写）→晃动始源域指称关系至消隐→（直接知觉符号化文本编写）。

①寻找关联的编写流程（图6-21白色区域）：此阶段的设计活动，或是设计师有意寻找符号与产品进行修辞，或是不自觉地受到某一符号意义解释的影响，但这个产品系统外部的符号必定存在。之所以必定存在，不单单是依据克里斯蒂娃的文本间性

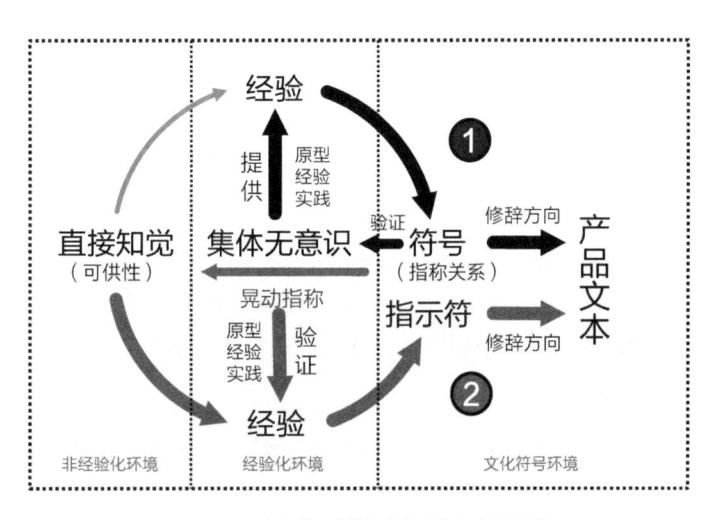

图 6-21　寻找关联至直接知觉符号化文本编写流程
资料来源：笔者绘制。

对此做出的判定，更是因为，使用者与产品间的直接知觉仅存在于产品系统内部，如果某种直接知觉不是事先存在于产品系统内，那么它必定是由环境外部的某个符号，经过晃动，消隐其指称后，使之成为纯然物，在非经验化环境内成为可供性的直接知觉，即图中蓝色箭头标注的内容。

②直接知觉符号化编写流程（图6-21黄色区域）：上一段已提及，这里的直接知觉来自产品系统外部的某个文化符号，其经晃动指称转向为系统环境内的直接知觉。设计师对可供性之物进行修正，使之具有经验环境下的示能，并被解释为一个指示符，这个指示符再与原产品文本进行指示性的意义解释。

其文本的编写流程可用一句话概括为：一个具有文化规约的符号转化为适应使用者直接知觉行为的指示符。

6.5.3.4 文本编写的符形分析——以《Quolo 铸铁香炉》为例

村田智明是日本当代具有影响力的设计师，他的作品多以隐性与内敛的语言解释产品的功能与体验方式。《Quolo 铸铁香炉》（见图 6-22）是其代表作品，运用了"寻找关联至直接知觉符号化"的设计方法。他将香炉设计成简洁的正方体与圆柱体造型，并分别设置内凹的棱锥与内凹的半球，"内凹"作为一个指示符，不但清晰指明插香的方式，同时可以收集香灰。

以其中圆柱形配内凹半球的香炉为例，展开其文本编写的符形分析。它同样可以分为两个部分：①寻找关联；②直接知觉符号化（见图 6-23）。

①寻找关联文本编写的符形分析：在之前研究基础上，需要补充两点。第一，无须讨论寻找关联是设计师有意的修辞行为还是被某一事物的造型所影响，也无须去讨论具体是什么产品或容

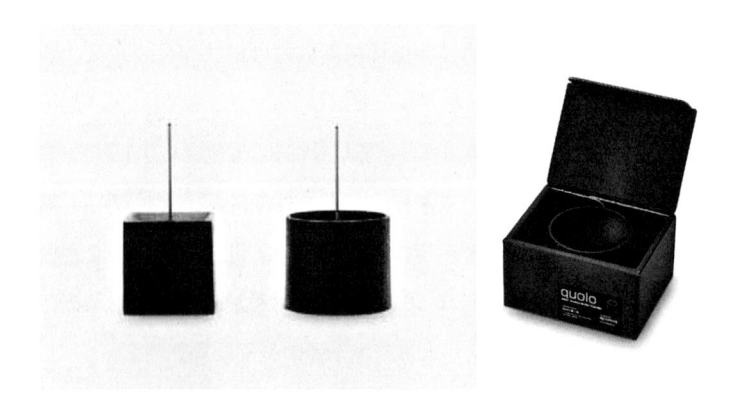

图 6-22　《Quolo 铸铁香炉》
资料来源：Tomomei　Murata，2010b

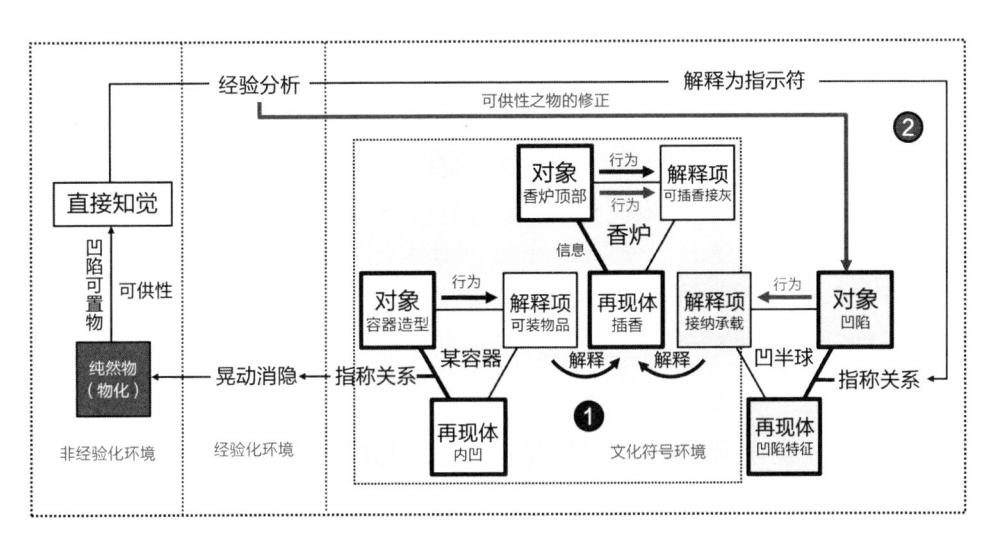

图 6-23 《Quolo 铸铁香炉》文本编写的符形分析
资料来源：笔者绘制

器作为始源域。文本间性理论表明那个始源域符号必定存在。第二，这个始源域符号与产品间是以物理相似的隐喻方式进行的修辞，物理相似的指称以对象端进行表意，晃动指称直至消隐，指称的是品质消隐，对象转向生物属性的直接知觉可供性。

②直接知觉符号化文本编写的符形分析：同样，需要补充说明的是，某一文化符号事先不在产品系统内，只有将其物化后，才能在产品系统内部获得可供性的直接知觉，因此，文化符号转向生物属性可供性的唯一途径是符号对象的物化。

寻找关联至直接知觉符号化设计方法可以看作，通过对始源域符号的指称关系晃动，直至其消隐，洗涤掉符号的全部文化属性，探究其指称关系中的对象，在产品系统中作为纯然物的可供性过程。

6.5.3.5 与直接知觉符号化设计方法及寻找关联类的差别

虽然寻找关联至直接知觉符号化设计方法是对"寻找关联"与"直接知觉符号化"两种设计方法的贯穿，但不是两种设计方法的简单叠加，因为从符号规约的来源以及指称关系的处理方式上，它们有着很大的差异性，因此有必要加以辨析。

第一，与直接知觉符号化设计方法的差别。

"直接知觉符号化"与"寻找关联至直接知觉符号化"设计方法，两者都是以对可供性之物的修正，获得与产品进行修辞的指示符，完成文本编写。但前者的指示符来源于产品系统内直接知觉的可供性修正；后者则是一个系统外部的文化符号，通过消隐其指称，使其对象成为纯然物后，再在系统环境中获得可供性的直接知觉。即概括为：一个是系统内部先验的存在，一个是系统外部进入内部物化后的所得。

第二，与寻找关联类设计方法的差别。

有时候在分辨一件设计作品，到底是寻找关联设计方法，还是在其基础上继续晃动指称关系直至消隐，成为可供性的纯然之物。因为两者具有难以分辨的相同特征：都使用物理相似性的隐喻修辞，隐喻是符号在产品文本的内化编写方式，内化的途径是以晃动的方式，降低始源域符号的指称物还原度及其原有系统规约的独立性，向目标域产品系统规约适切性地融合。因此，越向目标域系统规约方向晃动，始源域符号的指称物还原度越低，这两种方法所编写出的文本也越难区分。

区别"寻找关联"与"寻找关联至直接知觉符号化"文本的差异应回到修辞的本质特征：前者是产品系统外部的文化符号与产品的修辞，两造指称的重层是修辞文本的本质特征；后者则消隐了始源域指称，使得指称对象物化后，转向为直接知觉可供性，可供性修正后的指示符号，不会带有任何符号指称特征。因此，判断两种设计方法的标准是，其最后的文本是否存在产品系统之外的另一个符号的指称特征。

6.6 本章小结

无意识设计与符号学研究任务高度一致，它们都将符号规约如何生成、符号间意义如何解释，视为实践活动的全部内容。无意识设计产品文本编写与其他结构主义产品文本编写具有对产品系统规约相同的依赖性，但无意识设计更将符号规约视为设计活动的核心，并围绕直接知觉符号化、集体无意识符号化、社会文化符号规约、产品文本自携元语言符号规约展开所有的设计活动。它们分别来源于使用者非经验化环境、经验化环境、文化符号环境三类环境中，完整覆盖了使用者知觉、经验、符号感知的全域范围。无意识设计活动中的四种符号规约以及它们在文本编写中的方式与目的，是无意识设计类型与方法细分的依据。

本章对无意识设计类型的补充与设计方法的细分，以及无意识设计各方法的文本编写与符形分析，是建立在第三章使用者直接与间接知觉的关系、第四章使用群集体无意识对产品设计系统与文本编写结构系统构建作用，以及第五章寻找关联的修辞创新研究方式的基础上的。深泽直人从产品在环境中与使用者的知觉—符号关系的视角，对无意识设计进行了"客观写生"与"寻找关联"的两大分类。笔者在两种分类的基础上补充了两种跨越的类型，它是在客观写生与寻找关联基础上的两种相互贯穿。

无意识设计三大类型、六种方法围绕四种符号规约展开设计活动的价值在于：

一方面，它既没有将产品局限在使用功能的器具层面，也没有将产品视为文化符号，深陷与文化的纠缠，而是通过将使用者生物属性直接知觉、集体无意识原型经验、社会文化符号作为可以相互贯穿的整体，以此打破设计界客观与主观长期的二元对立。

另一方面，无意识设计是典型的结构主义文本编写方式，其三大类型及其六种设计方法全部围绕四种符号规约展开。就符号的属性特征而言，它们分别具有使用者生物属性的先验特征，以及使用群社会文化属性的既有特征；就无意识设计活动的内容而言，分别以产品系统内两种新符号规约的生成表意、系统规约控制下的两种文化符号修辞解释为设计内容。这既是无意识设计典型结构主义特征的表现，同时也保证了文本意义传递的精准与有效性。

第 7 章　无意识设计系统方法在设计实践中的两种对应关系

第六章从产品文本编写者的设计师视角，围绕四种符号规约在无意识设计三大类型、六种设计方法中，符号规约的生成（客观写生）与符号修辞方式（寻找关联），以及在两类基础上的两种跨越方法，对无意识设计各方法的文本编写流程与符形特征展开讨论。

无意识设计系统方法作为有效的表意工具，在设计实践中的运用必须从使用者对文本的解读方式，以及系统方法与设计活动的对应方式两方面展开讨论。为此，本章将以前几章讨论的结果为基础，分别从无意识设计文本编写与解读的对应关系、无意识设计系统方法与产品实践表意的三种类型的对应关系展开讨论。

第一种对应关系：设计师对各种无意识设计方法文本编写的倾向与使用者解读倾向之间的相互关系。讨论这一问题的目的是，任一结构主义的符号文本编写都以文本意义的传递为主体，本课题不单单是讨论设计师对无意识设计的文本编写，同时因六种设计方法而编写的文本，形成各类文本表意特征与使用者对文本不同解读倾向的讨论。

第二种对应关系：结构主义产品文本表意的三种类型对无意识设计系统方法的对应与选择关系。讨论这一问题的目的是，无意识设计系统方法应有效地服务设计实践，在产品设计实践活动中文本表意的三种功效应与无意识设计的六种方法相对应。这是将无意识设计系统方法这一工具在实践中运用的重要途径。

7.1　设计师文本编写与使用者文本解读的对应关系

7.1.1　设计师文本编写倾向与使用者文本解读倾向

（1）设计师文本编写的两种倾向

无意识设计是以四种符号规约为核心，文本编写建立在使用群集体无意识的系统规约基础上的典型结构主义产品文本编写方式。无意识设计的六种方法围绕符号规约的生成与符号修辞解释展开，这就形成了两个倾向：一端倾向于设计系统规约，讨论系统内部新符号规约的生成，其目的服务于产品系统；一端倾向于设计师主观意识表达，讨论设计师创造性地将文化符号与产品进行相互间的意义解释。这就形成了文本编写轴的"设计系统规约—主观意识表达"两个方向（见图7-1）。

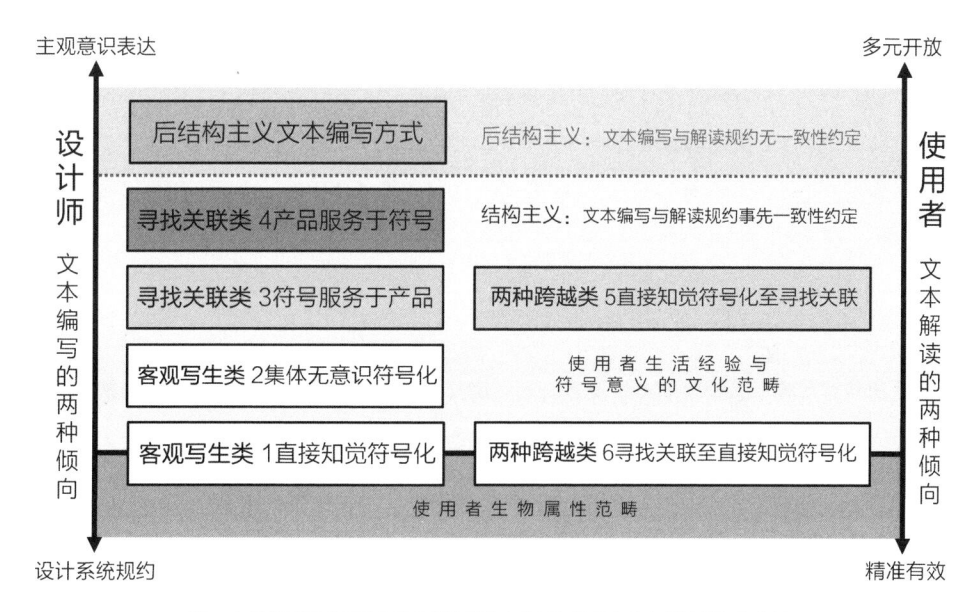

图7-1 无意识设计系统方法中设计师文本编写与使用者文本解读的倾向分析
资料来源：笔者绘制

（2）使用者文本解读的两种倾向

与文本编写"设计系统规约—主观意识表达"两个方向相对应的文本解读的两个方向是：当设计师的文本编写倾向于"设计系统规约"时，使用者对设计文本的意义解读倾向于"精准有效"；当文本编写倾向于"主观意识表达"时，使用者对文本意义采取"多元开放"的意义解读方式。这就形成文本解读轴的"精准有效—多元开放"两个方向。

7.1.2 设计师编写—使用者解读的对应方式与研究路径

（1）设计系统规约—精准有效间的对应

设计师文本编写轴的"设计系统规约"一端，与使用者文本解读轴的"精准有效"一端的对应关系可以做以下两点分析：1. 产品设计系统内语境元语言、文本自携元语言、设计师/使用群能力元语言都建立在使用群集体无意识基础之上，任何结构主义的产品设计文本编写与表意都是这三类元语言的协调与统一；2. 当产品文本的编写越倾向服务于产品系统，其文本编写越受限于系统内三类元语言的规约，这就获得了使用者对文本意义精准有效解读的可能性。

（2）主观意识表达—多元开放间的对应

设计师文本编写轴的"主观意识表达"一端，与使用者文本解读轴的"多元开放"一端的对应关系可以做以下分析：1. 无意识设计是典型的结构主义产品文本编写方式，对于以使用群集体无意识为基础建构的产品设计系统而言，设计师是一个外来的"介入者"，其个体无意识情结与私人化品质参与到产品设计活动之中，设计师能力元语言必须与系统内语境元语言、产品文本自携元语言、使用群能力元语言达成协调与统一。2. 产品系统规约与设计师主观意识表达的协调统一是限制与被限制的关系，当设计师主观意识在文本编写中最大限度地受到产品系统规约限定时，文本解读倾向于使用者的精准有效解读；当设计师主观意识在文本编写中被强化时，系统规约对其的限制逐渐弱化，文本解读倾向多元化与开放式。3. 导致文本意义多元化与开放式解读的原因是，产品系统规约对编写者限定的弱化，使用群内的个体一方面会依赖于集体无意识规约，另一方面借助自身个体无意识情结获得文本意义的解读。

结构主义与后结构主义文本编写的本质区别是，文本编写与解读是否有一致性的事先约定。所有的无意识设计都是结构主义的文本编写方式，设计师在编写文本前，其主观的个体意识都会在集体无意识原型的经验实践中获得认可，文本意义解读的多元与开放并非后结构主义的解读任意性，而是在集体无意识规约限定的方向范围内的宽幅解读。

（3）设计师能力元语言介入设计系统的不同方式为路径的对应关系研究

首先，笔者在第四章讨论了集体无意识在产品设计活动对系统规约的构建中，分析了两类系统：产品设计系统、产品文本编写系统。前者是设计师对产品文本的编写与使用者对产品文本解读的整个过程，即结构主义的产品文本的整个传递过程；后者则以设计师视角，讨论一个外部符号进入产品文本内编写的流程。产品文本编写系统是产品设计系统的下一个层级内容，它是产品设计系统中设计师对文本编写的那一部分。因此，讨论设计师文本编写的倾向，与使用者对文本解读的倾向间的对应关系问题，应选择以文本传递为主体的产品设计系统。

其次，结构主义产品设计系统的各类规约建立在使用群集体无意识的基础之上。为实现编写的文本意义的有效传递，外来"介入者"身份的设计师能力元语言进入产品设计系统，必须被系统内的各类元语言规约所控制。不同的控制方式源于设计师能力元语言与系统内各元语言形成的不同交集的方式，它体现了设计师个体意识及私人化品质不同程度地参与到产品文本的编写活动之中。因此，设计师"文本编写倾向"的变化导致使用者"文本解读倾向"的变化。也可以认为，设计师能力元语言在文本编写时，系统规约对其限定的强弱变化，形成设计师个体意识参与文本表达的强弱变化。设计师能力元语言与系统内三类元语言的集合方式，是讨论设计师文本编写与使用者文本解读相互对应关系的途径。

7.1.3 设计师介入产品设计系统的五种方式与文本解读的对应分析

设计师介入产品设计系统不同方式的实质，是其能力元语言与产品设计系统内各类元语言所形成交集的不同方式。笔者在"产品设计系统内各类元语言的从属关系"一图的基础上，绘制以设计师介入产品设计系统内与各类元语言集合的五种方式，进行编写倾向与解读倾向之间的对应关系讨论（见图7-2）。

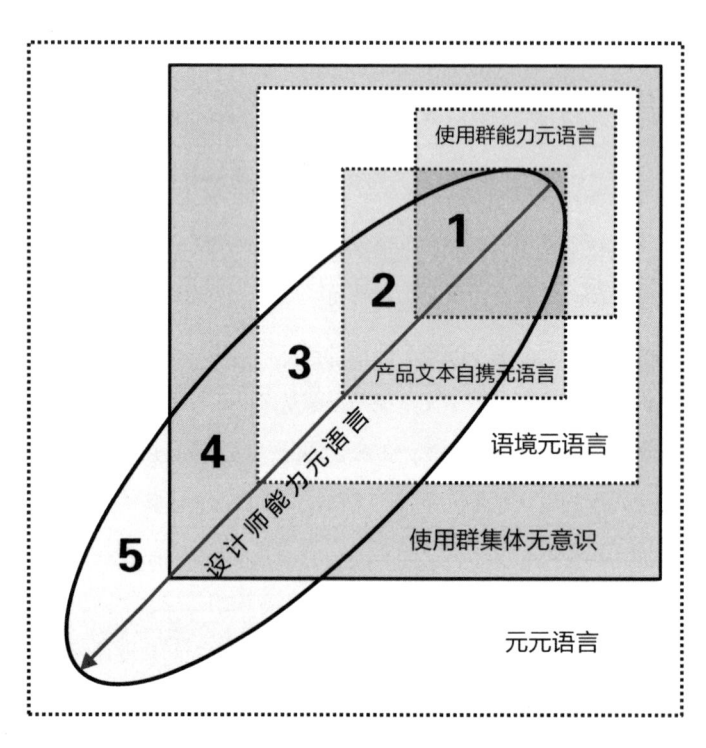

图 7-2　设计师能力元语言介入产品设计系统的五种方式
资料来源：笔者绘制

7.1.3.1 第一种元语言集合方式

（1）元语言的集合方式：设计师能力元语言与使用群能力元语言、产品文本自携元语言、语境元语言形成交集（见图 7-2 标注 1）。系统规约对文本编写限定性最强，文本解释最精准有效。设计师能力元语言与三者的交集意味着：这类设计活动完全按照产品系统规约的限定进行文本的编写；关注系统内的规约是文本编写与传递的内容，文本解释的精准、有效是文本编写的目的，这一句中的"内容"与"目的"本身已经达成因果的逻辑关系。

（2）对应的无意识设计方法：1. 直接知觉符号化设计方法；2. 集体无意识符号化设计方法；3. 寻找关联至直接知觉符号化设计方法。它们都是以在产品系统内部两种新符号规约（直接知觉符号化、集体无意识符号化）的生成作为文本编写的方式，并以服务产品系统作为设计目的。

这三种设计方法编写的文本之所以可以达到文本解读的精准有效，是因为：第一，两种符号规约（直接知觉符号化、集体无意识符号化）分别具有使用者生物属性的"先验"特征，一种符号规约（使用群社会文化符号）具有使用群社会文化符号的"既有"特征；第二，设计师在编写时的主观能动性仅仅表现在对直接知觉可供性之物的修正，以及唤醒集体无意识原型中隐藏的生活经验进行完形实践；第三，以客观的方式对产品系统内原本就存在行为与心理的写生，最大限度弱化设计师主观意识的表达，进而依赖于产品系统内新生成的符号规约的精准有效传递；第四，以传递规约为目的的文本编写，使用者的文本解读被聚焦于系统内新生成的符号规约，传递的文本意义单一，使用者解读精准。

（3）文本编写与文本解读具有意义一致性特征：可以说在文本编写时，一切以产品系统内的规约为基础，一切以使用者可以被界定的产品类型为标准，一切以使用群内每一个体的精准有效解读为目的。复杂且苛刻的要求具有辩证的两面性：一方面，任何多余的、群体之外的、无法被使用者解释的规约都被抛弃；另一方面，设计师与使用者按照系统规约编写、解读文本，导致双方的私人化品质均无法有效展开，对设计师与使用者双方而言，都是一种主观意识的表达与解释的丧失。

7.1.3.2 第二种元语言集合方式

（1）元语言的集合方式：设计师能力元语言与产品文本自携元语言、语境元语言形成交集（见图 7-2 标注 2）。语境元语言是产品结构系统的基础规约，产品文本自携元语言确立了产品自身可以被使用者确认的规约体系。此类文本编写为服务产品系统的修辞，文本解释具有宽幅特征。设计师文本意义的传递由第一种集合方式的"精准"解读，向宽幅的"有效"解读延伸。

第二种元语言集合方式下的设计师编写与使用者解读时，双方都有私人化品质的参与和表现：一方面，设计师在此元语言交集编写中，既服务于产品系统规约，又同时摆脱了使用群内每一个体可以准确解读文本的顾虑，设计师个体无意识的情结与私人化品质得以展开，它们在集体无意识原型的经验实践中获得一个可以被使用者解释的符号，再以这个符号与原有的产品文本间进行理据性的相互解释。设计师对产品的创造性符号解释在此得以发挥。

另一方面，设计师编写文本时并未以使用群能力元语言作为依据，这就导致使用群内不是每一个体都能即刻解读文本的意图。但在其能力元语言释意压力的驱动下，使用者依次借助以下两种途径获取文本意义：首先，借助集体无意识映射的产品文本自携元语言，获得对产品类型的界定；接着，借助使用者个体无意识情结与私人化品质对文本展开个性化解读。两种途径大多数情况下会按顺序进行，只是会出现个体差异导致的依赖程度不同。因使用群的个体差异，产品文本意义会出现宽幅的解释。文本意义的宽幅解释并非后结构的任意性解读，而是在一定约束范围内与方向上的意义多元化解释。这类设计活动以服务产品为目的，因此产品文本自携元语言是设计师与使用者共同依赖的编写与解读规约。

（2）对应的无意识设计方法：寻找关联类中的符号服务于产品设计方法；直接知觉符号化至寻找关联设计方法。

（3）文本编写特征：以产品系统外的文化符号与产品的修辞作为文本编写的目的。雅克布森的"文本六因素与六特征"理论认为，当侧重于文本编写时，符号文本就有了"诗性"（poeticalness）。这是对文本具有艺术品格的一个非常简洁明了的说明，也是对修辞表意的创造性意义解释的说明。诗性文本的目的是将解释者的注意力聚焦在文本本身，文本的品质成为主导（赵毅衡，2016）。

（4）文本解读特征：一是设计师的修辞表意服务于产品，不同于第一种集合关系的文本表意可以获得精准的解释，使用者可以依赖文本自携元语言获得有效的意义宽幅解释。二是设计师意图可以被有效性解读的原因，是文本编写受控于产品文本自携元语言，即修辞服务于产品系统；意义的宽幅解释不但是因为文本具有诗性的特征，更主要的是设计师的个性化品质脱离了使用群能力元语言的束缚，使用者获得了更多的文本解读自由度。

7.1.3.3 第三种元语言集合方式

（1）元语言的集合方式：设计师能力元语言与语境元语言形成交集。任何结构主义文本编写活动中，语境元语言都是文本编写系统中的基础规约。此类文本编写以产品为载体的艺术化表意，让文本解释更加宽幅。产品文本自携元语言一方面已不再担任界定产品类型的任务，而仅作为约定俗成的文化规约素材库；另一方面，设计师摆脱产品文本自携元语言既定类型的限制后，个体无意识情结与私人化品质在使用群集体无意识的经验解释下获得更为广阔的表意空间，与此对应的解读者也同样获得更为广阔的解释空间。

（2）对应的无意识设计方法：寻找关联类中的产品服务于符号设计方法。这类设计依赖于产品文本自携元语言中的某个符号去解释社会文化现象或事物，其服务的对象已不再是产品系统。

（3）文本编写特征：产品系统不再是其服务的对象，文本自携元语言不再是其编写的限定性规约，而是可以被利用的符号规约素材。设计师文本的编写更具诗性，且向"单纯的艺术化表意"，而非"产品的艺术化表意"转向。艺术的表意必须有脱离外延的姿态（陆正兰、赵毅衡，2009）。艺术作品靠躲开外延获得内涵的自由度，外延是产品文本的指称，内涵是作品的感知意义（胡易容、赵毅衡，2012）。朗格认为，艺术作品都具有脱离尘寰的倾向，对现实脱离、对他性追求，是它们创造出来的最为直接的效果（范明华，2004）。这类文本编写中的"产品"仅作为文化符号的素材库，并在修辞文本中担当始源域的角色。

（4）文本解读特征：这里强调的"解读者"而非"使用者"是非常恰当和重要的，因为这类设计作品已脱离了"产品"的界定范畴，产品仅以其自携元语言中某个符号规约充当修辞中始源域的角色。根据始源域服务于目标域的修辞原则，产品符号的指称已被晃动到目标域事物的系统之内。罗素认为，元语言可以分出多个层级，上一个层级的元语言在内容与本质上，总比下一个层级更丰富（赵毅衡，2016）。因此，当解读者无法再依赖于原有产品类型进行判定时，会携带文本中产品符号的社会经验，求助于上一个语境元语言层级，结合解读者个体无意识情结及生活经验获得方向较为明晰、意义更宽幅的解释。

这类作品依旧呈现结构主义的文本特征：产品文本自携元语言提供了修辞理据性解释的方向，语境元语言则提供了文本宽幅可以解读的所有意义内容。

7.1.3.4 第四种元语言集合方式

元语言的集合方式：设计师能力元语言与使用群集体无意识的交集。语境元语言构建的产品设计系统已经消失，即代表着系统结构的消失。从第四种元语言集合方式开始，设计师对文本的编写已不属于无意识设计的范畴。

此类的文本编写既不服务于使用者，因为原有的产品系统结构消失后，已不存在既定的使用人群，也不服务于某个产品类型，而是依赖于某个群体的集体无意识原型的经验实践所形成的文化符号进行两种诉求：

第一种，新产品系统创建的诉求。以集体无意识形成的众多符号规约为基础，创建全新的产品系统结构，即创建新的产品系统。此类设计将集体无意识原型的经验实践所获得的符号解释，作为搭建新的产品系统结构的一种依据。许多创新产品的系统大多以这样的方式进行搭建，尤其使用反讽的修辞方式，例如前文提及的瑞士军刀与坦克的例子，它们各自以功能的整合成为新的产品系统。

第二种，在群体内的表意诉求。文本编写者依赖于文本接收者的集体无意识进行文本的编写，以获得文本可以在群体内被解释的目的。其意义解读的内容或方向已不再有任何的限定。这类文本不依赖于体裁、类型以及所有与系统有关的限定性规约，以求得群体内共鸣式的开放式解读。

7.1.3.5 第五种方式

设计师能力元语言与使用群（解读者）没有交集，呈现后结构主义的文本特征。罗兰·巴尔特的"文本的出现，标志着作者的死亡"是对后结构主义文本的经典评价。后结构主义的主体性在于文本意义多元化、开放式的解释，解读者常会用自己元语言的解码方式试图进入编写者的元语言世界里进行解读（赵毅衡，2016），就如我们常讲的"进入作者的内心世界"。

之所以可以试图进入编写者的元语言世界，因为所有的编写者与解读者都共用由人类的文化整体规约组成的元元语言，这是人类社会文化最顶层的意义世界。在后结构主义的文本意义解释中，"任何解释都是解释"，是因为元元语言是最后的解释屏障。

7.1.4 使用者对文本意义解读的试推方法

（1）文本的解读是对文本意义真相的探究

首先，皮尔斯认为，任何一种符号都是对前一种符号的再次解释，每一个新的符号意义都建立在前一个符号意义的基础上。因此，我们对符号的推理过程，其实质是对原有符号的对话行为（赵星植，2017）。其次，皮尔斯普遍修辞学重点研究的是"探究方法"，他称其为"方法学"。探究的最终目的是使得意见获得群体的最终确定，可以被确定的意见即为"真相"。真相不是某个权威意见，更不属于个人，而是属于探究的"真相"的那个群体的共同信念和意见（赵星植，2017）。

皮尔斯的以上两点，在无意识设计系统方法的研究中表明：1. 结构主义的产品设计活动是一个始源域符号对目标域产品文本的再次修辞解释。始源域对目标域的修辞解释，必须以服务于目标域系统结构为目的，进而展开两造指称关系的改造，达到始源域符号在目标域系统结构内的协调与统一。2. 具有典型结构主义特征的无意识设计活动，设计师必须将使用群的共同意见以及信念作为文本编写的基础，使用者才有可能获得与设计师产品文本表意一致的"真相"，这也是结构主义以文本意义有效传递作为主体性的前提基础。3. 解读与表意一致性的"真相"，要求设计师必须在产品设计系统内，以使用群集体无意识为基础构建的三类元语言（语境元语言、产品文本自携元语言、使用群能力元语言）展开文本的编写。4. 即使设计师个体意识（设计师能力元语言）在产品文本内的表达，也要获得使用群集体无意识原型经验的理据性认可。

（2）试推法是对文本意义解释的普遍方法

使用者对产品文本的解读，不完全依赖于逻辑，更多的是依赖个体经验对其做出假设，再通过所处的文化环境及解读者所在的群体的共同意识，对假设做出实验修正。对符号文本意义"真相"的探究思维方式，不是单向的线性思维"推理"与"归纳"，而是"假设"至"实证"的双向思维过程。

皮尔斯认为，笛卡尔形式逻辑的归纳法与推理法很难获得对符号文本意义的有效解释，这是因为：1. 归纳法从各个符号文本出发，通过相互比较、分析，得出一个整体性的解释，其结论是"实际如何如何"；2. 推理法从一般的普遍规律或整体理解出发，以此落实在具体的符号文本的意义解释之中，其结论是"应当如何如何"；3. 皮尔斯否定形式逻辑的归纳法与推理法解释符号意义的原因是，两者是"单向"的科学思维，且它们的思维是一环套一环的"单向"链条模式，一旦某个环节脱落，整个链条就会脱落（赵毅衡，2016；赵星植，2017）。

皮尔斯提出符号意义解释的普遍性方法是"试推法"（abduction）。他认为符号的意义解释是对一个假定的实验，试推法是一种"双向"的思维方式，以逆推的方式对事先的假设进行验证的过程中，增加解读者"猜对"文本意义的可能性，但无法做到肯定猜对，其获得"真相"的结论是"或许会如何如何"。艾柯对此认为，皮尔斯的试推法在努力向真相靠拢，但无法确定最终的"真相"。因此，试推法不是纯粹的理性方法，这是由符号的本质是文化所决定的。与笛卡尔形式逻辑的归纳法与推理法比较而言，试推法则像众多根线缠绕在一起的绳子，绳子的一根线脱落不会影响到其整体的牢固度，这是一种"可错论"，但也是"试推法"探究社会文化符号意义的优越性（赵星植，2017）。

需要强调的是，试推法是对符号文本意义解读的普遍方法，它是解读者从感知的层面对符号文本意义真相的无限靠近，而不是从研究客观世界的层面对符号对象进行科学性的真相揭示。这样表明了皮尔斯的"试推法"所适用的范围。

（3）试推法对文本意义的任何解释都是解释

所有的符号学活动都围绕以下三点展开：1. 文本编写者的表意；2. 文本意义的传达；3. 文本解读者的解释。由此三点展开试推法对文本意义解释方式、解释结果的分析：

第一，结构主义以"文本意义的传达"为主体性。文本的编写者与解读者事先具有约定好的共用符号规约，解读者对文本意义的试推更接近编写者需要表达的意图。需要说明的是，不是文本传递给解读者意义的解释，而是解读者依赖于其能力元语言做出对文本意义试推的"假设"，再依赖于各类文化规约对其进行"真相"的验证。这样看来，结构主义产品设计中，使用者对产品文本意义"真相"的探究，其实质是"文本编写者（设计师）的表意"有效性的实现方式。

第二，后结构主义以"文本解读者的解释"为主体性。这是因为，后结构主义的文本编写者注重"文本编写者的表意"，导致解读者对文本意义的试推具有开放式的结果。对此，罗兰·巴尔特（1988）提出，文本的出现，标志着作者的死亡。这表明，解读者会参与到文本意义的解释加工，获取其需要得到的文本表意"真相"。

第三，无论是结构主义还是后结构主义，任何解读者对文本意义的试推，都经历了相同的过程：1. 解读者依赖于个体的能力元语言对文本意义试推出真相的假设；2. 解读者对于假设的意义真相，会根据其所处的文化环境（语境元语言），以及文本自身的文化规约（文本自携元语言），依赖于其所属群体的集体无意识进行实验修正，得出他所认定的文本表意"真相"。

因此，解读者对文本意义"真相"的最终判定，是在特定环境下其所属群体集体无意识的共同信念和意见。这也表明了试推法所得到的文本意义的"真相"是不确定的，"真相"的内容与方向受到多种因素的综合影响。真相是所有个体对文本意义真实的"解释"，但不是对文本对象科学地"揭示"。

第四，赵毅衡（2016）指出，解释者对符号的任何解释都是解释。这是因为：1. 所有的解释都是解读者对文本意义的试推假设，并在所属群体获得了集体无意识的验证；2. 那些后结构主义方式的表意文本,也是解读者的试推假设,并在所属群体获得了集体无意识的验证;3. 即使是结构主义方式的文本表意,解读者对编写者的意图做出错误的试推结论,其对文本意义的解释也是一种真实的解释,是其所认定的"真相"。

最后,对结构主义产品设计文本意义的任何解读,都是使用者对文本意义真相的探究结果,它们不能以"对"与"错"进行判断,只存在"文本意义的传达"是否有效,这也是皮尔斯试推法对符号意义解释的优势所在。

7.2 产品的三种表意类型与系统方法的对应关系

首先，皮尔斯将符号分为"对象—再现体—解释项"三部分。按照功能特征，又将符号文本分为指示符、像似符、规约符三类；从符号表意的解释项解读方式再次分为三类：即刻解释项、动态解释项、终结解释项（赵毅衡，2016）。其次，延森在皮尔斯理论基础上分析了符号结构内形成的媒介倾向："对象—再现体"是符号载体与符号品质之间的关系，具有信息的倾向；"对象—解释项"是符号载体与符号感知之间的关系，具有行为的倾向；"再现体—解释项"是符号品质与符号感知之间的关系，具有传播的倾向（克劳斯·布鲁恩·延森，2012）。

结合皮尔斯与延森的理论可推论出，"对象—再现体"指称关系表意过程中：1. 倾向于"对象—解释项"表意的符号文本，呈现出"即刻解释项"的行为操作的指示符特征；2. 倾向于"再现体—解释项"表意的符号文本，呈现出"动态解释项"的意义传播的修辞特征；3. 皮尔斯所讲的"终极解释项"是"对象—解释项"间无理据联结的规约符号。

7.2.1 结构主义产品文本表意的三种类型

（1）结构主义产品文本表意类型的划分方式

一方面，结构主义文本要求编写者与解读者具有事先约定好的编写与解读规约。无意识设计是典型的结构主义文本编写方式，其设计活动的核心是四种符号规约；另一方面，从符号学角度而言，任何产品文本都可分为使用功能表意与感知解释表意两大类。这与皮尔斯符号学理论、延森媒介倾向三种分类基本相似，但也有所不同。

相似之处是，产品设计文本表意都遵循符号学指称关系获意原则，即意义解释都由符号的"对象—再现体"指称关系的解释获得。延森的媒介倾向于理论表明指称关系中，倾向于对象表意的产品文本具有产品操作指示的特征，倾向于再现体表意的产品文本具有主观情感表达的修辞特征。依据以上理论，产品文本表意类型可暂分为产品操作指示类文本与产品情感表达类文本两种。

不同之处是，皮尔斯"终极解释项"概念以"对象—解释项"间无理据联结作为标准，在结构主义的无意识设计中并不存在。这是因为结构主义的无意识设计文本在编写前，编写与解读规约的一致性已表明理据性的存在：1. 无意识设计活动的核心是围绕四种符号规约展开，无意识设计文本表意可以做到精准或有效解读的前提，并不是对象与解释项之间强制性的无理据联结，而是四种符号规约分别具有生物属性与文化属性的先验与既有的理据；2. 文本在编写时，受控于文本编写系统中以集体无意识为基础的各类元语言规约，最终的文本呈现是编写系统内各类元语言协调统一的结果。

需要补充的产品文本表意类型是：产品设计活动不单单是以产品为主体，设计师依赖于产品文本自携元语言的社会文化符号规约，将产品以始源域的角色去解释社会文化现象或事物。这不但是利用符号规约的既有文化属性特征获得修辞文本意义传递的有效性，也见证了产品作为社会文化符号与其他各类文化符号间的感知互动。因此，产品作为修辞的始源域去解释并服务于社会文化现象事物是产品文本表意的第三种类型。

综上所述，结构主义产品文本表意的类型可分为：1. 产品操作指示类；2. 产品情感表达类；3. 产品修辞事物类。笔者根据无意识设计三种类型、六种设计方法，结合结构主义文本表意的三种类型，绘制了"结构主义产品文本表意的三种类型与无意识设计系统方法的对应"图式（见图7-3），并以此展开详细讨论。

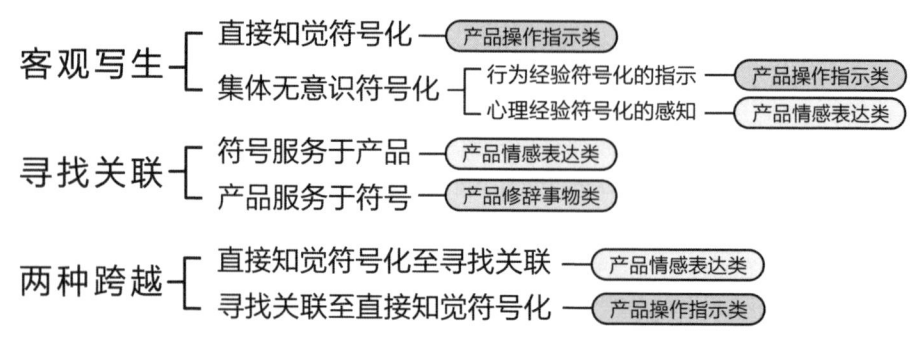

图7-3 结构主义产品文本表意的三种类型与无意识设计系统方法的对应
资料来源：笔者绘制。

（2）结构主义产品文本三种表意类型与无意识设计系统方法对应的目的

一方面，可以有效涵盖产品设计活动的功能表意与感知解释的两大类型；另一方面，特意划分出"产品修辞事物"类，这不但表明，产品设计作为文化符号有责任及义务作为修辞的始源域解释表述文化事物，同时也希望突破文化符号必须服务产品的传统观念，探索以产品作为载体服务社会文化符号的表意新途径。

产品的文本表意是设计活动的最终目的，三种表意类型代表三种不同目的的设计活动。无意识设计的六种方法是设计表意的工具。本课题对无意识设计的类型及设计方法的细分是对设计活动表意工具的深入讨论。任何实践活动都遵循根据实践目的去寻找适合的实践工具的原则，产品文本三种表意类型与无意识设计六种方法的对应，是按照设计活动目的对应有效工具而展开的讨论。

7.2.2 产品操作指示类与无意识设计方法的对应

产品操作指示类对应的无意识设计方法有三种：1. 直接知觉符号化设计方法；2. 集体无意识符号化设计方法中那些行为经验被符号化的部分；3. 寻找关联至直接知觉符号化设计方法。

产品作为日常生活中的使用器具，其功能的操作与行为的指示是文本表意重要的组成部分。为了达到行为操作的精准性，文本表意大多以指示符的方式呈现。指示符具有三点特征：第一，指示符与对象没有相似性关联；第二，指示出文本中的个别事物、单元或单元的集合，或单个的连续统一，指示符使得对象集合井然有序（赵毅衡，2016）；第三，让解读者注意到对象，它依赖于时空的逻辑关联，而不依赖于相似性的联想或智力活动（胡易容、赵毅衡，2012）。

无意识设计系统方法中，操作指示类文本编写具有以下四点共同的特性。

（1）都是在产品系统内部新符号规约的生成

1. 直接知觉符号化设计方法：对产品系统内部引发使用者直接知觉的可供性之物的修正，

使之携带经验化的示能,并被解释为一个指示符,再与产品文本进行解释,产品文本具有指示符特征。

2. 集体无意识符号化设计方法:组成集体无意识原型的经验分为行为经验与心理经验,当行为经验在环境中获得经验实践的完形,并被设计师解释为具有引导功能操作的指示符,这个指示符再与产品文本进行解释,产品文本具有指示符特征。

3. 寻找关联至直接知觉符号化设计方法:以产品修辞中物理相似的始源域符号进行指称的晃动,直至指称关系消隐,对象转为产品系统环境内部的可供性纯然之物,再以直接知觉符号化设计方法继续完成指示符与产品间的解释,产品文本具有指示符特征。

以上三种设计方法的符号规约都来源于产品系统内部,分属非经验环境下的直接知觉与经验化环境中的集体无意识的行为经验部分。这两者形成的符号规约分别具有生物属性与社会文化属性的先验性特征,也正是这些先验性达成了作为指示性产品文本表意的精准传递。

(2)都以新生成的符号规约表意为文本的编写目的、创意的途径

这三种设计方法都将在系统内部新生成的符号规约作为文本编写与意义传递的内容。直接知觉的符号化与集体无意识的符号化,两种新生成的符号规约在产品系统内部的先验性特征,进入文本编写后形成的指示符,可以做到文本意义的精准传递。

产品设计活动是一个符号对产品文本内相关符号的再次解释后形成的感知创新。感知创新是产品设计活动创新的主要内容。在以产品操作指示为目的的三种设计方法中,两种由系统内部生成的创新符号规约的意义生成与传递,其本身就是产品设计创新的一种途径。

(3)操作指示类文本表意具有"即刻解释项"的特征

产品操作指示类文本的表意具有"即刻解释项"的特征。指示符是皮尔斯根据符号与对象的关联方式做出的符号三种分类中的一种。他认为在"对象—再现体"指称表意的过程中,指示符是倾向于对象一端与解释项达成主导意义(赵毅衡,2016)。在产品操作指示类文本中,指示表意是以逻辑关系使得产品文本意义与产品对象起到相互提示的作用,其核心目的是把使用者的注意力引向产品符号的对象上,通过产品符号的对象获得意义解释。产品符号的对象具有生活经验的示能,不需要再指向符号品质,直接引导使用者获得产品行为操作、功能

指示的意义解释。

（4）操作指示表意无须文化符号的再次修辞解释

直接知觉的符号化与集体无意识的符号化后的两种符号规约，已是两种结构完整的指示符，它们对使用者具有明确的行为指示，不需要再用其他的文化符号再次解释，除非直接知觉引发的行为在经验化环境中被认为不合时宜，需要一个文化符号去解释整体的文本（如直接知觉符号化至寻找关联设计方法），否则指示性弱化，转而指向文化符号对操作行为的修辞意义解释。

7.2.3 产品情感表达类与无意识设计方法的对应

就皮尔斯普遍修辞理论而言，产品文本的编写就是修辞的过程。产品操作指示类文本也是修辞文本，它们以指称关系的对象端获得行为的操作指示；产品情感表达类则是强调以指称关系的品质端获得的感知意义的解释，并通过修辞两造创造性的关联性获得意义的解释。

产品情感表达类对应无意识设计方法，按照符号规约的来源可以分为两类：

第一类：来自产品系统外部的文化符号对产品的修辞。这类有两种设计方法：1. 符号服务于产品的设计方法；2. 直接知觉符号化至寻找关联设计方法。

第二类：组成集体无意识原型的经验分为行为经验与心理经验，当心理经验在环境中获得经验实践的完形，并被设计师解释为意义感知的符号，这个符号再与产品文本进行解释，产品文本具有感知表意的特征。

（1）第一类：产品系统外部文化符号对产品的修辞形成的感知表意

符号服务于产品的设计方法是借助文化符号去解释产品；直接知觉符号化至寻找关联设计方法是对直接知觉符号化文本的不合理，借用一个文化符号进行合理性的补充解释。两种方法都是产品系统与社会文化进行广泛沟通的渠道，情感表达类的文本通过文化符号对其意义解释的方式，使得产品由最初仅仅具有使用功能的器具向社会文化符号转向，在文本的表意中具有鲜明的文化符号与产品系统间跨领域的两造指称重层特征。

两造指称关系的重层是所有产品修辞文本的本质特征。产品文本倾向情感表达时，其重层性更为突出。一方面，它要求始源域符号以跨领域的方式与产品文本内相关符号进行创造性的关联，这就使得始源域符号必须是产品系统外部的某个文化符号，至少不在产品文本自携元语言的规约集合之内；另一方面，钱钟书认为，跨领域的始源域选择会带来新颖、奇特的文本表意，同时也是这类文本表意张力的来源。

（2）第二类：产品系统内部的心理经验符号化后形成的感知表意

符号的感知是对生活经验的解释。产品情感表达类文本都可以视为生活经验符号化后对产品系统的再次解释。同为产品情感表达文本，第一类的符号规约源自对产品系统外部生活经验的符号化解释，即社会文化符号；这一类则是产品系统内部集体无意识原型中心理经验的符号化。

产品系统内部的生活经验是使用群对产品在使用过程中日积月累的经验沉淀，它们以原型的方式隐藏在集体无意识之中，组成集体无意识原型的那些先验经验，包含感知经验与行为经验。对那些隐藏的感知经验，设计师通过必要的环境设置与信息提供，以原型的经验实践方式，对其实践的内容或结果进行意义的解释，成为具有意义感知的符号，这个符号再与产品文本进行解释，文本则具有感知表意的特征。

7.2.4 产品修辞事物类与无意识设计方法的对应

产品修辞事物类文本所对应的无意识设计方法只有一种：产品服务于符号设计方法。这类文本具有以下三点特殊性。

（1）产品设计活动主体的转向

产品修辞事物类文本的目的是，设计师借用产品文本自携元语言中既有的社会文化符号规约，在解释一个社会文化现象或事物时，可以获得有效的解读内容和方向。在修辞过程中，产品作为始源域服务目标域的社会文化现象或事物，即按照文化现象或事物的系统规约来进行文本的编写，始源域的产品符号指称还原度与其系统规约的独立性降低，这就导致产品设计活动文本主体类型的偏移，最终的修辞文本呈现出非产品类型的表意特征。因此，一些学者认为这样的文本类型不属于设计的范畴，本课题没必要讨论设计与艺术的边界问题，两者的边界在当代设计与艺术中早已变得模糊。

（2）艺术化表意的结构主义文本编写方式

即使产品修辞事物类文本再过艺术化，再怎样偏离产品类型，都是结构主义的文本编写方式。前文已明确指出，依赖于文本编写的结构与后结构属性进行设计与艺术的分野是完全错误的。区分结构与后结构文本编写的唯一标准是文本编写者是否与解读者就规约的一致性达成事先约定。产品修辞事物类文本在编写前与解读者达成的一致性前提，就是产品文本自携元语言的众多文化规约。

（3）具有产品设计叙事典型特征

首先要区分"产品设计叙事"与"叙事的产品设计"两个概念的差异。前者是产品修辞事物类文本编写方式，以产品为叙事的载体，以解释或描述事物为主要内容，即产品为始源域，所叙的事情为目标域，利用产品文本自携元语言的文化符号规约去解释社会文化事件，日本设计师铃木康广的很多作品属于产品设计叙事类型；后者则是产品在使用操作过程中具有一定的情节与故事表达，它是以系统外部的一个或几个文化符号作为始源域，对目标域产品文本的修辞解释，使得产品在使用与体验上具有一定的情结。因此，这两者的差异是产品修辞事件与事件解释产品的区别。寻找关联类的两种设计方法涵盖了这两种叙事方式。

7.3 系统方法在设计实践中的两点补充

7.3.1 多个符号对产品文本的修辞方式

就皮尔斯符号学普遍修辞理论而言，产品设计是一个产品文本的外部符号对文本内相关符号的修辞解释。本课题讨论的产品外部的一个符号对产品的解释，可以视为一个完整的修辞单元，它也是一个完整的产品文本编写活动。但大多数情况下，产品设计活动会出现多个符号，同时对产品文本进行修辞，编写为完整合一的产品文本。多个符号对产品文本的修辞有两种不同方式。

7.3.1.1 多个符号对产品文本的组合修辞

几个外部符号同时寻找产品文本内与各自相关的适切符号进行修辞，形成设计作品修辞单元的组合（见图7-4），这在许多商业化的产品设计项目中被广泛运用。比如，企业要推出一款女性化的、高收入家庭的、大容量的、节能省电的新冰箱，这时同时出现四个外部符号需要进入冰箱的文本中进行编写。它们共同进入冰箱的文本系统结构，分别寻找各自适切性的符号进行修辞解释，完成各自的修辞单元。

（1）组合修辞的产品文本在编写时遵循的原则

1. 组合修辞的文本编写是合一的文本表意，并非将各个修辞单元生硬地累加在一起成为一个文本。2. 设计师对各个外部符号共时性的意义解释原则。共时、历时并非时间的差异，而是文本编写与解读的全部过程要保持规约的一致性。3. 组合修辞的各符号进入文本的编写，是设计师能力元语言与产品设计系统内三类元语言的协调与统一过程。它既包括各个符号在解释过程中与系统内各类元语言的协调统一，更包括各符号在解释过程中相互之间的协调统一。4. 设计师的意图定点会有主次之分，即四个修辞单元的解释存在主次之分，意图定点的修辞单元会在最后的文本中成为解读的刺点。

（2）组合修辞的产品文本在解读时呈现的特点

1. 具有多样化及可供选择的文本意图解释方向。有几个外部符号对产品文本的解释，就会有几个可以被选择解释的方向。商业化产品设计大多采用符号组合修辞的优势也在于此：

多个符号的组合修辞可以获得目标人群多样化的选择机会。需要补充说明的是，多个符号的修辞单元，使用群都可以有效解读，区别在于选取哪一个修辞单元作为文本意义的解释。2. 组合修辞形成使用群多种需求的选择性解读，这是组合修辞的优势，也是其文本表意张力分散的弊端。就如同一个蛋糕被切成若干份，合一表意的文本张力会削弱。因此，在以设计创意为目的的产品设计活动，或风格化表意的产品设计中，以及国际设计奖项的评选中，多符号的组合修辞一般不会被设计师所采用，或是尽量避免分散的表意张力。

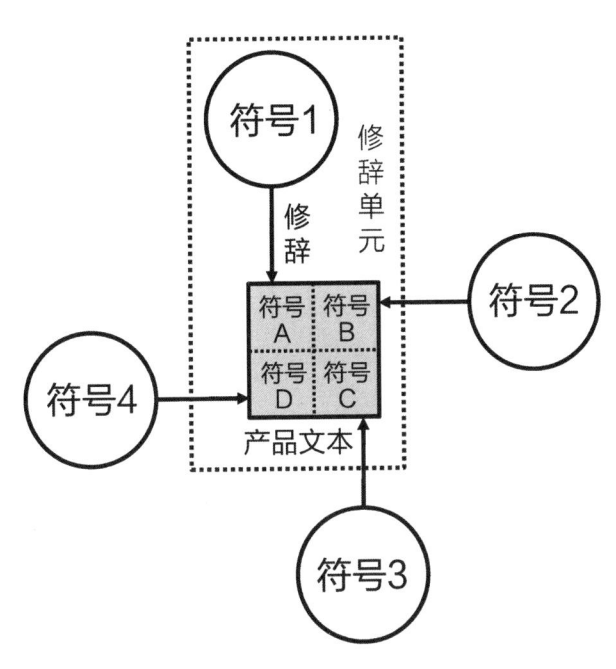

图 7-4　产品设计活动中外部符号对产品文本的组合修辞
资料来源：笔者绘制。

7.3.1.2 多个符号对产品文本的多重修辞

多符号对产品文本的多重解释在设计叙事中被广泛运用，也有许多具体的多重修辞方式，在此仅列出两种以作介绍。

（1）俄罗斯套娃式的"层叠方式"

一个外部"符号1"对"产品文本1"内的相关符号进行修辞解释后，形成新的"产品文本2"；另一个外部"符号2"再对新生成的"产品文本2"内相关符号进行修辞解释，形成新的"产品文本3"；外部"符号3"再对"产品文本3"内相关符号进行修辞解释，以此方式进行的演绎修辞，形成一个合一表意的产品文本（见图7-5）。

无意识设计两种跨越类型中的直接知觉符号化至寻找关联设计方法，就是产品文本的多重修辞：引发直接知觉的可供性之物，被修正后携带示能，被解释为一个指示符后与产品文本进行修辞，这是第一重修辞；直接知觉引发的行为被生活经验判定为不合理，产品系统外部的文化符号对不合理的文本进行再次修辞，使之合情合理，这是第二重修辞。

（2）具有两个平行轴的"平行方式"

在很多影视作品中，这种平行轴的叙事方式经常被使用，两件事物分别按照各自的轴向进行解释或发展，形成两个不同的文本，这两个文本交汇后，再进行相互的解释。铃木康広

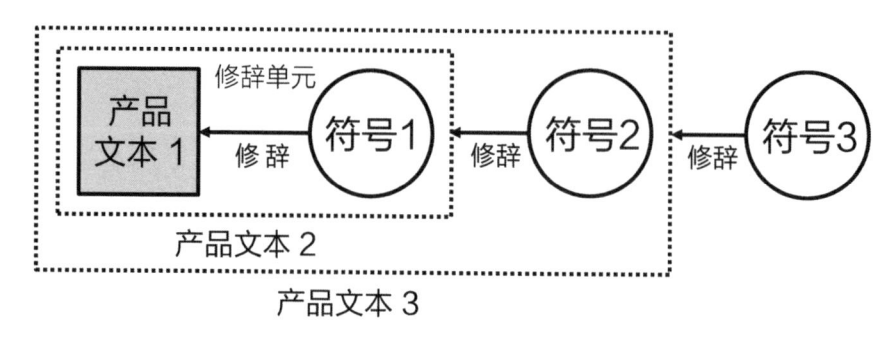

图7-5 产品设计活动中外部符号对产品文本的多重修辞1
资料来源：笔者绘制。

的作品《拉链小船》就是这样的平行方式的多重修辞（见图7-6）。小船像拉链是第一个修辞文本；平静的湖面像丝绸布料是第二个修辞文本；接着作者在第一、第二文本间继续修辞，最终叙事文本的意义解释为：像拉链的小船在湖面驶过，就像把像布料的湖面一分为二。

多重修辞是叙事文本编写的主要方式，符号多重修辞的叙事文本编写需要强调的两点是：第一，几个符号参与文本的多重解释，其最终的呈现必须是合一的文本，这是文本成立的前提；第二，多重解释之所以具有叙事特征，是因为每一次的符号解释就是叙事中的一个情节，情节环环相扣成为合一的叙事文本。这种叙事性的文本编写方式，虽然在产品设计领域不算普遍，但在文学及影视作品中早已被广泛运用。

最后要强调的是，本课题讨论的符号与产品文本间的修辞，仅讨论了一个修辞单元的多种表意方式和符形分析，也可以理解为多个符号对产品解释当中的某一个修辞单元的讨论。在此需要明确表明，以免引起"产品设计仅仅是一个符号对产品的修辞解释"的误导。

7.3.2 设计师在系统方法实践中的主导地位

本课题对无意识设计类型的补充与设计方法的细分，以及各设计方法的文本编写流程与符形分析，目的在于将无意识设计三大类型及其六种设计方法总结为一套有效的文本编写系统工具，服务于产品设计实践。但在具体的设计活动中，设计师是所有设计活动的主导者与产品文本的编写者，其主导地位及个体能力对系统方法有着驾驭与进一步拓展改造的可能。

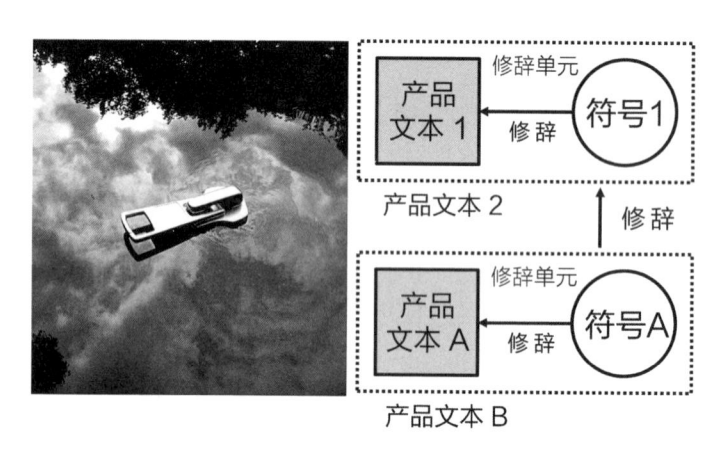

图 7-6　产品设计活动中外部符号对产品文本的多重修辞 2
资料来源：左，Yasuhiro Suzuki (2015)；右，笔者绘制。

　　笔者经常会遇到一些学生，渴望教师能教会他们一种有效的设计方法，就可以做出优秀的产品设计。然而，任何一种设计方法都像无意识设计系统方法一样，在产品设计活动中的作用仅是有效的实践工具。掌握了方法只能代表会做设计，但不能代表就能做出好的设计，设计作品的质量是由设计师能力决定的（见图7-7）。

　　第一，产品设计活动是设计师主观参与的表意实践活动。前文在讨论产品文本编写系统时，已着重强调了拉兹洛基础模型与产品文本编写系统的差别，前者是自主控制型的系统，后者则是主观参与型的系统。笔者也借此抨击了一些理工科院校，试图建构大数据下的人工智能自主产品设计系统的谬误，他们不但否定了设计师主观意识的存在，更是将符号感知的创造性表达限定在有限的数据库中，阻止了符号感知意义的无限演绎发展，即阻止了社会文化与产品间创造性的关联与沟通。

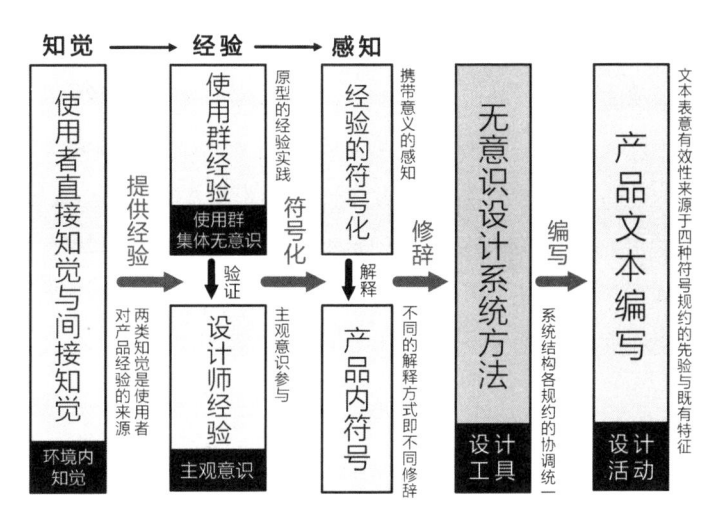

图7-7　系统方法的工具作用与设计师的主导地位
资料来源：笔者绘制。

第二，在系统方法的符号规约生成与修辞解释过程中，设计师能力与个体意识始终存在，主要表现为：1. 直接知觉符号化设计方法，需要设计师对使用群直接知觉在非经验化环境中的考察能力、对可供性之物的修正使之成为示能的能力，直至使之成为指示符的解释能力。2. 集体无意识符号化设计方法，通过提供或设置经验信息，对使用群集体无意识原型经验的唤醒能力；对使用群原型经验实践过程中的分析、选择、判断能力；对经验实践的内容以及结果的意义解释能力；被解释的符号参与产品文本编写的能力。3. 无意识设计的寻找关联类是设计师能力元语言对一个符号与产品内相关符号创造性的感知解释。在结构主义产品文本意义获得有效解释的前提下，它不但需要设计师的创造力解释，同时需要在集体无意识建构的系统规约内的协调与统一能力。

第三，在系统方法的文本编写过程中，设计师个体能力主要表现为：首先，产品是一个始源域符号进入产品文本内的修辞，设计师对始源域符号指称关系的晃动，以此适应目标域产品的系统规约，以及指称关系重层的文本表意张力，这依赖于设计师对文本的编写能力；其次，符号进入产品文本编写分为联接、内化、消隐三种方式，通过始源域符号指称关系的晃动，三种编写方式具有渐进的发展趋势，在三种编写方式中有与之对应的各类修辞格。三种编写方式的渐进关系，需要设计师个体把控始源域符号指称晃动的微妙程度，以此获得对修辞格在渐进中的主观驾驭能力。

7.4 本章小结

无意识设计系统方法作为有效的表意工具，需要积极地参与设计实践，通过与使用者各式解读方式的对应关系，讨论文本意义传递的有效性；并将无意识设计的系统方法与产品设计表意类型进行对应选择，以探讨并验证其在产品表意类型中的适应性。为此，本章分别从无意识设计文本编写与解读的对应关系、无意识设计系统方法与产品实践表意的三种类型的对应关系，具体展开两种对应关系的讨论。

讨论第一种对应关系的目的是，将无意识设计的编写放置在文本意义传递的完整过程中，与使用者的解读方式相对应进行讨论。任何结构主义的符号文本编写都以文本意义的传递为主体，本课题不单单是讨论设计师对无意识设计的文本编写，同时也讨论了因六种设计方法而编写的文本，形成各类文本表意特征与使用者对文本不同的解读倾向。设计师能力元语言介入产品设计系统内，与系统内各类元语言的不同集合方式是讨论编写与解读对应关系的途径。

讨论第二种对应关系的目的是，无意识设计作为有效的系统表意工具，应积极参与产品设计的表意实践活动。产品设计活动的表意内容分为产品操作指示类、产品情感表达类、产品修辞事物类。无意识设计六种方法与三类表意内容的对应选择，是设计方法作为工具参与设计实践的有效表现。

本章最后的两点补充，也是本课题需要补充的重要内容：1. 课题一直提及的符号与产品间的相互解释，是特指一个修辞单元，实际的产品设计活动存在大量的多符号对产品文本的组合修辞与多符号对产品文本的多重修辞；2. 无意识设计系统方法的类型细分与编写流程、符形研究，是为了建构一套有效的设计实践的理学工具。工具的目的是更清晰、更便捷地驾驭设计，但设计作品的质量还是由设计师个体所决定。结构主义的无意识设计，其文本编写的系统规约来源于使用群，其文本表意的质量则取决于设计师。

第8章　对无意识设计系统方法的案例验证

8.1 设计实践对系统方法的有效性验证

无意识设计系统方法的构建，与对其的实践验证是同步进行的。本课题对系统方法的验证主要分为两种方式：第一种方式是研究者的自我验证。笔者在构建系统方法的同时，逐一按照三大类型、六种方法的文本编写及符形分析进行设计练习。这种练习以大量的构思方案为基础，从中优选出最具代表及典型的方案进行细化，直至电脑建模、制作手板，以参加各类国际比赛及展览的方式，探讨作品被认可的可能性。第二种方式是在"自我验证"的基础上进行必要的修正、总结后，在本科及研究生教学中，以教学实践的形式，对系统设计方法进行再次验证。经过近几年的实证主义的教学实践，各届学生已能熟练运用无意识设计系统方法，将其作为有效的工具进行设计实践，并初步掌握了无意识系统方法的理学原理。

本次毕业设计将围绕无意识设计三大类型中的六种设计方法展开有效的实践验证，这六件作品在各类国际设计比赛中均获得奖项，也是本次课题的研究成果作为系统工具在设计实践中所获得的肯定。

8.1.1 以四种符号规约的来源及编写目的构建的系统方法

无意识设计活动的三大类型及其六种设计方法全部围绕四种符号规约展开。一方面，就符号的属性特征而言，它们分别具有使用者生物属性的"先验"特征（直接知觉符号化、集体无意识符号化），以及使用群社会文化符号的"既有"特征（使用群社会文化符号、产品文本自携元语言）；另一方面，就无意识设计活动的内容而言，分别以产品系统内两种新符号规约的生成表意、系统规约控制下的两种文化符号修辞解释为设计内容。这既是无意识设计典型结构主义特征的表现，同时也保证了文本意义传递的精准与有效（见图8-1）。

这四种符号规约分为两大类：一类是来源于产品系统内使用者生物属性的直接知觉与使用群的集体无意识原型。前者具有生物属性的先定性、普适性、凝固性的遗传先验特征；后者具有日常生活日积月累的沉淀，作为经验的遗传先验特征。利用这两种符号规约进行文本编写的无意识设计方法为客观写生类型。客观写生类以新符号规约的生成及其意义传递为设计活动的目的。

另一类符号规约来源于社会文化符号环境，也分为两种：产品系统外部的文化符号，设

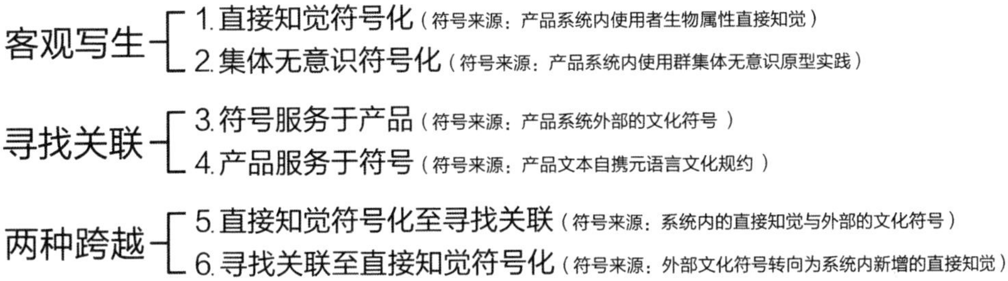

客观写生 ── 1. 直接知觉符号化（符号来源：产品系统内使用者生物属性直接知觉）
　　　　　　2. 集体无意识符号化（符号来源：产品系统内使用群集体无意识原型实践）

寻找关联 ── 3. 符号服务于产品（符号来源：产品系统外部的文化符号）
　　　　　　4. 产品服务于符号（符号来源：产品文本自携元语言文化规约）

两种跨越 ── 5. 直接知觉符号化至寻找关联（符号来源：系统内的直接知觉与外部的文化符号）
　　　　　　6. 寻找关联至直接知觉符号化（符号来源：外部文化符号转向为系统内新增的直接知觉）

图 8-1　无意识设计三大类型六种方法的符号来源
资料来源：笔者绘制

计师用这个文化符号去修辞产品文本内相关符号时，其理据性的意义解释要获得使用群集体无意识的认可；产品文本自携元语言，是使用群对产品做出约定俗成判定的文化规约集合，以其中的符号规约作为始源域去解释社会文化现象或事物可以获得有效的解释方向。这两种规约都具有社会文化的既有特征，利用这两种符号规约进行文本编写的无意识设计方法为寻找关联类型。寻找关联类以符号与产品间相互修辞的意义解释为设计活动的目的。

　　两种跨越类型是笔者对客观写生与寻找关联两大基础类型的补充，其两种设计方法均是在客观写生与寻找关联方法基础上的贯穿：直接知觉符号化至寻找关联设计方法是产品系统内部的直接知觉符号化成为一个文本后，设计师再去寻找一个社会文化符号对这个文本进行合理性的修辞解释；寻找关联至直接知觉符号化设计方法是一个文化符号在与产品修辞解释时晃动其指称，使之对象成为在产品系统内的纯然物，通过考察使用者与之的直接知觉进行文本编写。

8.1.2 人文主义的系统方法搭建与实证主义的设计实践

在第一章绪论的研究方法一节中,已详细表明:依赖于符号学理论进行讨论的无意识设计系统方法,只能以人文主义的质化研究方式为主体进行研究。对于课题所讨论出来的无意识设计系统方法的设计实践活动而言,则是实证主义的质化运用。同时,结合质化研究的五点特征,对无意识设计系统方法采用质化方式研究的必要性做了详细的阐述。

课题以人文主义的质化研究方式为主体,对无意识设计系统方法进行研究;而对系统方法的设计实践,则是实证主义的质化研究。谢立中(2019)分别从研究的对象、概念的界定、称述的模式、推理的模式四个方面,对人文主义与实证主义的研究方式进行了比较:

第一,研究的对象:人文主义以行动者的行为及其主观意义世界,作为研究者的研究对象;实证主义则以客观物质世界作为自己的研究对象。无意识设计实践的研究对象即具体的产品设计活动自身。

第二,概念的界定:人文主义以行动者的主观意向作为研究过程中概念的界定依据;实证主义则以事物自身固有的客观特性来定义事物。实证主义的研究必须在统一的定义与概念的前提下进行,研究的第一步就应该界定所研究的事物(E.迪尔凯姆,1995)。无意识设计实践在工作的开始就已经对系统方法的类型,以及设计活动与方法间的对应关系做出清晰的界定。

第三,称述的模式:人文主义用对行动的主观意义解释以及行动后的社会事实进行陈述;实证主义则以客观事实来解释客观事实。实证主义不会像人文主义的形而上学那样,用超越经验的抽象意义解释事物间的关系与称述类型,而是用客观存在的事实解决客观存在的事实问题。虽然无意识设计系统以人文主义方式构建而成,但当其成为有效的实践工具时,即成为"客观存在的事实"。无意识设计实践是客观存在的设计事实,对其的实证主义讨论必须依赖于客观存在的系统方法工具。

第四,推理的模式:人文主义采用意义分析、精神分析、话语分析进行推理模式研究;实证主义主要采取比较分析,其基本工具是形式逻辑、因果推理等。无意识设计实践依赖于已构建的系统设计方法工具，通过类比的方式，寻找设计实践活动所对应的设计方法类型。

8.1.3 教学实践对系统方法验证的三个阶段

本课题对无意识设计系统方法的研究，以及对设计方法的验证是相辅相成的发展关系。自 2015 年起，笔者就将无意识设计引入本科与研究生的设计教学之中，对无意识设计教学实践与理论研究过程分为三个阶段：

第一阶段，按照深泽直人提出的无意识设计"客观写生"与"寻找关联"的两大基础类型，对无意识设计作品进行资料收集及分类。在此阶段的设计教学中，尝试对这样的分类方式，进行设计方法的初步效仿。

第二阶段，以符号学作为系统方法的理论基础，从使用者知觉、经验、符号感知的完整认知过程，依赖于生态心理学、精神分析学、结构主义理论、修辞学、格式塔心理学的完形机制理论等，在结构主义的论域下，对无意识设计围绕的四种符号规约的来源及编写目的，展开类型的补充及方法的细分。在第二阶段的设计教学中，对无意识设计三大类型六种设计方法从理学层面进行透彻的讲解。

第三阶段，在无意识设计三大类型、六种方法的细分基础上，一方面，对寻找关联的修辞方式进行符号指称关系在文本内"联接、内化、消隐"三种编写方式及其对应的修辞格讨论，通过设计师主观能动地"晃动"始源域指称关系，达成三种编写方式的依次渐进及设计师对修辞格的自主改造；另一方面，对无意识设计方法文本编写流程及其符形分析，达到在教学过程中可以作为实证主义的参照的目标。

8.1.4 系统方法在教学实践中的价值

第一，正如在绪论中提及的课题研究价值：无意识设计系统方法的研究是基于对产品表意有效性的思考。一方面，无意识设计活动围绕使用者与产品间的认知全过程所形成的四种符号规约展开设计活动；另一方面，在编写文本时遵循由使用群集体无意识为基础构建的产品设计系统规约，这是无意识设计活动可以做到精准及有效表意的基础。

第二，在对无意识设计系统方法理学的解释过程中，让学生摆脱"唯方法论"的束缚，回溯三大类型六种方法所形成的根源，即回到使用者在环境内对产品的各种认知方式的讨论，探究知觉、经验、符号感知三种认知方式形成符号化，并参与到对产品的解释（编写）过程。以此表明，产品设计是发现并解决人类与产品（事物）间的各种认知关系，并尝试在原有无意识设计类型及方法基础上的创新可能。

第三，由上一点可继续看到，由皮尔斯普遍修辞理论推论得出，产品设计是一个符号与产品间的解释。以往这个符号普遍被视为来自社会文化环境，导致产品日渐臃肿的文化表意。而无意识"客观写生"类中的直接知觉符号化设计方法，首次将产品视为"纯然物－符号"的双联体，从而探讨使用者身体与纯然物产品间可供性关系所形成的直接知觉。这是产品系统内新符号规约生成的一种方式。同样生成于产品系统内的集体无意识符号化新符号规约，是设计师通过对使用者行为经验、心理经验的考察，并设置可以供其进行原型经验实践的环境及条件，对经验实践的内容及结果的符号化意义解释。对使用群集体无意识原型经验的质化考察方式，改变了以往通过调研及数据量化的模式，其更具认知本质及根源的科学性。

第四，典型结构主义的无意识设计，既有文本精准及有效表意的优势，又在实证主义的实践活动中，可以培养并反复强化学生系统与结构的意识。任何以文本意义有效传递为目的的设计活动，都是结构主义的。以往设计教学中，产品设计的系统是一个抽象的概念，仅表示在某种环境下，可以制约设计活动的组织构架；但在无意识设计系统方法的文本编写过程中，产品设计系统是一种实在的客观存在，它是以使用群集体无意识为基础构建的三类元语言。设计师介入系统的不同方式，达成使用者解读的不同方式。至此，产品设计系统不再是环境下某种束缚与制约设计活动的抽象代名词，而是设计师与使用者之间，以不同方式进行意义传递的客观控制手段。

8.2 客观写生类的验证

客观写生类有两种设计方法：1. 直接知觉符号化设计方法，其符号规约来源于产品系统内部使用者的直接知觉；2. 集体无意识符号化设计方法，其符号规约来源于产品系统内使用群集体无意识的原型。两者都以系统内新符号规约的生成及其意义的传递为文本编写目的。

8.2.1 直接知觉符号化设计方法：以《波浪笔盒》为例

《波浪笔盒》（见图 8-2）是 2017 年笔者与 2014 级学生俞沐天合作，为名创优品企业开发的文具项目中的一件作品。我们发现，使用者在使用笔盒时都有这样的一个现象：当写

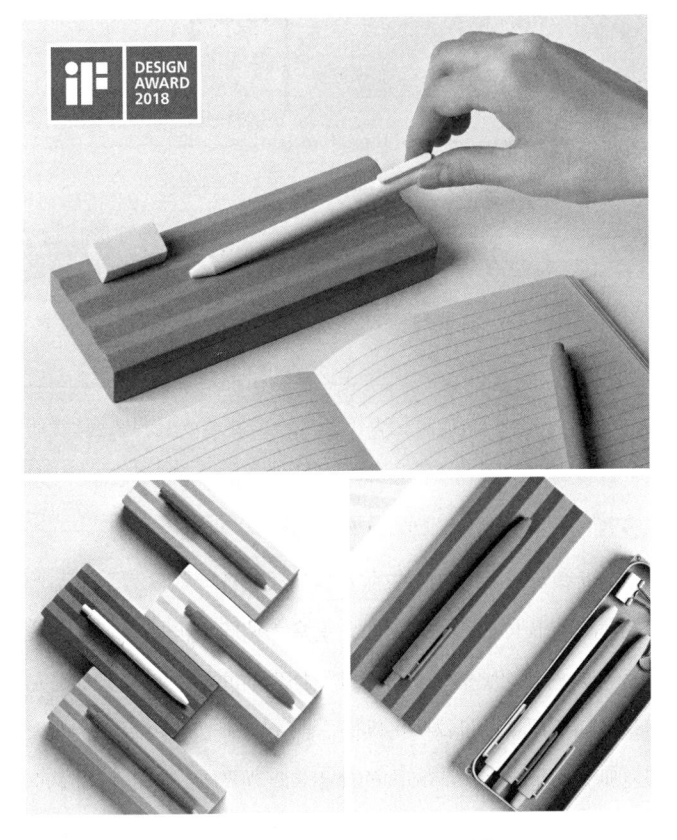

图 8-2　名创优品设计项目《波浪笔盒》
资料来源：笔者设计及拍摄

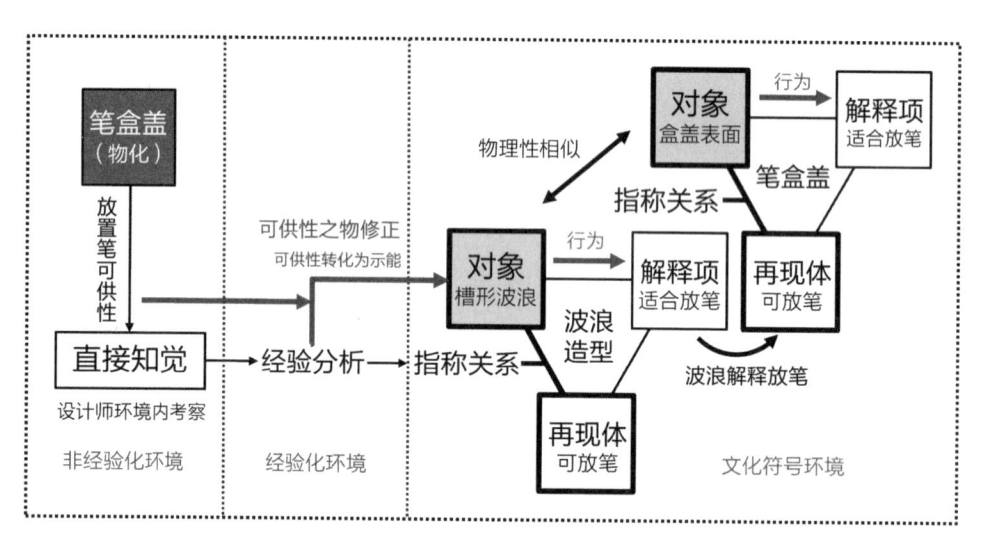

图 8-3 《波浪笔盒》文本编写的符形分析
资料来源：笔者绘制。

字或记录的间歇时间，使用者都会将笔暂时平放在笔盒盖的表面。笔盒盖表面是平整的，它提供给使用者放笔的可供性。我们针对笔盒盖这样的可供性，将其表面修正为槽形的起伏波浪，这样当使用者再次不经意将笔放置在笔盖上时，会发现波浪的槽形放置笔真的很合适。

《波浪笔盒》是较为典型的利用直接知觉符号化设计方法的作品。其文本编写的符形分析可按照设计活动依次经历的环境分为三步（见图8-3）：

第一步，它是在非经验化环境中，发生于使用者身体与笔盒盖之间关于放置笔的可供性关系：使用者拿着笔在寻找可放置的地方时，笔盒盖业已不再是功能性产品或文化符号，转而成为一个表面适合放置笔的纯然物。这个纯然物表面的平整度以及面积大小适中，提供了可以放置笔的可供性。使用者通过这些可供性信息，以刺激完形的方式获得直接知觉。

第二步，设计师通过非经验化环境内的使用者行为考察，将直接知觉的可供性之物"笔盒盖"表面进行修正。波浪的槽形具有了经验化环境中的示能，指示使用者将笔放置凹槽中。示能不属于符号，示能是生活经验中有关行为趋向的总结。它必须成为一个"对象—再现体—

解释项"完整的符号结构之后,才能与原有的笔盒盖文本进行解释。

第三步,文本的编写是文化符号环境中的活动内容。波浪的凹槽作为示能,本身具有行为指向,它被符号化之后自然成为具有行为指向的指示符,这个指示符以可放置笔的物理相似与盒盖进行相互解释、文本编写。最终《波浪笔盒》的设计文本具有指示符的文本特征。

8.2.2 集体无意识符号化设计方法:以《三等分酒瓶》为例

使用群对于产品的集体无意识以原型的方式存在,对某产品日积月累生活经验的沉淀是形成集体无意识原型的主要来源。形成原型的生活经验按照它们在日常生活中存在的状态分为"行为经验"与"心理经验"两种。设计师每一次唤醒使用群的集体无意识,都是使用者对原型的经验实践过程。设计师按照所需要唤醒的内容与方向,有目地设置必要的信息,使用者会将这些信息以原型经验实践的方式进行经验完形,经验完形是原型经验实践的心理机制。这些经验实践的内容或结果会被设计师解释为携带感知的符号,符号再与产品文本进行编写。行为经验经过原型实践后成为指示性符号,具有行为指示的目的,心理经验经过原型实践后成为意义感知表达的符号,两者与产品文本编写后,分别具有指示符与像似符的属性。因第六章已详细表述了集体无意识符号化设计方法的文本编写流程,以上仅做简要的回顾,不再赘述。

笔者2019年设计的作品《三等分酒瓶》(见图8-4)是较为典型的集体无意识符号化设计作品。在目前的超市货架上,同一

图 8-4 《三等分酒瓶》
资料来源：笔者设计及拍摄。

品牌的红酒分别有 750mL 的大瓶、500mL 的中瓶，以及 250mL 的小瓶，三者瓶型仅是放大与缩小版的保持一致造型，放在一起很难比对具体容量。笔者发现，当我们以 750mL 大瓶作为判断大、中、小容积时，都会将"750"这个数字等分为三份作为标准，这是我们集体无意识中的心理经验。既然有这样的客观存在的心理经验，那么可否直接将 750mL 的大瓶等分三份，于是就有了"三等分酒瓶"的设计。三等分之后，购买者可以依赖于原有的心理经验，以最便捷的方式判断出大、中、小酒瓶的容积。这样的设计处理方式可以普遍推广到各类饮料瓶甚至香水瓶的设计。

笔者绘制了《三等分酒瓶》的文本编写的符形图式（见图8-5），因集体无意识符号化设计方法的文本编写符形分析在第六章已做了详细表述，在此仅针对此作品的符形图式做以下两点补充。

第一，形成原型经验的来源分"行为经验"与"心理经验"，使用者习惯性将750mL大酒瓶的容积等分三份进行大、中、小的判定属于心理经验。因此，集体无意识经验被符号化之后成为倾向意义感知的符号（见图8-5黑粗线），其通过"等分分割—容量对比"这一指称关系获得的意义解释是"识别便捷"。

第二，这个表达意义感知的符号以心理相似性与大、中、小酒瓶解释后，通过将原有750mL大酒瓶进行三等分的文本编写方式，快速便捷识别大、中、小酒瓶的容积比例。这个编写过程就像直接知觉符号化设计方法一样，不再需要产品系统外部的其他任何文化符号加以再次解释，因为它们各自形成符号规约来源的生物属性与生活经验都是原本存在的。这也是两种设计方法统称为客观写生的缘由。

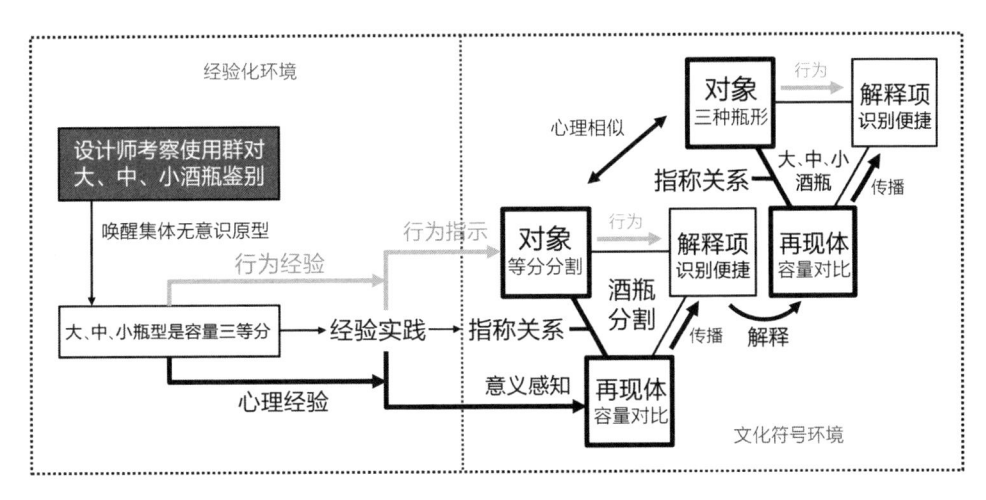

图8-5 《三等分酒瓶》文本编写的符形分析
资料来源：笔者绘制。

8.2.3 客观写生类文本表意的精准特征

（1）两种新生成符号规约精准表意的基础

直接知觉的符号化与集体无意识的符号化是产品系统内新生成的符号规约。直接知觉来源于使用者的生物属性，其具有先定性、普适性、凝固性的遗传特征，当其被符号化后，必定具有在那个环境下，使用群的任何个体都可以精准获得意义解读的普适性特征；集体无意识原型是群体成员在特定的社会文化环境中的经验积淀，其具有社会遗传与文化扩散的特性。原型在具体的环境中，通过经验实践成为感知的符号后，可获得群体内普遍性的精准解读。

（2）以新符号规约的表意作为设计的创新

所有产品设计文本表意的创新都是针对感知的创新。客观写生类两种新生成的符号规约不像社会文化符号那样以既有的方式存在，它们需要设计师通过细致的考察，分别从使用者的直接知觉与生活经验中获取，因此，这是一个隐性至显性化的过程。两种新生成的符号规约不但是产品文本表意的创新内容，更是产品系统内部感知创新的主要途径。

（3）产品系统内部创建新符号规约的目的

由皮尔斯普遍修辞理论可推论，产品设计是一个符号与产品文本间的修辞解释。以往设计界普遍认为，与产品进行修辞解释的符号是产品系统外部的文化符号。这使得产品的文化属性不断加强，从单一功能器具转向文化符号，并具有更多象征性含义。但这类解释方式会丧失使用者与产品间建立在知觉、经验方式的亲密关系。因此，客观写生类可以重新讨论使用者依赖于知觉与经验和产品间建立起的相互关系，创建依赖于知觉、经验建立起来的新感知符号。另外，这类新感知符号可以通过共时的解释（直接知觉符号化至寻找关联设计方法），与历时的文化修辞进入社会文化活动中，成为产品融入社会文化的另一渠道。

8.2.4 客观写生类对设计师能力的要求

（1）实证主义的质化研究依赖于设计师的主观经验能力

在前文已表述：首先，无意识设计系统方法是产品文本表意有效性的实践工具；其次，无意识设计系统方法的构建依赖于人文主义的质化研究方式，但对其系统方法的验证则是实证主义的质化研究方式；最后，量化研究工具可以通过设计师反复的操作训练，使得量化研究效果得以提升，但质化研究工具则需要依赖研究者的个人专业经验以及敏锐的观察、分析能力提升质化的研究效果。因此，无意识设计系统方法对于设计实践而言，是可以被运用的有效质化工具，而非量化工具。

（2）是对客观的"写生"而非对客观的"复制"

首先，深泽直人以"客观写生"命名此类型，是受到日本《俳句之道》一书的启发。他同时提到，长期对客观的写生，主观意识便不自觉地在写生中显露出来，随着客观写生能力的提升，主观意识也会随之加强（后藤武等，2016）。其次，客观写生在认知领域的实质是：设计师将隐性存在的直接知觉与集体无意识经验显性化的过程。在显性化的呈现过程中必定带有设计师的主观意识，这些主观意识是设计师作为知觉、经验的考察者、呈现者及设计文本的编写者所带入的，因此，这类设计方法是对客观的"写生"，而非"复制"。

无意识设计客观写生是对客观存在之物在原基础上做出的筛选、判断，并对其有目的、有价值的主观修正。"写生"不是"复制"，它带有设计师主观的意识，参与到对客观的描述与修正之中。

（3）对设计师在具体设计过程中的能力要求

设计师以怎样的主观意识参与使用者的知觉与经验的考察、文本的编写，即代表了其具有怎样的主观能力。对此，分别从客观写生的两种设计方法加以讨论：

直接知觉符号化设计方法。1. 直接知觉考察阶段：设计师需要依赖于个体生活经验对使用者生物属性的直接知觉进行考察、收集、分析、判断、取舍；2. 可供性之物的修正阶段：设计师需要凭借自身经验对直接知觉可供性之物修正后，使之携带"示能"；3. 示能符号化进入文本的编写阶段：示能转变为可以被使用者解释为一个指示符号后，进入产品文本编写系统结构内进行文本编写，它是设计师能力元语言参与到产品系统结构内部进行协调与统一的过程。

集体无意识符号化设计方法。1. 集体无意识的考察阶段：设计师提供环境内的信息，有目的及有选择地唤醒使用群集体无意识原型的经验实践方向与内容。2. 原型经验实践后的意义解释过程：设计师对获得的经验实践内容进行修正，并使之符号化。符号化的集体无意识经验实践内容已具有设计师主观意识的参与。3. 符号进入文本的编写过程：这个符号再与原产品文本进行修辞解释后，既是使用群原有生活经验的符号化呈现，也是设计师主观意识服从于产品系统规约的加工与修正。

8.3 寻找关联类的验证

寻找关联类就是产品修辞，是产品系统外部文化符号与产品间的相互解释。但在典型结构主义的无意识设计范畴内，产品修辞强调的则是修辞两造具有建立在使用群集体无意识各类系统规约基础上的理据性关联。这是文本编写的意义得以有效传递的前提基础。按照文化符号与产品间相互解释的方向，可以分为：1. 符号服务于产品，产品系统外部的文化符号对产品文本内相关符号的意义解释；2. 产品服务于符号，利用产品文本自携元语言的符号规约去解释社会文化现象或事物。两种设计方法的共同之处是，利用社会文化符号，或将产品视为社会文化符号，在文化符号环境中建立产品与文化符号之间更为广泛的感知表达。

8.3.1 符号服务于产品：以《盗宝戒指盒》为例

经常看到好莱坞的影片中，盗贼深夜潜入博物馆盗取价值连城的珠宝的画面，他们提起珠宝展柜玻璃罩时小心翼翼的感觉给笔者带来很大的启发，于是在 2018 年设计了《盗宝戒指盒》（见图 8-6）这件设计作品。这件作品对传统戒指盒做了新的解释：将原本藏于盒子内的戒指以展示柜造型进行展示，一方面，戒指的美感获得了呈现；另一方面，笔者特意将展柜的有机玻璃罩作为开启戒指盒的盖子，将其设置了较长的高度，并深嵌于展柜内壁的缝隙之中。每次需要取出戒指时，就得小心翼翼地提起有机玻璃罩，那种动作带给人的感觉就像深夜潜入博物馆偷窃珍宝一样。

这件作品是较为典型的隐喻修辞，其文本编写的符形分析相对于客观写生类而言比较简单，即设计师对一个产品系统外的展柜符号，以创造性地解释建立它与戒指盒间的理据性关联（见图 8-7），可做以下三点简述：1. 作为始源域展示柜的"玻璃罩—提取方式"组成一组指称关系，这组指称关系可以获得"小心翼翼"的意义解释，这里需要再次强调的是，在隐喻文本的编写中，不是始源域符号的对象，也不是其品质去解释目标域，而是由始源域符号"对象—再现体"组成的指称关系所获得的符号感知，去解释目标域的品质。2. 展示柜提起玻璃罩的那种小心翼翼的感知，可以创造性地解释目标域戒指盒因开启方式的改变带来的戒指很珍贵的感觉。3. 在具体的修辞文本编写时，一方面，展示柜"玻璃罩—提取方式"的指称关系映射在戒指盒的开启方式上，编写后的设计文本则具有了展示柜"提起玻璃罩"与"戒

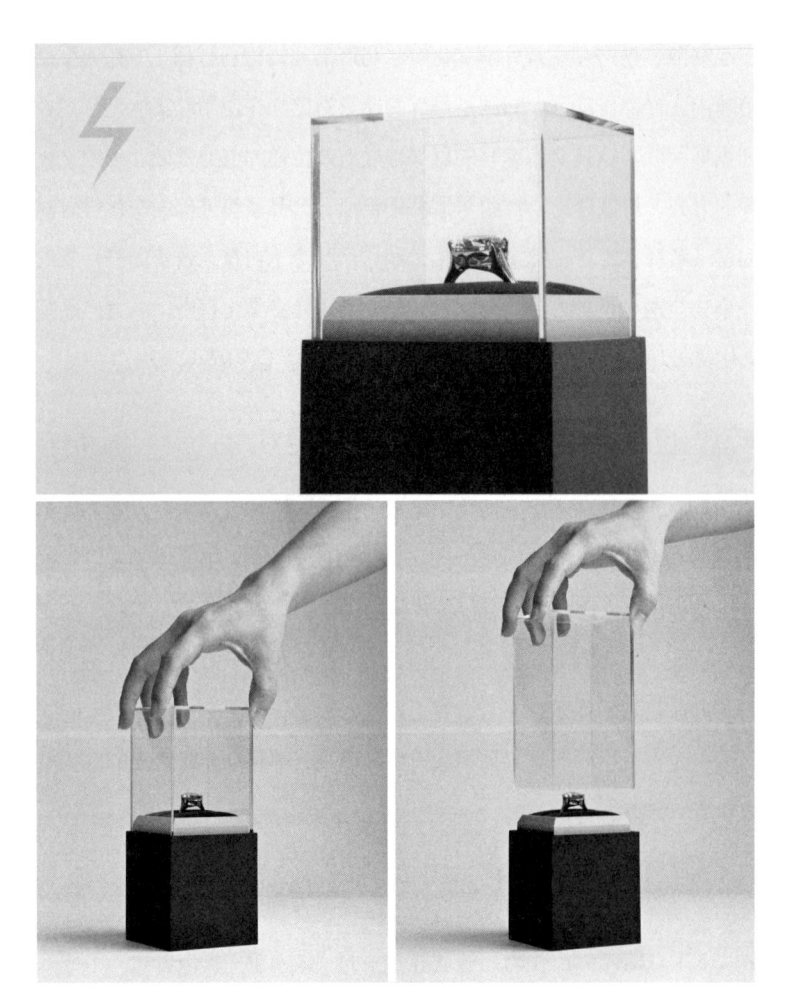

图 8-6 《盗宝戒指盒》
资料来源：笔者设计及拍摄

指盒开启"的两种指称关系重层；另一方面，修辞的文本编写遵循始源域服务目标域的原则。因此，展示柜的符号指称关系以适切性为原则对戒指盒文本内相关符号进行意义解释的同时，必须按照戒指盒系统结构规约进行文本编写，其目的是便于使用者依

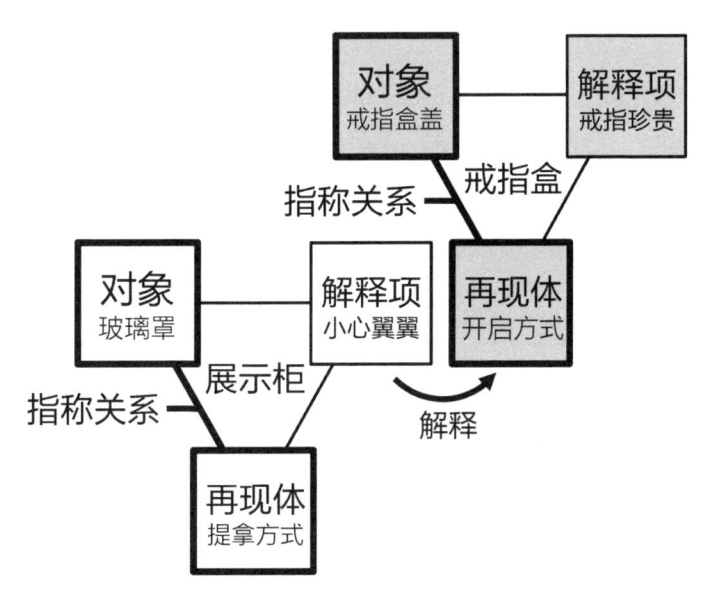

图 8-7 《盗宝戒指盒》文本编写的符形分析
资料来源：笔者绘制

赖于系统结构内的产品文本自携元语言辨认出设计作品是一个"戒指盒"。

指称关系的重层是修辞文本结构的本质特征，修辞两造的理据性联结是在指称重层的基础上获得的意义解释，文本表意的张力也在指称关系的重层中，因使用群能力元语言释意压力而获得展开。

8.3.2 产品服务于符号：以《关注的花盆》为例

产品服务于符号设计方法，是借助产品文本自携元语言中使用群对产品约定俗成的社会文化符号规约去解释另一个社会文化现象或事物，以此获得有效的解读方向和内容。因产品作为始源域去服务作为目标域的社会文化现象事物，其产品属性的主体性在文本编写过程与表意的呈现上趋于消失，转而趋向感知意义的解读，这就导致此类设计作品被一些学者判定为后结构主义的装置艺术或实验艺术。笔者在此不去讨论设计与艺术的边界问题，而需要指出的是，此类作品是结构主义的文本编写与表意方式，作为编写与解读的共同规约——产品文本自携元语言是文本意义传递有效性的基础。

　　产品作为始源域去解释文化现象与事物的优势在第六章已做过详细表述：1. 产品文本自携元语言众多的规约内容是作品表意有效传递的依赖；2. 文化符号的产品具有一定的象征性；3. 产品自携元语言的众多规约具有社会各群体的普遍认同；4. 产品自携元语言的众多规约具有跨越种族文化障碍的意义解释一致性。

　　《关注的花盆》作品最初的设计方案是 2006 年在南京期间完成的，因当时手板制作与花盆的组装结构未能得到解决而搁置，直到 2018 年再在原有基础上进行完善而成（见图 8-8）。在我们生活的环境里有许多美好的事物，虽然我们没有在意或关注它们，但它们默默地呈现着各自的精彩。笔者希望大家可以放慢生活的脚步，去留意周边那些不起眼的美好事物，即使是野外的一株小树苗，当你为它套上一个花盆之后，那种它被你关注的感觉，就像在家里精心培植花卉那样。

　　这个花盆为环形，由两部分组成，两部分的衔接处设有四个卡槽，起到固定花盆的作用。花盆底部均匀分布尖锐的锯齿造型，便于插入泥土之中。使用时，从植物底部合拢花盆，卡槽固定好之后，插入泥土内即可。这样，野外的树苗就像种植在花盆里一样。

　　这件产品的文本编写符形特征与上一件符号服务于产品设计

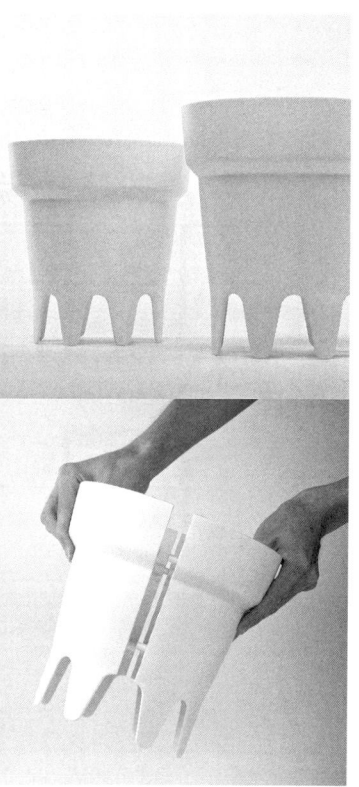

图 8-8 《关注的花盆》
资料来源：笔者设计及拍摄

方法作品基本相似（见图 8-9），两者都是文化符号与产品间的修辞，且都是隐喻的修辞格。两者的区别在于：1. 文化符号与产品间修辞的方向差异；2. 修辞中始源域符号规约的来源差异，前一件作品始源域符号规约来自系统外的文化符号，这件作品则是依赖于产品文本自携元语言符号规约；3. 设计活动服务的主体差异，前一件设计作品服务的主体是"戒指盒"的产品系统结构，这件作品则是倾向于社会文化现象事物的感知表达。

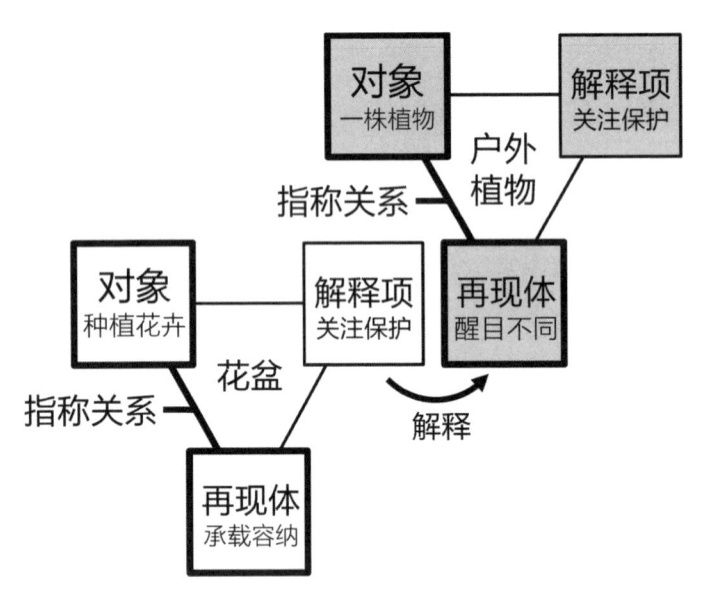

图 8-9 《关注的花盆》文本编写的符形分析
资料来源：笔者绘制

根据修辞始源域必须服务于目标域的原则，花盆文本自携元语言的符号规约，在户外植物的文本编写中，要依据后者户外环境的系统规约进行适切性的文本编写。始源域花盆符号的指称在编写时晃动，以适应户外环境植物的系统规约。花盆符号的指称还原度及其产品系统的独立性降低，不但为了符合目标域的系统规约，更主要的是有意降低花盆类型的辨识度，希望解读者无法通过花盆文本自携元语言做出其是花盆的判定，转而在元语言的释意压力下，转向指称重层的修辞意义的开放性解释。这种开放性是有明确方向的有效性解读，解读的基础就是花盆具有"关注保护"的集体无意识构建的文本自携元语言。

8.3.3 寻找关联类以文化符号与产品间双向修辞的细分方式

寻找关联类即产品的修辞,是一个文化符号与产品间相互的修辞解释。对于使用了修辞的产品设计,深泽直人认为它呈现出两种事物的品质,称为"重层性",并作为与"客观写生"并列的另一无意识设计基础类型。在符号学及修辞学理论中,"重层"是指修辞两造指称关系的共存,两造指称关系的共存是判断文本使用修辞的最本质特征。由此,本课题推论认为,文化符号与产品间的修辞,是修辞两造指称关系相互改造,并达成协调与统一的过程。

修辞两造指称关系的改造与协调,是讨论寻找关联类产品修辞方式的途径;设计师对始源域符号进入目标域产品文本的联接、内化、消隐三种编写方式,对应了不同的修辞格;三种编写方式在晃动始源域符号指称关系的方式下,具有依次渐进的可能性,这就体现了设计师能动地改造修辞格的能力。

本课题并没有按照修辞格,或指称关系的三种编写方式对寻找关联类进行设计方法细分。这是因为:从符形学的视角而言,修辞格是文化符号与产品文本间的解释手段,指称关系的三种编写方式则是"解释手段"在操作时的符形分析方式。

按照文化符号与产品文本间的修辞解释方向,将寻找关联类细分为:1. 符号服务于产品:设计师利用产品系统外的一个文化符号作为始源域去修辞产品,依赖于设计师创造性的意义解释使两者具有理据性的关联;2. 产品服务于符号:产品作为始源域符号,利用其系统内文本自携元语言社会文化约定俗成的符号规约,去解释产品系统外部的社会文化现象或事物。

8.3.4 客观写生类与寻找关联类的差异比较

笔者已在第六章对无意识设计两大基础类型进行了详细讨论，为不再赘述，在此仅以总结方式对两大基础类型做以下六点差异化比较。

（1）符号规约来源的差异

客观写生类两种设计方法的符号规约均来自产品系统内部新生成的符号规约：直接知觉的符号化与集体无意识的符号化；寻找关联类两种设计方法的符号规约均是文化符号：产品系统外部的文化符号，以及系统内的产品文本自携元语言。

（2）设计活动所涉及使用者认知领域差异

客观写生类的直接知觉符号化设计方法，涉及使用者的直接知觉（非经验化环境）—经验（经验化环境）—符号（文化符号环境）三类认知领域及其所在的环境；集体无意识符号设计方法涉及经验（经验化环境）—符号（文化符号环境）两类认知领域及其所在的环境。

寻找关联虽然是文化符号与产品间的修辞解释，但作为结构主义的无意识设计，修辞的始源域对目标域的解释，其理据性必须获得使用群集体无意识原型经验实践的认可。即寻找关联类的两种设计方法，符号服务于产品设计方法中的系统外文化符号，以及产品服务于符号设计方法中的文本自携元语言，它们作为始源域去解释目标域时，其理据性都要获得使用群集体无意识的认可。因此，寻找关联类两种设计方法涉及经验（经验化环境）—符号（文化符号环境）两类认知领域及其所在的环境。

（3）文本表意的精准与有效性的差异

客观写生类的两种符号规约（直接知觉符号化、集体无意识符号化）具有生物属性及生活经验的"先验"特征，其文本以精准表意为目的；寻找关联的两种符号规约（使用群社会文化符号、产品文本自携元语言）具有使用群文化属性的"既有"特征，是设计师对产品创造性的意义解释。一方面，这种创造性解释的理据性，要获得使用群集体无意识的认可；另一方面，要按照产品系统规约进行文本的编写。因此，其文本表意呈现意义的有效传递和意义宽幅解释的结构主义特征。

（4）设计文本重层性特征的差异

普遍修辞理论认为，任何产品设计都是修辞。客观写生是系统内新生成的符号与原有产品间的修辞，寻找关联是系统外部文化符号与产品间的相互修辞。这就带来两类设计方法在重层性上的差异：客观写生的重层性主要表现在，新生成的符号指称关系与产品指称关系的重层；寻找关联则具有极明显的外部符号与产品指称关系的重层，以及设计师的主观意识与使用群集体无意识的重层。也正是因为寻找关联的重层性更复杂，其文本表意也相较于客观写生更宽幅。

（5）设计师主观意识参与程度带来的文本编写协调工作差异

首先，客观写生虽也有设计师主观意识的参与，但其设计活动以新符号规约的生成及其意义精准传递为目的；寻找关联侧重于设计师依赖于主观意识对产品系统内外的两种文化符号间创造性的意义解释。其次，产品文本的编写可以视为一个符号与产品间的修辞解释，其操作方式是两造指称关系的相互协调与统一。客观写生类的协调工作主要表现为，新生成的符号指称关系与产品文本内符号指称关系间的协调统一；寻找关联不但包含两造指称关系的协调，同时还要协调统一设计师主观意识与使用群集体无意识之间的关系。

（6）设计活动对产品系统作用的差异

客观写生的两种设计方法是产品系统内部符号规约新生成的一种途径，是对产品系统感知内容的进一步补充和完善；寻找关联则是产品系统内外的两种文化符号间创造性的意义解释，是不同类型与来源的两类文化符号间，通过修辞进行交流与融合的方式。

8.4 两种跨越类的验证

两种跨越类设计方法是笔者在收集大量无意识设计作品资料分析的基础上，对深泽直人客观写生与寻找关联两大类设计方法基础上的补充。两种跨越类的设计方法是在客观写生与寻找关联类文本编写方式基础上，对两类设计方法之间的贯穿与再次转换。两种跨越类方法分别为：1. 直接知觉符号化至寻找关联设计方法，利用使用者生物属性的直接知觉编写文本，再寻求产品系统外部的一个社会文化符号对其做出合理性的意义解释；2. 寻找关联至直接知觉符号化设计方法，从社会文化符号与产品的修辞出发，探索通过晃动始源域符号指称，直至去符号化后所能获得生物属性的直接知觉。

两种跨越类设计方法中客观写生与寻找关联的相互转换，也标志着设计师对使用者生物属性的直接知觉与社会文化属性的感知间的双向贯穿，即直接知觉符号化至寻找关联设计方法的"直接知觉—生活经验—符号修辞"贯穿、寻找关联至直接知觉符号化设计方法的"符号修辞—生活经验—直接知觉"贯穿。

8.4.1 直接知觉符号化至寻找关联：以《观根花盆》为例

《观根花盆》是笔者 2017 年的设计作品（见图 8-10）。我们对深埋在花盆土壤里花卉根系的形态以及它的生长变化都有一种莫名的好奇，这是源自我们在非经验化环境中的直接知觉。笔者将这个直接知觉的可供性之物花盆进行了修正，以一个"镂空"的符号使得窥探根系生长获得可能，这个符号的对象与再现体组成"空透—看到内部"的指称关系，并以物理相似的方式去解释原有的花盆文本，具有指示行为的指示符特征。于是便有了在原有花盆外侧开孔的设计文本（图 8-11 标注 1 的部分），这是直接知觉符号化设计方法的过程，也是这件作品文本编写的第一步。

完成了第一步之后，笔者发现，当一个花盆突然间在侧面多出透明的窗口，会有一些莫名其妙的感觉。于是，笔者需要寻找一个合适的符号对第一个文本（花盆两侧透明窗镂空）进行理据性的意义解释。笔者寻找到中国传统园林窗格的符号。其"镂空造型—观看风景"的指称关系具有"赏心悦目"的意义解释，用它去解释第一个文本的合理性是较为恰当的，这是此作品文本编写的第二步——寻找关联类的符号服务于产品的设计方法（图 8-11 标注

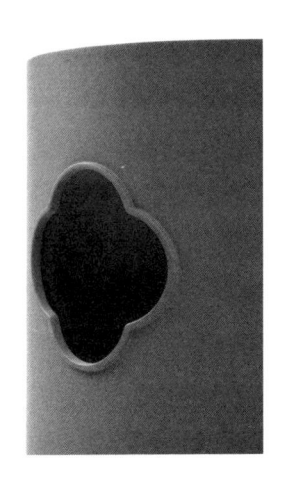

图 8-10 《观根花盆》
资料来源：笔者设计及拍摄

2 的部分），也是一个产品系统外的文化符号对第一步的直接知觉符号化的设计文本进行合理性解释的过程。

直接知觉符号化至寻找关联设计方法文本编写的整个过程依赖于两种符号规约，依次为产品系统内部的使用者生物属性的直接知觉与产品系统外部的社会文化符号。其文本编写符形分析图式看似复杂，实际可以很简单地概括为：直接知觉符号化后的产品文本，再去寻找产品系统之外的一个文化符号来解释文本的整体品质与合理性。这也表明该设计方法依次经历了非经验化环境—经验化环境—文化符号环境，从使用者生物属性的直接知觉贯穿至文化属性的符号感知。

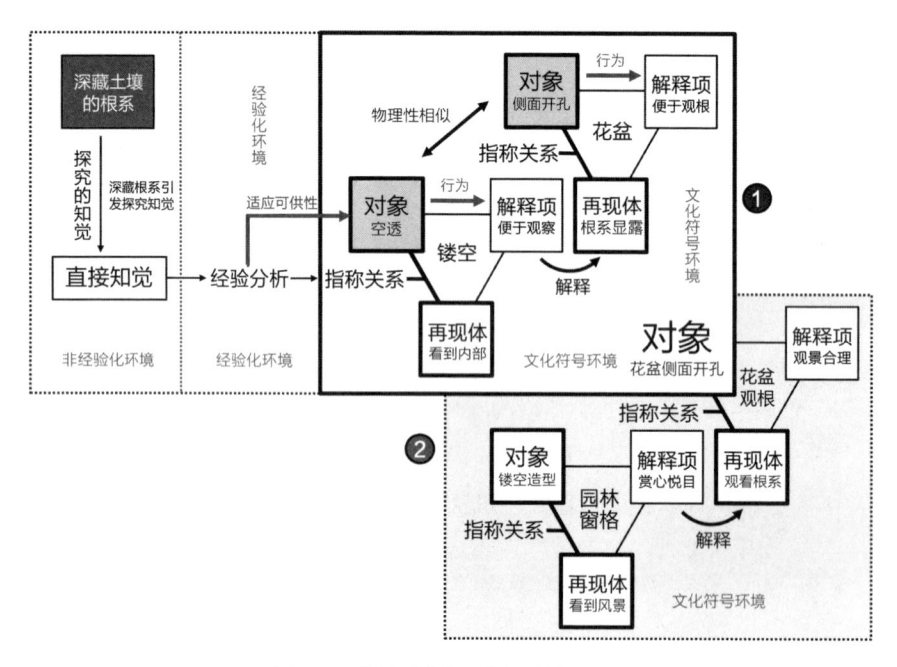

图 8-11 《观根花盆》文本编写的符形分析
资料来源：笔者绘制

8.4.2 寻找关联至直接知觉符号化：以《象棋酱油壶》为例

寻找关联至直接知觉符号化设计方法是符号在产品文本中编写的联接、内化、消隐三种方式中的"消隐"方式。它通过对物理相似性的隐喻中始源域符号的指称晃动，使其指称关系消隐后成为可供性的纯然物，再次以直接知觉符号化的设计方法编写文本。它也是一个产品系统外部的文化符号，转向为产品系统内部直接知觉可供性修正后的指示符号的过程。这表明文化属性的符号可以成为生物属性的可供性的方式与途径。

《象棋酱油壶》是笔者 2018 年与 2016 级学生周佳纯、刘艺婷合作的设计作品（见图 8-12）。笔者希望能重新设计餐馆饭店的酱油壶。因其容积不大，与中国传统象棋的大小较为相近，且

图 8-12 《象棋酱油壶》
资料来源：笔者设计及拍摄

鼓形象棋的捏握方式，既可以两指捏侧边夹紧，又可以手压壶盖。于是将象棋的捏握方式作为修辞的始源域，去解释目标域酱油壶新的使用方式，这一步是寻找关联类的设计方法（见图 8-13 标注 1 部分）。

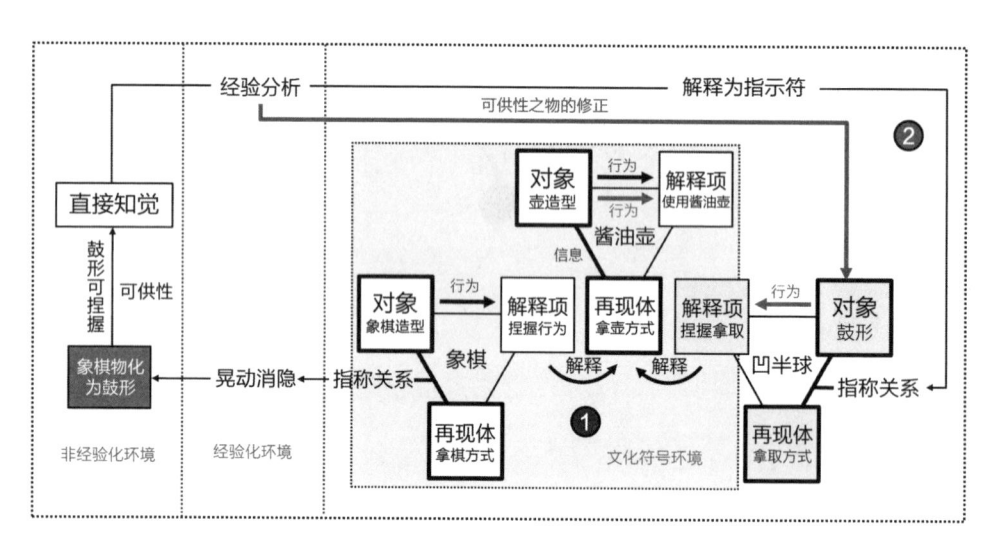

图 8-13 《象棋酱油壶》文本编写的符形分析
资料来源：笔者绘制

但笔者不希望使用者在解读这个文本时，过多地纠缠在象棋与酱油瓶之间相似性的意义解释之上，那样这件作品就如同文创产品那样，文本中象棋的符号指称与酱油瓶的符号指称形成的重层性成为修辞表意的焦点。于是，笔者开始了第二步操作，将始源域象棋符号的指称关系进行晃动，消除象棋作为文化符号的所有特征，使其物化为可以提供捏握的可供性造型。这个可供捏握的鼓形在经验化环境中具有行为指导的示能，当其修正再被符号化解释为一个指示符后，与原来的酱油壶进行解释，即完成直接知觉符号化的设计流程（见图8-13标注2部分）。

由《象棋酱油壶》这件作品可以对寻找关联至直接知觉符号化设计方法进行以下两点说明：1.整个文本的编写过程分为两部分，即物理相似的隐喻（寻找关联）与直接知觉的符号化；2.符号规约来源于具有物理相似性的文化符号，象棋这个文化符号在第一部分作为始源域符号对目标域酱油壶进行使用行为相似性的解释，在第二部分中，象棋的指称关系经晃动后，仅保留具有捏握的可供性，继而完成直接知觉符号化的文本编写。因此，这种设计方法是一个文化符号的感知向生物属性的直接知觉的转向。

8.4.3 对使用者知觉、经验、符号感知的完整认知贯穿

一方面，两种跨越类设计方法不是笔者对无意识设计方法的创新，而是在深泽直人提出的"客观写生"与"寻找关联"两类方法的基础上，通过作品资料的收集、分析、分类后，结合作品文本编写流程与符形分析，在原有两种类型的基础上提出的补充；另一方面，从无意识设计方法的贯穿方式而言，两种跨越类的设计方法是在客观写生与寻找关联两类基础方法上相互贯穿，真正做到了在使用者生物属性的直接知觉与文化属性的符号感知间游刃有余地转换。

（1）贯穿的实质是使用者低级至高级的完整认知过程

17世纪荷兰哲学家斯宾诺莎对笛卡尔的身心二元论做出有价值的修改提议：身与心是一个巨大的实体，这个实体由精神与物质两种不同的属性组成，因此，所有的物质都是精神的，所有的精神也是物质的。这种较为唯物主义的身心统一论，虽然含糊，缺乏科学性，但明确表明了精神对物质的依赖与不可分割。精神对物质的依赖，心理学有专门的术语"随附性"，是指高阶层属性依赖于低阶层属性而存在，低阶层属性消失，高阶层属性也不存在（徐英瑾，2021）。

随附性概念与现代认知科学关于知觉、经验、符号感知的形成及依赖关系相一致：1.知觉—经验—符号感知，是个体从低级的知觉向高级的符号意义发展及转化的过程；2.由客观事物的刺激与经验完形形成了直接与间接两种知觉，知觉是经验形成的基础，经验的解释成为感知符号；3.直接与间接知觉向符号感知的转化过程，是个体生物属性与生活经验向人类更高一层次的文化符号世界的转化过程；4.二十世纪五六十年代现代认知科学的兴起与发展，研究者借助神经心理学以及计算机与人工智能技术，将抽象的知觉数据化、工程化后，知觉—经验—符号感知的发展路径获得科学的证实。

（2）两种跨越类设计方法对使用者认知的贯穿方式

两种跨越类的设计方法为直接知觉符号化至寻找关联设计方法与寻找关联至直接知觉符号化设计方法，前者从真正意义上实现了使用者"直接知觉—经验—符号感知"的认知完整贯穿，而后者则对这一贯穿进行了反向的实践，即"符号感知—经验—直接知觉"。

1. 直接知觉符号化至寻找关联：产品系统内的一个直接知觉符号化的设计文本，因其在日常生活经验的解释下存在某种不合理，设计师便借用一个文化符号对其进行合理性解释。可简述为：一个文化符号对直接知觉符号化文本的合理性加以修辞。

这种设计方法使用了两种符号规约：直接知觉符号化的指示符，以及说服直接知觉符号化文本变得合理性的另一个文化符号。

2. 寻找关联至直接知觉符号化：一个产品系统外部文化符号以物理相似性与产品进行修辞的过程中，设计师在产品系统所在的使用环境内，晃动始源域符号的指称关系，直至其消隐后成为可供性纯然之物，再进行直接知觉符号化的过程。可简述为：一个与产品具有物理相似的文化符号，通过对其指称关系的晃动，使其转向直接知觉符号化的行为指示。

这种设计方法使用的符号规约，是一个文化符号被洗涤所有文化属性回归纯然物之后，再次以生物属性的可供性成为一个指示符的过程。

8.4.4 知觉的合理化修辞与文化符号的生物属性转向

首先，从皮尔斯普遍修辞理论可推论，任何产品设计活动都是符号与产品文本间的修辞解释，它们都必须依赖于符号的感知进行表意。无意识设计客观写生类的两种设计方法，它们与产品进行解释的符号规约分别来自直接知觉的符号化、集体无意识的符号化。这表明，所有依赖于人类知觉、经验参与产品设计活动时，都必须首先获得意义的解释成为感知符号。

其次，任何希望感知可以被有效解读的产品设计，其符号感知都必须建立在使用群集体无意识的基础上。设计师与使用者双方事先达成的感知意义的编写与解读一致性，即结构主义产品设计。

（1）直接知觉符号化至寻找关联：修辞在某种程度上可改变或修正知觉的经验判断

第一，直接知觉符号化设计方法与直接知觉符号化至寻找关联设计方法不同：前者是使用者直接知觉引发的行为，被生活经验认可后，设计师将可供性之物修正，使之具有示能，进入产品文本进行编写，成为指示符；后者直接知觉引发的行为不被使用群生活经验认可，于是设计师利用一个文化符号，对行为过程进行修辞，这个行为在生活经验中似乎就合理了。因此，它是对直接知觉的行为进行合理化的解释，也可以说，不合情理的直接知觉行为，通过被一个产品系统外部的文化符号修辞的方式进入文本编写。

第二，设计师利用一个产品系统外部的文化符号对直接知觉行为的合理化解释，其修辞的理据性是由使用群生活经验解释出来的。这就表明以下三点：1. 在产品设计活动中，所有的知觉都依赖于经验的判定，所有的符号感知都是经验的解释；2. 经验的判断依赖于间接知觉的经验完形，经验的解释则是集体无意识原型在经验实践中的意义解释；3. 修辞活动在某种程度上可以改变或修正知觉的经验判断。

第三，产品修辞活动改变直接知觉所引发行为的经验判断，标志着：1. 设计师可以寻找到某个产品系统外部的文化符号，依赖于使用环境的语境元语言规约，对直接知觉行为进行创造性的合理化解释。当然，这种解释必须符合使用群集体无意识原型在那个环境中经验实践的认可。2. 不是所有被生活经验判断为不合理的直接知觉行为，都可以或有必要获得文化符号的合理化解释。首先，有悖于使用群文化道德与社会规约的行为，是不太可能被文化符号解释为合理性的，那些后结构主义的艺术化表意文本除外，但其主体性已不再是意义的有效传递，而转向违背使用群社会文化公约的任意解释；其次，那些直接知觉行为被经验判定不合理，但这些行为对产品系统而言没有太大的价值，因此也没有必要对其进行再次的修辞解释。正如前文对直接知觉符号化设计方法的评价标准那样，那些对产品系统没有多少价值的行为，是没有必要去符号化的。这就必须回到设计活动的创意源头，对直接知觉行为进行必要的价值筛选。

（2）寻找关联至直接知觉符号化：突破文化规约的束缚获得生物属性的知觉认同

第一，无意识设计活动中，使用群所属环境的文化符号，既是设计活动的规约来源，也是使用者解读文本的规范。因此，文化符号与产品间的修辞，带有很强的使用群文化烙印，产品文本表意的有效性，仅适用于某一个文化群体或某一类社会文化环境。

第二，寻找关联至直接知觉符号化设计方法也是第五章讨论的符号在产品文本中编写的联接、内化、消隐三种方式中的"消隐"方式。消隐仅适用于物理相似的隐喻。设计师晃动始源域符号的指称，使其指称关系消隐后，成为产品系统环境内具有可供性的纯然物，获得直接知觉，进行文本编写。由此可推论，在产品系统中，那些原本不属于系统环境下的直接知觉行为，必定来自系统外部的一个符号与产品的修辞，即使使用者无法察觉修辞的存在（修辞两造指称重层性），或也无法得知是哪一个符号与产品进行的修辞，但其在文本编写过程中的确存在，对其指称的晃动操作也必然存在。

由以上对该设计方法的分析，可推论出以下三点：

1. 文化符号可以通过产品修辞过程中对指称关系的"消隐"改造方式，跨越文化符号的感知领域，进入直接知觉的知觉领域。这种跨越不但是使用者认知方式的跨越，同时文化符号可以摆脱文化规约的束缚，通过生物属性的直接知觉，获得行为与操作的指示。比如本章的案例《象棋酱油壶》，象棋的文化符号被晃动为鼓形手捏的可供性，即使不了解中国象棋的外国人，也会按照其外部形态的指示，准确使用该产品。

2. 文化符号向直接知觉的转向，从某种程度而言，是以抛弃文化感知的方式，追求更广泛的使用群生物属性的认同。当然，在直接知觉引发的操作行为过程中，使用者或许会读取出"象棋"的符号特征。这源于两点：第一，是设计师对象棋指称关系的晃动并未完全消隐其符号特征；第二，鼓形的造型已是象棋形态的一种象征。

3. 无意识设计方法的划分，不单单是符号规约的来源及其编写方式、目的，作为文本解读端的使用者，对文本的解读方式以及解读结果也是设计方法划分的依据。在《象棋酱油壶》设计过程中，即使设计师晃动象棋指称关系，使其去符号化后具有可供"手捏"的直接知觉，但使用者如果率先就读出象棋的符号特征，那么就是寻找关联类中的符号服务于产品设计方法，否则才是寻找关联至直接知觉符号化设计方法。因此，这就需要考验设计师对象棋指称关系的晃动能力，以及使用者读取文本的能力及方式。

8.5 本章小结

笔者希望通过这六件设计作品，对本课题研究的无意识设计的三大类型、六种方法，以文本编写的符形分析方式，做出实证主义的有效验证，以此作为今后国内高校设计教学，乃至设计行业中行之有效的产品表意系统方法工具。

作为设计师，我们学习借鉴每一件优秀设计作品时，都会从以下三点进行分析：第一点，这件设计作品中设计师的创意表达内容是什么；第二点，使用者对设计文本表意的解读效果如何；第三点，设计作品所呈现的社会价值及设计价值的思考。本课题以结构主义符号学的符形分析为路径，对无意识设计方法进行系统分类，并讨论其围绕四种符号规约进行文本表意有效传递的方式。这样一来，设计师关注的"第一点"与"第二点"即达到了统一，进而可转向讨论设计师文本表意传递的有效性问题。这也正是无意识设计依赖于四种符号规约达到文本意义传递精准有效的核心问题。

因此，无意识设计系统方法作为设计实践的有效工具，其核心功效是可以达到文本表意的有效传递。至于设计作品的社会价值、设计价值，并不在本课题的讨论范围内，因为所有可以体现这些价值的源泉来自设计师个体能力元语言对生活世界的主观解释，对世界的主观解释不可能依赖于作为工具的方法所能获取的。关于设计师在设计活动中的主体作用，笔者在第七章的最后两点补充中已做了详细论述。

第 9 章 结论

9.1 系统方法研究的多样性及课题的系统化构建

9.1.1 对无意识设计活动进行系统化方法研究的多样性

对无意识设计活动进行系统化设计方法的研究具有多种可行的方式，正如深泽直人分别从：1. 产品与介质的边界所形成的表面经验出发，将无意识设计分为表面经验、表面经验的修正、表面经验的表现、表面经验的混合四种方法；2. 使用者在环境中与产品形成的知觉、经验、符号感知关系，将无意识设计分为客观写生与寻找关联两大基础类型。除此之外，无意识设计系统方法的研究也可以从其他视角进行分类。诸如，从完形心理学视角进行知觉、经验、符号感知的完形方式分类；也可以从皮尔斯对符号研究的普遍三分类方式，按照产品文本符号表意的特征进行分类研究。所有的系统方法分类都必须结合研究的目的进行，那些抛开最终目的与运用价值，为了"分类"而分类的研究，是毫无实用价值可言的。

对无意识设计系统方法的多样性科学研究，最终构建出的各类系统方法，从实践的结果而言，一定是殊途同归的。对于科学的系统方法，皮尔斯（赵星植，2017）认为有以下三点特征：1. 科学的系统方法是唯一可以鉴别对与错的方法，且具有自我修正的功能；2. 基于科学的系统方法，所有实践活动最终都会获得相同的结论以及相同的认知；3. 唯有科学的系统方法，才能保证在实践过程中观念的一致，实践结果的事实一致、皮尔斯认为方法的"科学性"，就是他提出的"试推法"理论。

9.1.2 产品文本表意的感知有效性传递为目的的系统方法分类

本课题在结构主义产品文本编写方式下，以产品文本表意的感知有效性传递为目的，进行无意识设计系统方法的类型细分。课题以符形学为研究路径，并在深泽直人提出的客观写生与寻找关联两大基础类型的基础上，通过使用者对产品知觉—经验—符号感知的贯穿方式，按照产品文本编写中四种不同符号规约的来源，以及它们在产品文本中的编写方式及表意目的，进行基础类型的补充与各类型的设计方法细分。

9.1.3 课题搭建了无意识设计活动表意有效性的整体研究框架

首先，课题以无意识设计活动文本编写的四种符号规约来源，以及它们的编写方式、表意目的，作为无意识设计类型补充与方法细分的依据。其文本感知表意的有效性及系统方法分类的完整性分别表现为：1.无意识设计活动的所有文本编写都围绕四种符号规约展开，四种符号规约分别具有使用者生物属性的"先验"特征（直接知觉符号化、集体无意识符号化），与社会文化属性的"既有"特征（使用群的社会文化符号、产品文本自携元语言），这两种属性特征是无意识设计文本表意精准与有效的前提；2.四种符号规约覆盖了使用者与产品之间知觉—经验—符号感知的完整认知领域，不但摒弃了产品设计研究与实践过程中使用者生物属性与社会文化属性长久以来二元对立的格局，同时使两者在产品表意活动中得以有效的贯穿。

其次，课题对无意识设计系统方法的分类方式，其实质也是确立了从符号规约种类及文本编写与表意进行无意识设计活动的讨论范畴。范畴是依据共同的性质对无意识设计活动的归类整理，是讨论其种类的本质。范畴的确立，必定会涉及研究系统的结构及层级的构建。对于无意识设计类型与类型下细分的设计方法，正如皮亚杰认为的那样，一个结构层级的内容永远是下一个结构层级的形式，一个结构层级的形式永远是上一个结构层级的内容（皮亚杰，2010）。因此，无意识设计的类型与在类型基础上细分的设计方法是上下层级，且互为内容与形式的关系。

9.1.4 在系统方法的基础上具有向下一层级持续研究的可能性

本课题讨论的无意识设计三大类型与在类型基础上细分的六种设计方法，以明确的讨论范畴及上下层级关系的方式，系统化建构了无意识设计表意有效性的文本编写方法体系。然而，这一系统化的方法体系是对无意识设计活动而言的，并非面对全部设计内容的讨论。课题仅搭建了一种覆盖无意识设计活动全域的系统化研究的初步框架，在类型与方法的基础上具有系统化、可持续研究的基础。

正如在本课题设计方法的研究层面，已经表露出可以继续细分的操作层级，例如：1. 在客观写生类的集体无意识符号化的设计方法讨论中，就有以行为经验与心理经验作为操作层面进行的再次细分；2. 在寻找关联类的符号服务于产品设计方法的修辞研究中，更是对明喻、转喻、隐喻、提喻等各结构主义编写方式的修辞格进行了再次划分；3. 同样在寻找关联类的产品服务于符号设计方法中，课题仅讨论了此类文本具有结构主义艺术化的表意倾向，并未对其进行更进一步的操作细分，而产品叙事设计大多通过这种设计方法进行文本的编写；4. 两种跨越类中的设计方法，是在直接知觉符号化设计方法与寻找关联类基础上的相互贯穿，寻找关联类修辞格的丰富多样性，势必会导致两种设计方法在具体操作层面的再次细分。

由此，在设计方法指导下的文本编写具体操作过程中，必定存在操作方式层面的再次细分。它们不但达成"设计类型—设计方法—操作方式"的更具系统化的层级关系，同时也为今后的持续深入研究带来可能性。

9.2 系统方法为产品设计提供表意有效性的文本编写工具

（1）无意识设计系统方法作为产品文本表意有效的编写工具，其传递意义的精准性与有效性，一方面来自如同所有结构主义产品文本编写对产品设计系统内各类元语言的依赖与遵循；更为主要的另一方面是，所有设计活动全部围绕使用者直接知觉的符号化、集体无意识的符号化、产品系统外部的文化符号、产品文本自携元语言四种符号规约为核心而展开。

四种符号规约分别来源于非经验化环境、经验化环境、文化符号环境，它们所对应的无意识设计六种方法，达成使用者知觉、经验、感知的整体性贯穿，这不但是使用者与产品间各类认知方式的完整过程，也是产品回归实用工具，进而形成更多文化符号的另一途径。

四种符号规约中由直接知觉、集体无意识经验形成的规约具有使用者生物属性与生活经验的"先验"特征，两种社会文化符号具有使用群所在文化环境中的"既有"特征，这些特征是无意识设计文本意义精准有效传递的前提，也是本课题对无意识设计系统方法进行类型细分的依据。

（2）以符形学为基础对无意识设计进行系统的方法细分，以及讨论它们各自的文本编写流程及符形特征，是无意识设计成为有效的系统方法工具的唯一路径。符形学图式不但是抽象思维的具象化，更是对结构组成与关系最为直接的表述。因此，无意识设计系统方法的符形研究，应该放置在结构主义的系统结构内进行图式讨论，结构主义的主体性是文本意义的有效传递。本课题对无意识设计方法进行系统的分类及文本编写符形分析，不仅仅是针对无意识设计系统方法的研究，课题的研究成果作为文本表意传递的有效编写工具，适用于所有结构主义产品设计活动。以四种符号规约为核心的设计活动，既达到了产品表意的精准与有效，同时避免了设计师主观强加给使用者的感知表达，这也是深泽直人提出无意识设计的初衷。

9.3 从三类环境的贯穿对系统方法的总结

（1）使用者在三类不同的环境中，对产品的完整认知过程可以做以下分析：1. 使用者与产品间的直接知觉与间接知觉是使用群产品经验的两种来源方式；日积月累的生活经验是使用群集体无意识产品原型的形成基础；产品的符号感知是每一次产品原型的经验实践中，对实践内容或结果的意义解释。2. 由于产品固有的生活及文化因素，在任何一次产品设计活动中，由使用者身体与产品间以可供性刺激完形方式形成的直接知觉，必定会继续向以生活经验完形的间接知觉发展；两种知觉形成的产品经验是所有产品符号感知的来源。笔者以环形方式对此加以形象表述（见图9-1）。

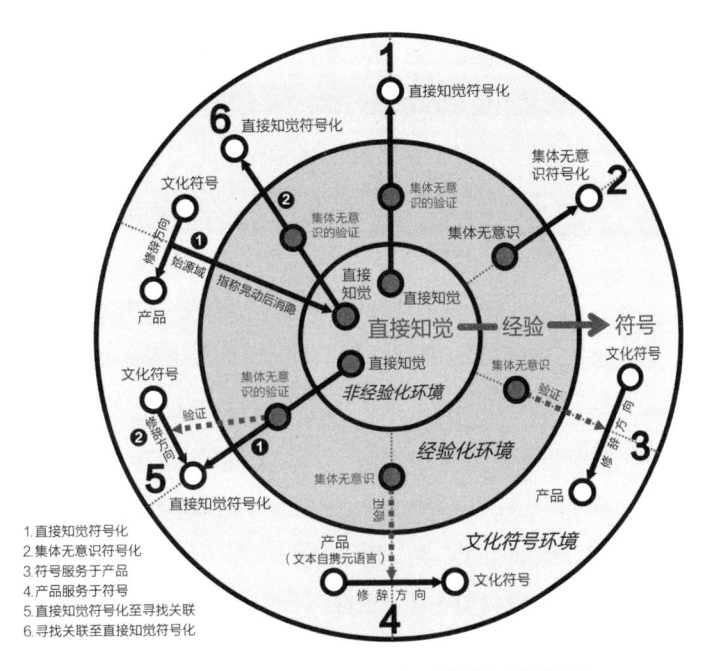

图9-1 三类环境下的无意识设计系统方法文本编写总结
资料来源：笔者绘制

（2）深泽直人依照产品在环境中与使用者的知觉—符号关系，将无意识设计分为两大类：客观写生类，讨论规约如何在产品系统中生成并使其表意的问题；寻找关联类，讨论文化符号与产品文本相互修辞的解释问题。笔者在两大基础类型的基础上，补充了两种跨越的类型，它是在客观写生与寻找关联基础上的两种相互贯穿。本课题按照不同环境中符号规约的来源，以及文本编写的方式、目的，将无意识设计分为三大类型、六种设计方法。

（3）笔者按照"知觉—经验—符号感知"的认知完整形成过程，以及不同认知过程所对应的"非经验化环境—经验化环境—文化符号环境" 三类环境，展开对无意识设计系统方法文本编写的整合性图式表述（见图 9-1）。结合图 9-1 的形象表述及第六章的具体内容，对无意识设计系统方法做以下五点总结：

第一，无意识设计围绕四种符号规约展开的设计活动，这些活动在非经验化环境、经验化环境、文化符号环境中，全面覆盖了使用者对产品的认知形成与发展的完整过程。无意识设计作为一种系统设计方法，从使用者认知角度而言，涵盖了类型、方式及内容的全域。

第二，无意识设计活动既没有将产品局限在使用功能的器具层面，也没有将产品仅仅视为文化符号载体，深陷于文化表意的纠缠；而是通过将使用者生物属性直接知觉、集体无意识原型经验实践、社会文化符号作为可以相互贯穿的整体，以此打破了设计界"理性的客观描述"与"感性的主观修辞"间长期二元对立的格局。

第三，产品设计系统内的各类元语言均建立在使用群集体无意识的基础之上，同样，在无意识设计六种方法的文本编写中，使用群的集体无意识始终都参与其中（集体无意识符号化设计方法更将其作为文本编写及意义传递的内容），任何一种方法的文本编写过程，都需要获得使用群集体无意识合理性的验证，这是保证文本意义有效传递的前提。可以直接认为，无意识设计是在使用群集体无意识控制下的文本编写与意义传递活动，这或许是深泽直人将其命名为"无意识设计"的直接原因。

第四，深泽直人分类的"客观写生"与"寻找关联"两大类型，前者围绕产品系统内两种新符号规约的生成与意义传递，后者侧重于讨论产品修辞的理据性。两者从不同的维度，分别讨论符号规约的生成与传递的问题。在实际的设计实践中，这两类设计方法并非没有融合并贯通的可能，两种跨越类正是在两者基础上的贯通，这也是笔者补充两种跨越类设计方法的目的。

第五，无意识设计作为典型的结构主义产品文本编写工具，其六种设计方法的文本表意在精准与有效性之间提供给设计师多种选择的可能。与文本的精准表意相对应的三种无意识设计方法（见表9-1），皆是对产品系统内新生成符号规约的意义传递。这些文本之所以达到表意的精准性，源自新生成的符号规约具有使用者生物属性的"先验"与使用群社会文化的"既有"特征。

表9-1　无意识设计系统方法文本表意的精准与有效分类

文本表意的窄幅精准传递	文本表意的宽幅有效传递
1. 直接知觉符号化	2. 集体无意识符号化（心理经验）
2. 集体无意识符号化（行为经验）	3. 符号服务于产品
6. 寻找关联至直接知觉符号化	4. 产品服务于符号
	5. 直接知觉符号化至寻找关联

文本表意的宽幅有效传递中，"有效"是特指结构主义产品文本的编写规约与使用者解读规约的一致性，"一致性"源于产品设计系统中的各类元语言规约建立在使用群集体无意识基础之上。有效性解读基础上的"宽幅"，则是设计师主观意识在文本编写时的创造性表达。

9.4 系统方法对产品设计研究实践的启发及适用范围

9.4.1 对产品设计研究与实践的两点启发

第一，无意识设计既没有将产品局限在使用功能的器具层面，也没有将产品视为文化符号，深陷与文化的纠缠，而是通过将使用者生物属性直接知觉、集体无意识原型经验、社会文化符号作为可以相互贯穿的整体，以此打破了设计界客观与主观长期的二元对立。

第二，无意识设计与其他的产品设计类型一样，同样将使用者作为设计活动的主体。但不同的是，为保障"主体"对产品文本意义的精准或有效解读，无意识设计将由使用群生物属性与文化属性为基础建构的各类符号规约作为设计活动的核心，并围绕符号规约的生成表意与修辞解释展开各种类型与方法的有效尝试。

9.4.2 系统方法作为实践工具的适用范围

基于索绪尔语言符号学的结构主义具有人本主义倾向、先验主义、社会心理交流特征和结构系统观念三大特征（郭鸿，2008）。因结构主义文本社会心理交流的特性，其具有一种"霸权"的前提性约束。它将一个符号多种人群的不同意义解释、不同时间的不同意义解释搁置一边，转而讨论结构内的组成以及组成之间的关系与规则问题，预设了文本发送者与接收者两者间符号意义的编码与解码的一致性（赵瑾，2014）。

为达到设计作品意图的传递，结构主义产品设计系统的编写与解读必须在一个由文化环境与人群进行特定划分的系统结构内进行，产品使用人群的集体无意识奠定了产品设计系统内部的各类元语言规约基础，设计师也必须将其个体无意识情结及私人化的品质，在集体无意识原型的经验实践中获得理据性解释与使用群的认可，这是设计文本意义有效传递的前提。

无意识设计系统方法工具服务于结构主义产品文本的编写活动，其结构主义的典型性建立在四种符号规约的"先验"与"既有"特征的基础之上。在无意识设计的三大类型、六种设计方法中，产品文本表意越精准，作为设计师编写与使用者解读的符号规约一致性就越强，这就强迫设计师必须按照使用群一方的符号规约进行文本的编写。

如果将无意识设计活动比作"设计师与使用者在事先约定好范围内的花园里自娱自乐"，这或许一点也不过分，结构主义产品文本意义传递的精准与有效，必定要以丧失设计师主观意识表达作为代价。这也是结构主义文本意义传递与后结构主义文本意义解读两者主体性之间的取舍。因此，无意识设计系统方法作为方法研究应该具有其讨论的语境，作为实践工具必须有其适用的范围。

参考文献

中文文献

丁尔苏（2012）.符号与意义.南京：南京大学出版社.

卜燕敏（2012）.从符号学视域看网络生态下个体对自我形象的塑造（硕士论文）.浙江工业大学，杭州.

于仙（2018）.初探音乐教育本质的"格式塔"式特征.黄河之声，12，116.

万书元（2008）.作为审美形态的隐喻与象征.艺术百家，1，34.

马明明（2015）.试论生态心理学的发展态势及前瞻（硕士论文）.陕西师范大学，西安.

马超民（2016）.可供性视角下的交互设计研究（博士论文）.湖南大学，长沙.

马玚浩（2013）.集体无意识及其对人的发展的影响（硕士论文）.海南大学，海口.

王文斌（2006）.再论隐喻中的相似性.四川外语学院学报，2，125-130.

王文斌（2007）.隐喻的认知构建与解读.上海：上海外语教育出版社.

车文博（1989）.弗洛伊德主义原著选辑（下卷）.沈阳：辽宁人民出版社.

牛霄龙（2014）.对杜威教育哲学中"经验"的探析及其教育启示.科教文汇，12，29.

文军（2002）.无意识结构与共时性研究——列维-斯特劳斯的结构人类学精要.理论学刊，1，83.

邓运龙（2008）.论"训练感觉".福建体育科技，5，29.

石向实（1993）.论皮亚杰的图式理论.内蒙古社会科学，3，11.

卡西尔（2014）.人论（译者：唐译）.长春：吉林出版集团有限责任公司.

叶峻（2000）.关于社会生态学的历史、现状与未来.烟台大学学报(哲学社会科学版)，4，363.

申荷永（2012）.荣格与分析心理学.北京：中国人民大学出版社.

乐国安（2001）.当代美国认识心理学.北京：中国社会科学出版社.

冯川（1986）.荣格"集体无意识"批判.四川大学学报（哲学社会科学版），2，69.

皮亚杰（2010）.结构主义（译者：倪连生、王琳）.北京：商务印书馆.

弗朗索瓦·多斯（2012）.结构主义史（译者：季广茂）.北京：金城出版社.

邢丹丹（2016）.概念隐喻理论视角下多模态语篇的解读——以2014年世界杯会徽为例.河南工程学院学报（社会科学版），3，67.

吕行（2011）.互文性理论研究浅述.北京印刷学院学报，5，47.

朱宝荣（2004）.心理哲学.上海：复旦大学出版社.

后藤武、佐佐木正人、深泽直人（2016）.设计的生态学：新设计教科书（译者：黄友玫）.桂林：广西师范大学出版社.

上海市社会工作培训中心组织、刘永芳，等（2004）.社会心理学.上海：上海社会科学院出版社.

汲新波（2017）.比喻的修辞手法在大学生心理咨询中的应用.当代教育实践与教学研究，11，226.

约翰·杜威（2013）.艺术即经验（译者：高建平）.北京：商务印书馆.

克劳斯·布鲁恩·延森（2012）.媒介融合：网络传播、大众传播和人际传播的三重维度（译者：刘君）.上海：复旦大学出版社.

李天奇（2018）.浅谈《青衣》中比喻的喻体与本体的渐进性吻合.文教资料，36，126.

李文阁（2002）.回归现实生活世界：哲学视野的根本置换.北京：中国社会科学出版社.

李乐山（2015）.符号学与设计.西安：西安交通大学出版社.

李幼蒸（2015）.结构与意义.北京：中国人民大学出版社.

李勇忠（2005）.语言结构的转喻认知据.外国语，6，40-46.

李倩倩（2014）.无意识设计研究及在公交设施中的应用（硕士论文）.陕西科技大学，西安.

李辉、侯雅单、张玥、陈金周（2018）.包装的感性设计方法探析.湖南包装，3，11.

李强、李昌、唐素萍（2002）.管理心理学.北京：北京工业大学出版社.

李醒民（1995）.科学巨星.西安：陕西人民教育出版社.

杨霞（2013）.西方无意识理论的变迁与价值诠释（硕士论文）.延边大学，延边.

束定芳（1997）.理查兹的隐喻理论.外语研究，3，25-28.

束定芳（2000）.隐喻学研究.上海：上海外语教育出版社.

肖恩·霍默（2014）.导读拉康（译者：李新雨）.重庆：重庆大学出版社.

吴玉斌（2003）.护理心理学.北京：高等教育出版社.

吴杜（2011）.感性设计过程中的映射方法研究（博士论文）.天津大学，天津.

何文广、宋广文（2012）.生态心理学的理论取向及其意义.南京师大学报（社会科学版），4，112-115.

莫雷（2002）.20世纪心理学名家名著.广州：广东高等教育出版社.

汪民安（2011）.文化研究关键词.南京：江苏人民出版社.

汪晶晶、杜燕红（2016）.教育的"身体"转向：理据、意蕴与路径——精神与身体的"二元合一".集美大学学报（教育科学版），5，55.

沈家煊（1999）.转指和转喻.当代语言学，1，3-15，61.

张丽（2006）.小议明喻和隐喻的差别与联系.黄冈职业技术学院学报，3，38.

张良林（2012）.莫里斯符号学思想研究（博士论文）.南京师范大学，南京.

张春兴（2002）.心理学思想的流变：心理学名人传.上海：上海教育出版社.

张剑（2017）.概念产品化与创新设计方法——以国际设计大赛带动设计教学.装饰，10，108.

张凌浩（2011）.符号学产品设计方法.北京：中国建筑工业出版社.

张骋（2018）.符号学视角论"传媒艺术"的命名——兼辨"传媒/媒介/媒体艺术"之异.现代传播，9，108.

陆正兰、赵毅衡（2009）.艺术不是什么：从符号学定义艺术.艺术百家，6，98.

陈向明（2000）.质的研究方法与社会科学研究.北京：教育科学出版社.

陈汝东（2005）.当代汉语修辞学.北京：北京大学出版社.

陈阳（2015）.大众传播学研究方法导论.北京：中国人民大学出版社.

陈建雄（2009）.深泽直人（Naoto Fukasawa）的设计风格探讨.工业设计，121，47.

范明华（2004）.论艺术对现实的超越.江汉论坛，1，103-106.

林崇德、杨治良、黄希庭（2003）.心理学大辞典.上海：上海教育出版社.

欧文·拉兹洛（1997）.系统、结构和经验（译者：李创同）.上海：上海译文出版社.

易芳（2004）.生态心理学之背景探讨.内蒙古师范大学学报（教育科学版），12，25.

易芳（2005）.生态心理学之界说.心理学探新，2，12.

呼宇（2006）.荣格无意识理论的发展及其对艺术创作的影响.甘肃理论学刊，2，142.

罗兰·巴尔特（1988）.从作品到文本（译者：杨扬）.文艺理论研究，5，87.

罗兰·巴尔特（2008）.罗兰·巴尔特文集（译者：李幼蒸）.北京：中国人民大学出版社.

罗玲玲、王义、王晓航（2015）.设计理论引入可供性概念的研究进路评析.自然辩证法研究，7，48.

罗曼·雅柯布森（2012）.雅柯布森文集（译者：钱军）.北京：商务印书馆.

项念东（2009）."张力"抑或"张力"论：一个值得省思的问题.衡阳师范学院学报，1，67.

赵星植（2017）.皮尔斯与传播符号学.成都：四川大学出版社.

赵星植（2018）.探究与修辞：论皮尔斯符号学中的修辞问题.内蒙古社会科学（汉文版），1，167-168.

赵彦春（2015）.隐喻研究的误区——基于转喻模型的考察.外国语文研究，2，87.

赵艳芳（2001）.认知语言学概论.上海：上海外语教育出版社.

赵桂芹（2002）.略论无意识对人的行为的重要作用.辽宁师专学报（社会科学版），5，99-101.

赵瑾（2014）.斯图亚特·霍尔"编码与解码"理论的研究（硕士论文）.广西师范大学，桂林.

赵毅衡（2011）.符号学的一个世纪：四种模式与三个阶段.江海学报，5，198.

赵毅衡（2013）.广义符号叙述学：一门新兴学科的现状与前景.湖南社会科学，3，193.

赵毅衡（2013）.论文本的普遍性.重庆广播电视大学学报，6，19-23.

赵毅衡（2016）.符号学原理与推演（修订版）.南京：南京大学出版社.

C·G·荣格等（1989）.人及其表象（译者：张月，校者：宋运田）.北京：中国国际广播出版社.

荣格（1997）.荣格文集（译者：冯川）.北京：改革出版社.

荣格（2012）.精神分析与灵魂治疗（译者：冯川）.南京：译林出版社.

胡壮麟（2004）.认知隐喻学.北京：北京大学出版社.

胡壮麟（2020）.认知隐喻学（第二版）.北京：北京大学出版社.

胡易容、赵毅衡（2012）.符号学-传媒学词典.南京：南京大学出版社.

保罗·科布利（2013）.劳特利奇符号学指南（译者：周劲松、赵毅衡）.南京：南京大学出版社.

饶广祥（2014）.广告符号学教程.重庆：重庆大学出版社.

泰伦斯·霍克斯（2018）.结构主义与符号学（译者：翟晶）.北京：知识产权出版社.

秦芳（2013）.女西装廓形感知信息整合方式研究（博士论文）.苏州大学，苏州.

秦晓利（2006）.生态心理学.上海：上海教育出版社.

秦晓利、夏光（2004）.生态心理学的元理论解析.长春工业大学学报（社会科学版），1，43.

袁罗牙（2009）.个体无意识·集体无意识·社会无意识.山西高等学校社会科学学报，4，69.

聂焱（2006）.比喻的认知功能.西北第二民族学院学报（哲学社会科学版），2，44.

格尔茨、马奥尼（2016）.两种传承：社会科学中的定性与定量研究（译者：刘军）.上海：格致出版社；上海人民出版社.

格雷马斯（2011）.论意义：符号学论文集（译者：吴泓缈、冯学俊）.天津：百花文艺出版社.

钱钟书（2002）.七缀集.北京：生活·读书·新知三联书店.

徐英瑾（2021）.用得上的哲学：破解日常难题的99种思考方法.上海：上海三联书店.

徐崇温（1987）.结构主义与后结构主义.沈阳：辽宁人民出版社.

恋恋时尚家居（2014）.吸水海绵皂盒.淘宝网.取自：https://item.taobao.com/item.htm?spm=a230r.1.14.42.1b157177d3c5rF&id=564982474461&ns=1&abbucket=14#detail.

高凤麟（2019）.微设计：造物认知论.武汉：华中科技大学出版社.

高懿君（2017）.福田繁雄平面设计作品的创意与表现研究.中国包装，1，44.

郭振伟（2014）.钱钟书隐喻理论研究.北京：中国社会科学出版社.

郭鸿（2008）.现代西方符号学纲要.上海：复旦大学出版社.

唐纳德·A·诺曼（2003）.设计心理学（译者：梅琼）.北京：中信出版社.

唐纳德·A·诺曼（2015）.设计心理学1：日常的设计（译者：小柯）.北京：中信出版社.

E.迪尔凯姆（1995）.社会学方法的准则.北京：商务印书馆.

展芳（2017）."伴随文本"划分再探讨.重庆广播电视大学学报，3，20.

理查德·格里格、菲利普·津巴多（2003）.心理学与生活：第16版（译者：王垒、王甦等）.北京：人民邮电出版社.

黄希庭（2007）.心理学导论.北京：人民教育出版社.

飞利浦·斯塔克（1992）.牛头干酪研碎器.搜狐时尚.取自 https://fashion.sohu.com/20140916/n404363210.shtml.

深泽直人（2016）.深泽直人（译者：路意）.杭州：浙江人民出版社.

梁丽萍（2014）.量化研究与质化研究：社会科学研究方法的歧异与整合.山西高等学校社会科学学报，1，26-28.

彭运石、林崇德、车文博（2006）.西方心理学的方法论危机及其超越.华东师范大学学报（教育科学版），2，57.

搜狐百科编辑（2009年1月19日）.花瓶幻觉.搜狐百科.取自：https://baike.sogou.com/v68472627.htm?fromTitle=%E8%8A%B1%E7%93%B6%E5%B9%BB%E8%A7%89.

搜狐编辑（2013年11月26日）.异形老宅视觉系奇迹引围观 揭秘神奇造型如何打造.搜狐网.取自：http://dl.sohu.com/20131126/n390801826_20.shtml.

搜狐编辑（2018年12月6日）.眼见为实耳听为虚，到这里要改改了.搜狐网.取自

https://www.sohu.com/a/279930622_100284308.

搜狐编辑（2020 年 4 月 20 日）. 英军坦克改变了战争模式. 搜狐网. 取自：https://www.sohu.com/a/389556786_120096240.

搜狐编辑（2020 年 10 月 9 日）. 百年瑞士军刀品牌 Victorinox 维氏献礼中瑞建交 70 周年庆典. 搜狐网. 取自 https://www.sohu.com/a/423415035_120449960.

斯文·埃里克·拉森、约尔根·迪耐斯·约翰森（2018）. 应用符号学（译者：魏全凤、刘楠、朱围丽）. 成都：四川大学出版社.

蒋永福、刘敬茹（1999）. 认知图式与信息接受. 图书馆建设，3，2-4.

程鹏（1989）. 情报心理学. 武汉：湖北人民出版社.

谢立中（2019）. 再议社会研究领域量化研究和质化研究的关系. 河北学刊，2，160-169.

辞海编辑委员会（1989）. 辞海. 上海：上海辞书出版社.

蔡哲（2010）. 新媒体全交互危机传播模式构建研究（硕士论文）. 湖南大学，长沙.

管月娥（2011）. 乌斯宾斯基与塔尔图－莫斯科符号学派. 俄罗斯文艺，1，86.

翟丽霞（2002）. 当代符号学理论溯源. 济南大学学报（社会科学版），4，51.

魏在江（2007）. 概念转喻与语篇衔接——各派分歧、理论背景及实验支持. 外国语，2，29-36.

英文文献

1. A.P.WORKS Design Studio. (2014). Trick mat [A.P.WORKS]. Retrieved from http://apworks-product.jp/works/product03.html.

2. Bruckner & Klamminger & Moritsch. (2004). Falb [BKM]. Retrieved from https://www.bkm-format.com/en/projects/pl/product/falb-2/.

3. Charles S.Peirce.(1992).The Essential Peirce: Selected PhilosophicalWritings(Vol.

l).Bloomington and Indianapolis: Indinana University Press.

4. Clune, A. C. (2000). Using the World to Understand the Mind.Erolutionary Foundations for Ecological Psychology. UMI Microfom97796:Bell& Howell Information and Learning Company.

5. DaiSato. (2005). Fireworks house [Nendo]. Retrieved from http://www.nendo.jp/en/works/fireworks-house/?

6. DaiSato. (2015). Pyggy-bank [Nendo]. Retrieved from http://www.nendo.jp/en/works/pyggy-bank-2/?erelease.

7. Gaver,W.(1991).Technology affordances. Proceedings of CHI'91.New York,NY:ACM Press.

8. Gaver,W.(1992). The affordances of media spaces forcollaboration. Proceedings of CSCW'92. New York,NY:ACM Press.

9. J.J.Gibson(1979). The Ecological Approach to Visual Perception. Boston： Houghton-Mifflin Press.

10. Kotaro Usukami (2015). KEY [Kotaro Usugami]. Retrieved from http://kotarousugami.com/2015/05/09/key/.

11. Kristcva, J.(1986). The Kristeva Reader. London: Oxford Blackwell Press.

12. Lakoff.C. &M. Johnson(1980). Metaphors We Line by. Chicago: The Univesity of Chicago Press.

13. Naoto Fukasawa (2015). Substance Chair [MAGIS]. Retrieved from https://www.magisdesign.com/zh-hans/product/substance-%e5%b0%8f%e6%89%b6%e6%89%8b%e6%a4%85/#.

14. Nikiko (2014). Stump [Pixabay]. Retrieved from https://pixabay.com/photos/tree-stump-trees-forest-like-472859/.

15. Panther. Klaus-Uwe & Linda Thornburg. (1999). K.Panther & G. Radden (Eds.),The potentiality for actuality metonymyin English and Hungarian. Metonymy in Language and Thought (pp.333-357).

16. Radden,G. &Z. Kovecses(1999). Towards a theory of metonymy. Metonymy in Langugeand Thought . Eds. K. Panther & G. Radden. Amsterdam: Philadelphia Benjamins Press.

17. RichardsLA(1936). The Philosophy of Rhetoric. London: Oxford University Press.

18. Tom Kelly & Jonathan Littman(2003). The Art of Innovation: Lessons in Creativity from IDEO. New York,NY: American's Leading Design Firm.

19. Tomomei Murata (2010a). Gekka [Metaphys]. Retrieved from https://www.metaphys.jp/product/item/gekka−63030−63061.

20. Tomomei Murata (2010b). Quolo Square [Metaphys]. Retrieved from https://www.metaphys.jp/sp/product/item/quolo−25060−61.

21. Winter, D.D. (1966). Eolgical Pylo Henlig dke SpluBeteee Planet and Self. London: Harper Collins Press.

22. Yasuhiro Suzuki (2007). Bucket Year Round [Mabataki]. Retrieved from http://www.mabataki.com/works/bucket−stump.

23. Yasuhiro Suzuki. (2015). Neighborhood Globe. Location: Seigensha Corporation.

24. Zhang, J. & Patel, V.L. (2006).Distributed cognition, representation,and affordance. Cognition & Pragmatics, 14. pp.333−341.